普通高等教育国防技术基础教材

微光像增强器测试技术

邱亚峰　著

北京理工大学出版社
BEIJING INSTITUTE OF TECHNOLOGY PRESS

内 容 简 介

本书是一部论述微光像增强器测试技术的专著，是作者承担国家科研项目的总结。全书共 9 章，介绍微光像增强器测试技术理论和技术的基础研究，包含热电子面发射源、积分球漫反射均匀性、真空系统设计的研究；系统阐述像增强器零部件测试技术，包含微通道板 MCP、荧光屏的参数测试研究；介绍了微光像增强器噪声因子、噪声特性测试的关键技术及研制设备；介绍微光像增强器信噪比、分辨力、亮度增益的测试原理及测试设备的研制；介绍了紫外成像系统关键参数的测试技术及设备的研制；最后针对低照度 CMOS 器件展开了夜视手持式、头盔式的应用研究，给出原理样机。

本书可作为大专院校和本科院校光学工程、电子科学与技术和光信息科学与技术等专业的教学用书，可供从事微光器件设计与应用的有关科技人员参考。

图书在版编目（CIP）数据

微光像增强器测试技术 / 邱亚峰著. --北京：北京理工大学出版社，2021.12

　　ISBN 978-7-5763-0759-7

　　Ⅰ . ①微… Ⅱ . ①邱… Ⅲ . ①微光技术-应用-图像增强器-测试技术-研究 Ⅳ . ①TN144

中国版本图书馆 CIP 数据核字（2021）第 261380 号

出版发行 / 北京理工大学出版社有限责任公司

社　　址 / 北京市海淀区中关村南大街 5 号

邮　　编 / 100081

电　　话 / （010）68914775（总编室）

　　　　　（010）82562903（教材售后服务热线）

　　　　　（010）68944723（其他图书服务热线）

网　　址 / http：//www.bitpress.com.cn

经　　销 / 全国各地新华书店

印　　刷 / 三河市华骏印务包装有限公司

开　　本 / 710 毫米×1000 毫米　1/16

印　　张 / 16.5　　　　　　　　　　　　　　责任编辑 / 江　立

字　　数 / 324 千字　　　　　　　　　　　　文案编辑 / 李　硕

版　　次 / 2021 年 12 月第 1 版　2021 年 12 月第 1 次印刷　　责任校对 / 刘亚男

定　　价 / 84.00 元　　　　　　　　　　　　责任印制 / 李志强

前　言

　　夜视技术是指基于夜间微弱星光照射目标的反射光激发像增强器的光电阴极上产生光电子，经过电子的数量和能量倍增，由倍增电子轰击荧光屏，从而形成人眼可见图像的技术。我国夜视技术诞生于20世纪60年代，经历一代、二代、超二代、三代像增强的研制过程，超二代和三代像增强大量装备部队，更高性能微光像增强器研究工作正在展开。

　　20世纪80年代初，我国引进荷兰DEP公司的一套微光测试设备后，我国微光技术就受到西方国家的封锁。为了展开微光像增强器的研制工作，我国北方夜视集团自主研制，同时，南京理工大学展开微光像增强器相关技术参数的测试技术研究；两者发挥各自的特长，紧密协作，才有了今天我国微光领域的发展。

　　本书系统地介绍了微光测试技术的研究和测试设备的研制过程，结合了我导师常本康团队承担的多项国家级、省部级和企业委托课题的研究成果，侧重于我的博士论文以及我指导的硕士论文原创性研究的总结，也融合了我主持的多项科研项目。第1章介绍测试基础，包含了热电子面发射源的研究、热电子面发射源的结构设计、热电子面发射源调试试验、新型热电子面发射源的研究、漫反射原理及积分球的研究和真空系统的调试与测试试验。第2章介绍了像增强器零部件测试技术，包含了MCP电子清刷测试理论研究、电子清刷测试系统的性能指标与总体方案设计、MCP电阻与增益的测试及结果分析、荧光屏发光特性研究、像增强器荧光屏综合参数测试系统的研究、荧光屏4种参数测试的结构设计及保障、荧光屏综合参数测试系统总成。第3章介绍了像增强器噪声因子测试技术，包含了微光像增强器噪声因子理论、噪声特性测试系统总体设计、MCP与荧光屏组件噪声特性测试原理及方法、MCP与荧光屏组件噪声特性测试系统调试与结果分析。第4章介绍了像增强器信噪比测试技术，包含了像增强器信噪比测试原理、像增强器信噪比测试仪的总体结构、像增强器信噪比参数测试及分析。第5章介绍了像增强器分辨力测试技术，包含了像增强器分辨力测试原理、靶标选择、分辨力测试设计

(红外分辨力测试设计、紫外分辨力测试设计、微光分辨力理论研究、微光分辨力测试设计)。第6章介绍了像增强器亮度增益测试技术,包含了像增强器亮度增益测试原理、亮度增益测试系统设计、亮度增益测试结果分析、像增强器综合参数测试仪研制。第7章介绍了像增强器发光均匀性测试技术,包括均匀性测试仪系统设计的理论研究、多型号微光像增强器成像均匀性测试仪系统设计、多型号微光像增强器成像均匀性测试仪实验验证与分析。第8章介绍了紫外成像光电系统性能测试装置,包括研究目标、系统要求、紫外器件综合性能测试仪、紫外光学系统焦距测量仪、紫外光学系统透射比测试仪、设备实际达到的技术指标、相关技术说明、紫外透镜焦距测量原理、紫外镜头焦距测量实验、误差分析。第9章介绍了夜视仪及夜视眼镜设计,包括头盔式单目低照度 CMOS 夜视仪及单兵夜视眼镜设计。

在本书即将出版之际,感谢工业和信息化部、中国兵器装备集团、中国兵器工业集团有限公司、北方夜视技术股份有限公司、西安应用光学研究所、国防微光一级计量站、中国兵器装备集团兵器装备研究所等单位在科研项目上的支持。

特别感谢华桑曦硕士协助完成书稿的整理工作。

此外,感谢项目组常本康教授、魏殿修教授、徐登高教授、钱芸生教授、刘磊教授、富容国副教授、张俊举副教授、张益军副教授、高频高级工程师和詹启海工程师;感谢西安应用光学研究所及国防微光一级计量站的崔东旭研究员、史继芳高级工程师、李宏双副研究员、李琪高级工程师、王生云工程师、孙宇楠工程师、张梅工程师、解琪工程师、常伟军高级工程师、王楠茜工程师;感谢任玲博士、刘建博士、王岩博士、张景智博士、毛喜旺硕士、常奎硕士、常金彪硕士、吴星琳硕士、季玲玲硕士、周进硕士、曹源硕士、曹成铭硕士、麻文龙硕士、宋诚鑫硕士、任桃桃硕士、刘涛硕士、颜志刚硕士、王炜毅硕士、顾捷硕士、王月华硕士、夏天元硕士、邓佳逸硕士、严武凌硕士、胡扬硕士、陈成硕士、华桑曦硕士、孟瑞硕士、吴文斌硕士、张雷硕士、李杰硕士、陈世林硕士、仇杰硕士、陶彦隐硕士等,在微光测试技术研究走过的 20 年中,你们的出色工作和创新成果,使得我们系统完成微光测试技术的研究和测试设备的研制,解决了我国微光研究领域的瓶颈问题,为我国微光器件在国际上占有一席之地提供了技术支持。

微光测试技术随着测试器件的发展而继续发展,仍有更先进的测试方法有待研究,由于作者水平有限,书中难免存在不足之处,殷切希望各位专家和广大读者批评指正。

编　者

目　录

第1章　测试基础 ·· （1）

　　1.1　热电子面发射源的研究 ·· （1）

　　　　1.1.1　热电子面发射源的理论分析 ·································· （1）

　　　　1.1.2　热电子面发射源电场分布和电子轨迹计算 ············· （9）

　　1.2　热电子面发射源的结构设计 ··· （21）

　　1.3　热电子面发射源调试试验 ·· （23）

　　　　1.3.1　热电子面发射源的性能试验及分析 ······················ （23）

　　　　1.3.2　热电子面发射源与其他热电子发射源的比较 ·········· （26）

　　1.4　新型热电子面发射源的研究 ··· （27）

　　　　1.4.1　传统热电子面发射源与新型热电子面发射源分析 ···· （27）

　　　　1.4.2　新型热电子面发射源测试试验 ···························· （36）

　　　　1.4.3　已设计的热电子面发射源样机 ···························· （41）

　　1.5　漫反射原理及积分球的研究 ··· （43）

　　　　1.5.1　漫反射原理及漫反射材料性质 ···························· （43）

　　　　1.5.2　理想积分球研究 ··· （44）

　　　　1.5.3　积分球出光孔照度衰减的研究 ···························· （46）

　　　　1.5.4　积分球出光孔照度标定方法的研究 ······················ （48）

　　　　1.5.5　积分球设计 ·· （50）

　　1.6　真空系统的调试与测试试验 ··· （53）

　　　　1.6.1　真空系统的烘烤除气处理与真空度调试 ··············· （53）

　　　　1.6.2　真空系统的漏率测试计算 ·································· （55）

　　　　1.6.3　真空系统空/负载性能研究 ································· （56）

第2章　像增强器零部件测试技术 ·· （61）

　　2.1　MCP电子清刷测试理论研究 ··· （61）

2.1.1 MCP 的工作原理 ………………………………………… (61)

2.1.2 MCP 电子清刷测试理论 ………………………………… (62)

2.2 电子清刷测试系统的性能指标与总体方案设计 ……………… (65)

2.2.1 系统的设计要求与性能指标 …………………………… (65)

2.2.2 系统方案总体设计 ……………………………………… (66)

2.3 MCP 电阻与增益的测试及结果分析 ………………………… (73)

2.3.1 高温烘烤对 MCP 体电阻的影响测试研究 …………… (73)

2.3.2 电子清刷对 MCP 增益的影响测试研究 ……………… (75)

2.4 荧光屏发光特性研究 …………………………………………… (77)

2.4.1 固体发光及表征发光特性的物理量 …………………… (77)

2.4.2 阴极射线致发光 ………………………………………… (82)

2.5 像增强器荧光屏综合参数测试系统的研究 ………………… (91)

2.5.1 荧光屏综合参数测试系统的设计理论 ………………… (91)

2.5.2 荧光屏综合参数测试系统的测试原理 ………………… (92)

2.5.3 荧光屏综合参数测试系统的理论设计 ………………… (93)

2.5.4 表征荧光屏性能的主要参数的定义及测试方法 ……… (95)

2.6 荧光屏 4 种参数测试的结构设计及保障 …………………… (98)

2.6.1 荧光屏均匀性和发光亮度测试的结构设计及保障 …… (98)

2.6.2 荧光屏发光效率测试的结构设计及保障 ……………… (99)

2.6.3 荧光屏发光余辉测试的结构设计及保障 …………… (101)

2.7 荧光屏综合参数测试系统总成 …………………………… (102)

2.7.1 荧光屏综合参数测试系统的组成 …………………… (102)

2.7.2 荧光屏综合参数测试系统的控制模块 ……………… (105)

2.7.3 荧光屏综合参数测试系统性能指标 ………………… (110)

第3章 像增强器噪声因子测试技术 ……………………………… (112)

3.1 微光像增强器噪声因子理论 ……………………………… (112)

3.2 噪声特性测试系统总体设计 ……………………………… (115)

3.3 MCP 与荧光屏组件噪声特性测试原理及方法 ………… (117)

3.4 MCP 与荧光屏组件噪声特性测试系统调试与结果分析 …… (118)

3.4.1 真空系统测试 ………………………………………… (118)

3.4.2 MCP 与荧光屏组件噪声特性测试及结果分析 …… (121)

第4章 像增强器信噪比测试技术 ………………………………… (124)

4.1 像增强器信噪比测试原理 ………………………………… (124)

4.1.1 像增强器信噪比测试理论 …………………………… (124)

4.1.2 像增强器信噪比测试标准 …………………………… (125)

4.1.3 微光像增强器的性能参数 …………………………… (125)

4.2 像增强器信噪比测试仪的总体结构 ·································· (127)

4.2.1 信噪比测试仪的光学结构分析 ·························· (128)

4.2.2 信噪比测试仪的功能要求 ······························ (129)

4.2.3 信噪比测试仪的设计实现 ······························ (130)

4.3 像增强器信噪比参数测试及分析 ································ (131)

第5章 像增强器分辨力测试技术 ·· (134)

5.1 像增强器分辨力测试原理 ·· (134)

5.2 靶标选择 ·· (134)

5.3 分辨力测试设计 ·· (143)

5.3.1 红外分辨力测试设计 ·································· (143)

5.3.2 紫外分辨力测试设计 ·································· (144)

5.3.3 微光分辨力理论研究 ·································· (149)

5.3.4 微光分辨力测试设计 ·································· (156)

第6章 像增强器亮度增益测试技术 ·· (162)

6.1 像增强器亮度增益测试原理 ···································· (162)

6.1.1 亮度增益的测试原理 ·································· (162)

6.1.2 等效背景的测试原理 ·································· (163)

6.2 亮度增益测试系统设计 ·· (164)

6.3 亮度增益测试结果分析 ·· (172)

6.4 像增强器综合参数测试仪研制 ································ (174)

6.4.1 微光像增强器信噪比测试子系统 ·················· (174)

6.4.2 微光像增强器亮度增益测试子系统 ··············· (175)

6.4.3 微光像增强器鉴别率测试子系统 ·················· (176)

6.4.4 研制结果 ·· (176)

第7章 像增强器发光均匀性测试技术 ····································· (180)

7.1 均匀性测试仪系统设计的理论研究 ··························· (180)

7.2 多型号微光像增强器成像均匀性测试仪系统设计 ········· (181)

7.2.1 均匀性测试仪技术指标要求 ························ (181)

7.2.2 均匀性测试仪总体设计方案 ························ (182)

7.3 多型号微光像增强器成像均匀性测试仪实验验证与分析 ··· (184)

7.3.1 积分球出光孔照度标定实验 ························ (185)

7.3.2 积分球出光孔照度衰减干扰因子验证实验 ········· (187)

7.3.3 微光像增强器成像均匀性测试仪标定及产品测试实验 ····· (190)

第8章 紫外成像光电系统性能测试装置 ··································· (199)

8.1 研究目标 ·· (199)

8.2 系统要求 ·· (200)
　8.2.1 功能要求 ······································ (200)
　8.2.2 性能指标 ······································ (200)
8.3 紫外器件综合性能测试仪 ······················· (200)
　8.3.1 紫外器件性能参数测试原理 ················· (201)
　8.3.2 紫外器件综合性能测试仪具体设计方案 ······· (202)
8.4 紫外光学系统焦距测量仪 ······················· (212)
　8.4.1 紫外光学系统焦距测量原理 ················· (212)
　8.4.2 紫外光学系统焦距测量仪功能组成及设计方案 ··· (212)
8.5 紫外光学系统透射比测试仪 ····················· (218)
　8.5.1 紫外光学系统透射比测试仪功能组成 ········· (218)
　8.5.2 紫外光学系统透射比测试仪设计方案 ········· (219)
8.6 设备实际达到的技术指标 ······················· (224)
　8.6.1 紫外器件综合性能测试仪 ··················· (224)
　8.6.2 紫外光学系统焦距测量仪 ··················· (225)
　8.6.3 紫外光学系统透射比测试仪 ················· (225)
8.7 相关技术说明 ·································· (225)
　8.7.1 系统误差分析 ······························ (225)
　8.7.2 紫外成像光电系统性能测试装置标定方法 ····· (226)
　8.7.3 共轭透镜的镜头参数 ······················· (226)
8.8 紫外透镜焦距测量原理 ························· (227)
8.9 紫外镜头焦距测量实验 ························· (230)
8.10 误差分析 ···································· (231)

第9章 夜视仪及夜视眼镜设计 ························· (233)
9.1 头盔式单目低照度CMOS夜视仪 ··················· (233)
　9.1.1 概述 ······································· (233)
　9.1.2 系统方案设计 ······························ (234)
　9.1.3 总体结构设计 ······························ (236)
9.2 单兵夜视眼镜设计 ······························ (237)
　9.2.1 概述 ······································· (237)
　9.2.2 技术指标 ·································· (238)
　9.2.3 单兵夜视眼镜的总体设计方案 ··············· (239)
　9.2.4 模块设计 ·································· (240)
　9.2.5 设计样机 ·································· (255)

第1章
测试基础

1.1 热电子面发射源的研究

20世纪80年代初，荷兰DEP公司研制的像增强器荧光屏测试仪的电子发射源的造型为线形灯丝，对荧光屏均匀性测试采用狭缝测试法；它的微通道板（Microchannel Plate，MCP）测试仪的电子发射源的造型为盘状螺旋灯丝，它的测试机理是对整个面进行测试。但是这两种热电子面发射源的电子发射均匀性是否最佳，由于技术封锁，尚无法获得相关参数，本章分析热电子面发射源在真空系统中的电子发射特性（电流发射密度与温度的关系），建立电子发射源造型，进行了理论模拟、热平衡分析，在此基础上，参照热电子发射理论进一步分析电子发射源的热电子发射电流密度。同时，分析电子发射源发射的热电子均匀性，得出最合理的灯丝造型，再设计加速电场结构，计算其电场和电子轨迹，理论再指导试验，研制出热电子面发射源。

▶▶ 1.1.1 热电子面发射源的理论分析 ▶▶ ▶

1. 真空系统中电子发射特性

在真空系统（$1×10^{-5}$ Pa）中，钽丝与钨丝电子发射特性基本相同，钽丝在常温下便于弯曲，不易氧化，钨丝在常温下刚度较高，不易弯曲，如果用钨丝做造型则需要高温，但高温容易氧化，必须在真空环境下做造型，所以选用在常温下具有更好的稳定性和可塑性的钽丝做电子发射源。现分析钽丝的电流发射密度 J_0 与温度 T 的关系，在0电位电场时，其理论热电子发射公式为[1]

$$J_0 = A_0 T^2 \exp\left[-\frac{\varphi_m}{kT}\right] \tag{1.1}$$

式（1.1）中：A_0 为发射常数的理论值，钽丝为 55 A/（cm^2·K^2）；φ_m 为所用金

属的逸出功，钽丝的 $\varphi_m = 4.19$ eV；k 为玻耳兹曼常数（$1.380\,649 \times 10^{-23}$ J·K^{-1}）。

钽丝在 1 600 ~ 2 000 K 时才有热电子发射，综合考虑灯丝温度和电源的功率，经过试验，$\phi 0.3$ mm 的灯丝比较合适，在这个温度范围，钽丝的电流发射密度与温度的关系如图 1.1 所示，温度对钽丝的热电子发射有非常大的影响，因此有必要对热电子发射源进行热平衡分析。

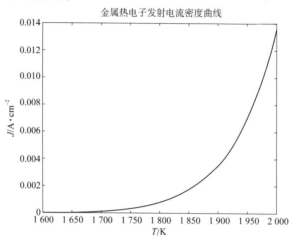

图 1.1　钽丝热电子发射电流密度与温度关系曲线

2. 热电子面发射源造型理论模型的建立

为了进一步分析荷兰 DEP 公司的电子发射源，现建立 3 种造型的电子发射源数学模型。近似条件假设：灯丝初始状态温度相同。灯丝的热传导需要时间，假如灯丝初始状态等温，那么只要灯丝各点接收到的热辐射能量相等，由于灯丝吸收热辐射系数不变（取决于它的材料），灯丝各处温度就相同，也就不用考虑热传导对灯丝温度的影响。所以在初始温度相同的前提下，我们分析热辐射的均匀性。现在考虑在直径为 $D = 8$ mm 的面积上分布 4 圈螺旋灯线，分别建立 3 种灯丝的热辐射方程，同时把螺旋灯丝假设为间隔相同的 4 个同心圆，因不考虑热传导就假设灯丝是不相通的同心圆，因为是圆周对称的，所以不妨就以横截面上的一个点来建立数学模型，以便简化计算。灯丝材料为钽丝，辐射能量为 E_a，吸收能量为 E_b[2]。

钽丝在 1 600 ~ 2 000 K 的温度下，全法向平均有效发射率为 $\varepsilon = 0.213$，全波长吸收平均系数为 $\alpha = 0.438$。

灯丝是均匀的细圆柱钽丝，体积设为 $V = S \cdot L$，S（mm^2）是灯丝的横截面面积，L（mm）为灯丝的长度，L_a 为计算 A 点热平衡处的灯丝长度，L_b 为对 A 点有热辐射的灯丝长度，灯丝螺旋线水平距离为 $H = \dfrac{D}{8} = 1$ mm，斯忒藩-玻耳兹曼常数 $\sigma = 5.670\,32 \times 10^{-8}$（W·m^{-2}·K^{-4}），灯丝温度为 T（K）。

E_1、E_2、E_3、E_4 分别为灯丝每圈的热量增量的平均值。L_1、L_2、L_3、L_4 为灯丝

每圈的周长，H 为灯丝的间距取 1 mm。灯丝单位长度的热增量公式为

$$\Delta E = \frac{E_b - E_a}{L} = \varepsilon\sigma T^4 S\left(\frac{\alpha L_b}{H^2} - L_a\right) \div L \tag{1.2}$$

热增量单位为 J/mm，令 $Q = \varepsilon\sigma T^4 S$ 则建立下面的方程。

（1）平面螺旋灯丝。

灯丝的平面和纵断面如图 1.2 所示，在电子发射源直径 $D = 8$ mm 的条件下，由式（1.2）推导灯丝每圈热量增量公式。

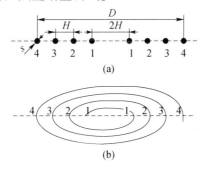

图 1.2 平面螺旋灯丝的平面和纵断面图

（a）平面图；（b）纵断面图

对于圈 1，它的热量增量为它吸收圈 1、圈 2 的热辐射能量减去它向外辐射的能量，由图示圈 1 断面两点距离为 $2H$，所以公式中第一项系数为 $(2H)^2$，具体见式（1.3）；推导圈 2 时，对它有辐射的是 1 和 3，4 被 3 挡住所以不考虑；推导圈 3 时，对它有辐射的是 2 和 4；推导圈 4 时，对它有辐射的是 3；灯丝每圈的平均热量增量方程为

$$\Delta E_1 = Q\left(\frac{\alpha L_1}{4H^2} + \frac{\alpha L_2}{H^2} - L_1\right) \div L_1 \tag{1.3}$$

$$\Delta E_2 = Q\left(\frac{\alpha L_1}{H^2} + \frac{\alpha L_3}{H^2} - L_2\right) \div L_2 \tag{1.4}$$

$$\Delta E_3 = Q\left(\frac{\alpha L_2}{H^2} + \frac{\alpha L_4}{H^2} - L_3\right) \div L_3 \tag{1.5}$$

$$\Delta E_4 = Q\left(\frac{\alpha L_3}{H^2} - L_4\right) \div L_4 \tag{1.6}$$

（2）锥形螺旋灯丝。

如图 1.3 所示，θ 为圆锥角，H_{11}、H_{12}、H_{13}、H_{14}、H_{22}、H_{23}、H_{24}、H_{33}、H_{34}、H_{44} 分别为灯丝间的径向距离，计算条件底圆直径为 8 mm。由式（1.2）推导时，图中标 1 的圈的能量增量为 1、2、3、4 圈对它的辐射能量之和减去 1 圈向外辐射的能量；其他每圈类似推导。灯丝每圈的平均热量增量方程为

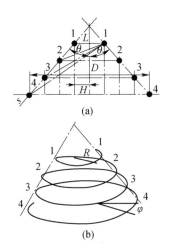

图 1.3 锥形螺旋灯丝的平面和纵断面图

（a）平面图；（b）纵断面图

$$\Delta E_1 = Q\left(\frac{\alpha L_1}{H_{11}^2} + \frac{\alpha L_2}{H_{12}^2} + \frac{\alpha L_3}{H_{13}^2} + \frac{\alpha L_4}{H_{14}^2} - L_1\right) \div L_1 \tag{1.7}$$

$$\Delta E_2 = Q\left(\frac{\alpha L_1}{H_{12}^2} + \frac{\alpha L_2}{H_{22}^2} + \frac{\alpha L_3}{H_{23}^2} + \frac{\alpha L_4}{H_{24}^2} - L_2\right) \div L_2 \tag{1.8}$$

$$\Delta E_3 = Q\left(\frac{\alpha L_1}{H_{13}^2} + \frac{\alpha L_2}{H_{23}^2} + \frac{\alpha L_3}{H_{33}^2} + \frac{\alpha L_4}{H_{34}^2} - L_3\right) \div L_3 \tag{1.9}$$

$$\Delta E_4 = Q\left(\frac{\alpha L_1}{H_{14}^2} + \frac{\alpha L_2}{H_{24}^2} + \frac{\alpha L_3}{H_{34}^2} + \frac{\alpha L_4}{H_{44}^2} - L_4\right) \div L_4 \tag{1.10}$$

分别计算 $\theta = 30°$、$45°$、$60°$ 时的热量增量的平均数据。

（3）半球形灯丝。

假设螺旋灯丝横断面均匀分布在直径为 8 mm 的半圆上，θ 为灯丝间的圆心角，$\theta = 22.5°$，如图 1.4 所示。H_{11}、H_{12}、H_{13}、H_{14}、H_{22}、H_{23}、H_{24}、H_{33}、H_{34}、H_{44} 分别为灯丝间的弦长。由式（1.2）推导时，图中标 1 的圈的能量增量为 1、2、3、4 圈对它的辐射能量之和减去 1 圈向外辐射的能量；其他每圈类似推导。灯丝每圈的平均热量增量方程为

$$\Delta E_1 = Q\left(\frac{\alpha L_1}{H_{11}^2} + \frac{\alpha L_2}{H_{12}^2} + \frac{\alpha L_3}{H_{13}^2} + \frac{\alpha L_4}{H_{14}^2} - L_1\right) \div L_1 \tag{1.11}$$

$$\Delta E_2 = Q\left(\frac{\alpha L_1}{H_{12}^2} + \frac{\alpha L_2}{H_{22}^2} + \frac{\alpha L_3}{H_{23}^2} + \frac{\alpha L_4}{H_{24}^2} - L_2\right) \div L_2 \tag{1.12}$$

$$\Delta E_3 = Q\left(\frac{\alpha L_1}{H_{13}^2} + \frac{\alpha L_2}{H_{23}^2} + \frac{\alpha L_3}{H_{33}^2} + \frac{\alpha L_4}{H_{34}^2} - L_3\right) \div L_3 \tag{1.13}$$

$$\Delta E_4 = Q\left(\frac{\alpha L_1}{H_{14}^2} + \frac{\alpha L_2}{H_{24}^2} + \frac{\alpha L_3}{H_{34}^2} + \frac{\alpha L_4}{H_{44}^2} - L_4\right) \div L_4 \tag{1.14}$$

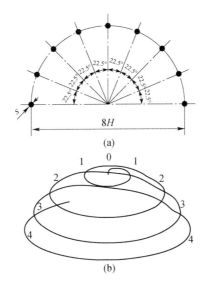

图 1.4　半球形灯丝的平面和纵断面图

(a) 平面图；(b) 纵断面图

3. 电子发射热平衡分析

通过编程计算式（1.3）（1.4）（1.5）（1.6）（1.7）（1.8）（1.9）（1.10）（1.11）（1.12）（1.13）（1.14），其典型数据如表 1.1 所示，其热量增量变化曲线如图 1.5 所示，图中纵坐标 E 表示灯丝每点能量的增加值，单位为 J，横坐标 D 表示荧光屏直径，单位为 mm，点划线表示荧光屏中心位置。

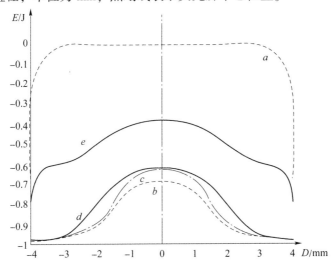

a—平面螺旋灯丝；b—30°锥形螺旋灯丝；c—45°锥形螺旋灯丝；
d—60°锥形螺旋灯丝；e—半球形灯丝。

图 1.5　3 种灯丝的热量增量变化曲线

表 1.1　典型数据表　　　　　　　　　　　　　　　　单位：J

平均热量增量	平面螺旋灯丝	锥形螺旋灯丝			半球形灯丝
		$\theta = 30°$	$\theta = 45°$	$\theta = 60°$	
ΔE_1	-0.014 5	-0.736 9	-0.685 7	-0.658	-0.450 2
ΔE_2	-0.124	-0.912 66	-0.903 4	-0.899 8	-0.588
ΔE_3	-0.124	-0.961 0	-0.957 6	-0.956	-0.640 4
ΔE_4	-0.671 6	-0.980 2	-0.977 9	-0.976 7	-0.785 5

通过真空热辐射分析设计 3 种灯丝模型，分别是平面螺旋灯丝、锥形螺旋灯丝和半球形灯丝，并计算和综合比较得出结论：根据数据和曲线形状可以看到平面螺旋灯丝边界变化较大，但是中间温度非常平均，所以表面均匀性最好；半球形灯丝总体均匀性较好；锥形螺旋灯丝热发射的均匀性不太合理[3]。

4. 电子发射源的热电子均匀性分析

下面分析前两种热电子发射源的热电子均匀性与造型的关系[4~5]。

（1）平面螺旋灯丝的热电子均匀性。如图 1.6 所示，平面螺旋灯丝单圈长度 L_φ 为

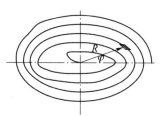

图 1.6　平面螺旋灯丝示意

$$L_\varphi = \int_0^{2\pi} \varphi \left[R + \frac{H}{2\pi} \cdot \varphi \right] \mathrm{d}\varphi = 4\pi^2 \left[\frac{R}{2} + \frac{H}{3} \right] \quad (1.15)$$

R 的计算式为

$$R = r + (n - 1)H$$

式中：r 为内部第一圈圆的半径，n 为圈数，H 为灯丝每圈间距。

平面灯丝单圈的电子填充面积 $S(\varphi)$ 为

$$S(\varphi) = \int_0^{2\pi} \frac{1}{2}(\varphi) \left\{ \left[r(\varphi) + \frac{H}{2} \right]^2 - \left[r(\varphi) - \frac{H}{2} \right]^2 \right\} \mathrm{d}\varphi \quad (1.16)$$

平面螺旋灯丝电子发射密度 J_S 为

$$J_S = \frac{J_0 \cdot L(\varphi) \cdot d}{S(\varphi)} = \frac{J_0 d}{H} \quad (1.17)$$

式中：d 为灯丝直径，根据试验电流限制，取直径为 0.3 mm。

（2）锥形螺旋灯丝的热电子均匀性。如图1.3，R 为圆锥底圆半径，R' 为圆锥斜边长，θ 为圆锥半锥角度，锥形螺旋灯丝长度 $L'(\varphi)$ 为

$$L'(\varphi) = \int_0^{2\pi\frac{R}{R'}} \varphi \cdot r(\varphi) \, \mathrm{d}\varphi = 4\pi^2 \left(\frac{R}{2}\sin\theta + \frac{H}{3}\sin 2\theta \right) \tag{1.18}$$

锥形螺旋灯丝单圈的电子填充面积 $S(\varphi)$ 为

$$S(\varphi) = \int_0^{2\pi} \frac{1}{2}(\varphi) \left\{ \left[r(\varphi) + \frac{H}{2} \right]^2 - \left[r(\varphi) - \frac{H}{2} \right]^2 \right\} \mathrm{d}\varphi \tag{1.19}$$

$$= L(\varphi) \cdot H$$

锥形螺旋灯丝电子发射密度 J_S 为

$$J_S = \frac{J_0 \cdot L'(\varphi) \cdot d}{S(\varphi)} = \frac{J_0 d(3R\sin\theta + 2H\sin^2\theta)}{H(3R + 2H)} \tag{1.20}$$

锥形螺旋灯丝每圈电子发射密度与锥角 θ 的关系如图1.7所示，图中1、2、3、4、5分别表示第1、2、3、4和第5圈灯丝电子发射密度与锥角 θ 的关系，第1圈是图中最下面的一条，依次类推；从图中看出灯丝电流密度汇交在 $\theta = 0$ rad 和 $\theta = \pi/2$ 两处，也就是说当 $\theta = \pi/2$ 时，灯丝的5圈电子发射密度相同；$\theta = 0$ rad 是指灯丝成点发射源了，不存在密度计算；可以看出灯丝电子发射密度与锥角 θ 有关，当 θ 等于90°时，灯丝电子发射密度就是均匀的，进一步可以肯定最合理的灯丝为平面螺旋灯丝[6~14]。

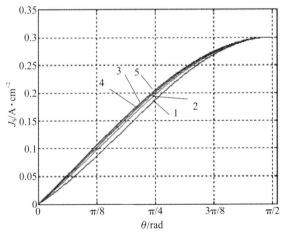

图1.7 电子发射密度与锥角 θ 的关系

5. 实验结果及结论

在真空度为 1×10^{-5} Pa 的环境下，首先调节平面螺旋灯丝电流和电压，产生的热电子轰击荧光屏并使得其均匀性最佳；然后在同等条件下，试验了锥形螺旋灯丝和半球形灯丝，具体试验结果如图1.8和图1.9所示，采集图片顺序依次为1：平面螺旋灯丝、2：$\theta = 75°$锥形螺旋灯丝、3：半球形灯丝、4：$\theta = 45°$锥形螺旋灯

丝，图 1.9 热电子轰击荧光屏发光图像的灰度 Y 值与直径 X 的关系曲线的 1、2、3、4 也是这个顺序。

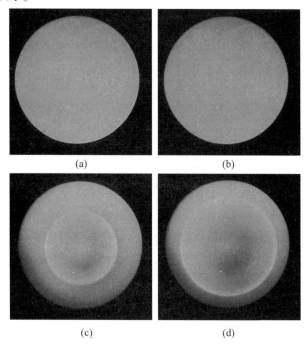

(a)　　　　　　　　　　(b)

(c)　　　　　　　　　　(d)

图 1.8　几种灯丝的热电子轰击荧光屏的图像

（a）1：平面螺旋灯丝；（b）2：$\theta=75°$ 锥形螺旋灯丝；

（c）3：半球形灯丝；（d）4：$\theta=45°$ 锥形螺旋灯丝

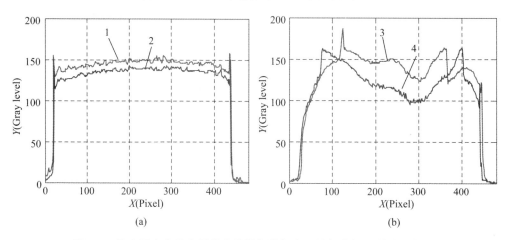

(a)　　　　　　　　　　　　　(b)

图 1.9　热电子轰击荧光屏发光的图像的灰度 Y 值与直径 X 的关系曲线

（a）平面螺旋灯丝、$\theta=75°$ 锥形螺旋灯丝；（b）半球形灯丝、$\theta=45°$ 锥形螺旋灯丝

从图像以及其灰度曲线可以看出平面螺旋灯丝的均匀性最好，$\theta=75°$ 锥形螺旋

灯丝的均匀性与之接近，半球形灯丝的均匀性较差，$\theta = 45°$ 锥形螺旋灯丝的均匀性最差；进一步验证了下面的结论。

在真空系统中，热电子发射受温度的影响很大，通过对 3 种电子发射源造型的热平衡和热电子发射电流密度公式的推导、分析和实验验证，得出最合理的灯丝造型为平面螺旋灯丝。

▶▶ 1.1.2　热电子面发射源电场分布和电子轨迹计算 ▶▶ ▶

在确定了灯丝造型的基础上，由于热电子发射的能量为 1 eV，激发荧光粉需要几千电子伏特的能量，才能使其发光，所以需要设计电子加速场，根据测试系统测试荧光屏发光均匀性、发光效率和余辉的需要，电子加速场要能够改变热电子的轨迹，使其具备均匀、汇聚和淹没的特性，我们设计了第一阳极、第二阳极的电压分别在 -10 000 ~ 0 V 任意可调的负高压电源，考虑操作安全，转盘和真空外壳电压为 0 V，所以设计采用负高压电源；荷兰 DEP 公司早期像增强器荧光屏测试仪中热电子发射源的结构尺寸，如图 1.10 所示，它是点发射源，采用正高压，转盘与外壳之间绝缘，采用目视方法判断荧光屏发光的均匀性，存在人为误差，精度不高，不具备其他功能，所以该设备已经落伍。

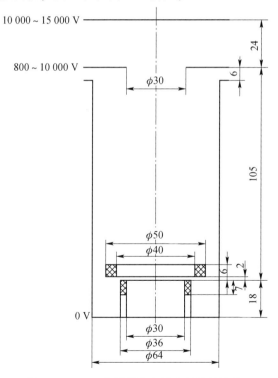

图 1.10　DEP 公司的热电子发射源的结构

为了控制热电子面发射源发射电子的轨迹，参照电子光学透镜的设计，初步设计出电子发射源的结构，如图 1.11 所示。图中 1 为真空部件中的转盘，上面一次可以放置 28 个直径分别为 18 mm 和 25 mm 的像增强器裸屏（荧光屏），2 为荧光屏，电位为 0 V，3 为第二阳极，电位可在 -10 000 ~ 0 V 之间调节，4 为真空外罩，电位为 0 V，5 为热电子面发射源外壳，6 为电子散射网，7 为灯座，8 为灯丝接线，9 为屏蔽盘，6、7、8、9 同电位，为第一阳极，电位可在 -10 000 ~ 0 V 之间调节。

其结构属于轴对称静电场结构，下面对其电场分布和电子轨迹进行理论分析和计算。

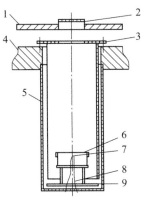

1—转盘；2—荧光屏；3—第二阳极；4—真空外罩；5—热电子面发射源外壳；
6—电子散射网；7—灯座；8—灯丝接线；9—屏蔽盘。

图 1.11　热电子面发射源的初步结构

1. 轴对称静电场的数值计算

在旋转对称静电场的情形下，选用（z，r，θ）圆柱坐标系，并且使 z 轴与旋转对称轴重合。由于旋转对称性，电位 v 只是 z 和 r 的函数，所讨论的问题在大多数情况下，可以归结为在给定的边界所包围的封闭区域内，求解轴对称型的拉普拉斯（Laplace）偏微分方程为[15~19]

$$\frac{\partial^2 v(z, r)}{\partial z^2} + \frac{1}{r}\frac{\partial v(z, r)}{\partial r} + \frac{\partial^2 v(z, r)}{\partial r^2} = 0 \tag{1.21}$$

式（1.21）中：z、r 分别为轴向和径向坐标。

对于轴上点的电位可简化为数值方法中常用的有限差分法和有限元法两种。有限差分法为

$$\frac{\partial^2 v(z, r)}{\partial z^2} + 2\frac{\partial^2 v(z, r)}{\partial r^2} = 0 \tag{1.22}$$

在有限差分法中，把求解区域划分为许多（有限个）正方形或矩形的网格，需要确定函数（电位）值的节点就配置在网格交点上，并用相邻节点的差分来代替拉普拉斯方程中的偏微分，用差商来代替微商，用差分方程来代替偏微分方程，最后建立了所有节点上的电位所应满足的高阶线性代数方程组，求解这个代数方

程组，定出各节点上的电位数值，就得到了求解区域的电位分布。所有这些计算过程都可由计算机来完成。只要网格划分得足够细，就能得到足够精确的数值解。

图 1.12 表示步长为 h 的等距正方网格。分两种情况：一种是由 1、3、4 点的电位值计算 P_0 点的电位，它的差分公式为

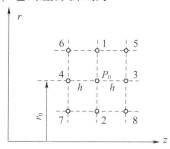

图 1.12   等距五点网格图

$$\nu_0 = \frac{1}{4}\left[\left(1 + \frac{h}{2r_0}\right)\nu_1 + \left(1 - \frac{h}{2r_0}\right)\nu_2 + \nu_3 + \nu_4\right] \tag{1.23}$$

另一种是由 5、6、7、8 点的电位计算 P_0 点的电位，差分方程为

$$\nu_0 = \frac{1}{4}\left[\left(1 + \frac{h}{2r_0}\right)(\nu_5 + \nu_6) + \left(1 - \frac{h}{2r_0}\right)(\nu_7 + \nu_8)\right] \tag{1.24}$$

一般情况下使用式（1.23）计算，有时用式（1.24）计算子区间边界。

如图 1.13 所示，轴上点等距三点差分公式为

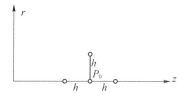

图 1.13   等距三点网格图

$$\nu_0 = \frac{1}{6}(4\nu_1 + \nu_3 + \nu_4) \tag{1.25}$$

如图 1.14 所示，轴外点不等距五点差分公式为

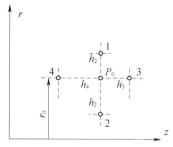

图 1.14   不等距五点网格图

$$\nu_0 = \left[\frac{2r_0 - (t_1 - t_2)h}{t_1 t_2 r_0} + \frac{2}{t_3 t_4}\right]^{-1} \times$$

$$\left[\frac{2r_0 + t_2 h}{t_1(t_1 + t_2)r_0}\nu_1 + \frac{2r_0 - t_1 h}{t_2(t_1 + t_2)r_0}\nu_2 + \frac{2}{t_3(t_3 + t_4)}\nu_3 + \frac{2}{t_4(t_3 + t_4)}\nu_4\right] \quad (1.26)$$

如图 1.15 所示，轴上点不等距三点差分公式为

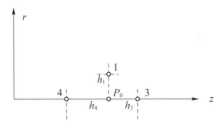

图 1.15　不等距三点网格图

$$\nu_0 = \left(\frac{2}{t_1^2} + \frac{1}{t_3 t_4}\right)^{-1} \times \left[\frac{2}{t_1^2}\nu_1 + \frac{\nu_3}{t_3(t_3 + t_4)} + \frac{\nu_4}{t_4(t_3 + t_4)}\right] \quad (1.27)$$

利用差分公式计算电位分布是在封闭边界所围区域内划分的网格节点上进行。由于以轴对称作为前提，因而只需在半个子午面上划分网格并进行计算，大大减少了准备和计算的工作量。

由于节点所处的位置不同，可能要用到上述的不同差分公式。为了便于计算机记忆和识别，需对各点注以标号，以便机器计算到某点时自动提取标号对应的差分公式，这为计算的实施提供了方便。全部节点标号的集合称作逻辑尺，全部节点所赋初值、边界坐标及边值，连同各节点对应的标号称作准备数据表。可见，划分网格、建立逻辑尺及设计填写数据表是计算前必作的准备工作。

差分方程给出后，通常不采用直接求解的方法，而采用迭代方法。为了加快收敛速度，减少迭代次数，通常采用 Seidel—Liebmann 迭代法。

当给定系统的边界条件和网格节点的初值后，由轴线开始作为第一排，使 Z 按间隔 n 由轴线的起点至最远的边界进行逐点计算，完成一排后向 Y 方向顺序推进一排，如此往复，直至完成子午面上全部网格节点为止。完成一遍的逐点计算后，用新的电位值取代原电位值，再进行新一遍的迭代计算，这样反复地迭代下去，直至两遍的全部节点的电位差值小到满足要求为止。

为了表示迭代过程中电位值的运用，将五点差分及三点差分公式按等距和不等距的格式列在下面，具体公式为

$$V_{ij}^{[k+1]} = V_0^{[k+1]} = \frac{1}{4}\left[\left(1 + \frac{h}{2r_0}\right)V_1^{[k]} + \left(1 - \frac{h}{2r_0}\right)V_2^{[k+1]} + V_3^{[k]} + V_4^{[k+1]}\right] \quad (1.28)$$

$$V_{ij}^{[k+1]} = V_0^{[k+1]} = \frac{1}{6}\left[4 V_1^{[k]} + V_3^{[k]} + V_4^{[k+1]}\right] \quad (1.29)$$

$$V_{ij}^{[k+1]} = V_0^{[k+1]} = \left[\frac{2r_0 - (t_1 - t_2)h}{t_1 t_2 r_0} + \frac{2}{t_3 t_4}\right]^{-1} \times$$

$$\left[\frac{2r_0 + t_3 h}{t_1(t_1 + t_2)r_0}V_1^{[k]} + \frac{2r_0 + t_1 h}{t_2(t_1 + t_2)r_0}V_2^{[k+1]} + \right. \qquad (1.30)$$

$$\left. \frac{2}{t_3(t_3 + t_4)}V_3^{[k]} + \frac{2}{t_4(t_3 + t_4)}V_4^{[k+1]}\right]$$

$$V_{ij}^{[k+1]} = V_0^{[k+1]} = \left[\frac{2}{t_1^2} + \frac{1}{t_3 t_4}\right]^{-1} \times \left[\frac{2}{t_1^2}V_1^{[k]} + \frac{V_3^{[k]}}{t_3(t_3 + t_4)} + \frac{V_4^{[k+1]}}{t_4(t_3 + t_4)}\right] \quad (1.31)$$

从式（1.28）～（1.31）可以看出，此种迭代方法是将每次算出的新的结果立即取旧值并写入内存，所以对 V_{ij} 作第 $K+1$ 次计算时，V_1 和 V_3 用的是第 K 次的结果，而 V_2 和 V_4 则用本次（即 $K+1$ 次）计算的结果。这样，与用4个全部是第 K 次值的简单迭代法相比，不仅可节省一倍的内存，还可以加速收敛过程。

2. 电场计算结果

在理论的指导下，还需要通过试验找到第一阳极和第二阳极需要多少电压，才能使热电子均匀或汇聚或淹没；所以按照初步设计，加工出热电子面发射源的试验品，在真空系统中放置标准荧光屏，分别调节第一阳极、第二阳极电压，得出荧光屏发光的3种典型图像，得到特征电位值。

荧光屏发光不均匀时，第一幅图第一阳极电压值为 -4 000 V，第二阳极电压值为 0 V，电位分布图为凸电子光学透镜，根据凸电子光学透镜所在位置，热电子具有发散特性，计算出的轴对称静电场电位分布如图 1.16 所示。横坐标为热电子面发射源直径，单位为 mm；纵坐标为热电子面发射源高度，单位为 mm。

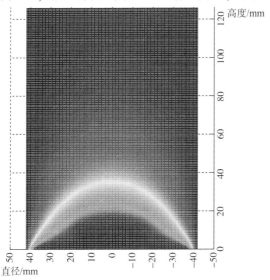

图 1.16 发散的电场电位分布图

荧光屏发光基本均匀时，第一阳极电压值为 $-4\,000$ V，第二阳极电压值为 $-2\,000$ V，计算的电位分布图为两个凸电子光学透镜，灯丝面源直径为 5 mm，为了让电子均匀分布在不小于直径为 40 mm 的圆面上，所以两个凸电子光学透镜焦距不同，根据凸电子光学透镜所在位置，热电子在电场中先发散后汇聚的轨迹特性，最后形成均匀分布的特性，如图 1.17 所示。横坐标为热电子面发射源直径，单位为 mm；纵坐标为热电子面发射源高度，单位为 mm。

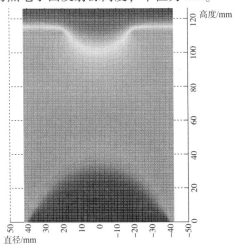

图 1.17　均匀的电场电位分布图

荧光屏发光汇聚成点时，第一阳极电压值为 $-4\,000$ V，第二阳极电压值为 $-3\,990$ V，电位分布图为凸电子光学透镜，根据凸电子光学透镜所在位置，热电子具有汇聚特性，计算出的轴对称静电场电位分布如图 1.18 所示。横坐标为热电子面发射源直径，单位为 mm；纵坐标为热电子面发射源高度，单位为 mm。

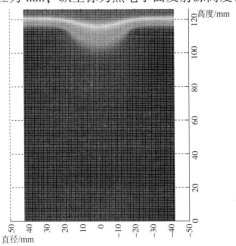

图 1.18　汇聚的电场电位分布图

3. 电子子午轨迹的计算

旋转对称场中电子轨迹服从子午轨迹方程，依据所求出的电位分布，就可以计算出在给定的初始条件（即电子自阴极面发射出来时的初始位置、初始方向和逸出时的初电位）下，电子轨迹微分方程或运动微分方程的解。电子发射示意如图 1.19 所示。

子午轨迹是子午平面内的平面曲线，方程为

$$r''(z,\ r,\ r') = \frac{1 + r'^2(z,\ r)}{2V_*(z,\ r)}\left[\frac{\partial V(z,\ r)}{\partial r} - \frac{\partial V(z,\ r)}{\partial z}r'(z,\ r)\right] \tag{1.32}$$

式中：$V_*(z,\ r) = V(z,\ r) + \varepsilon$ 为规范化电位。

计算的初始条件为

$$z = z_0,\ r = r_0,\ r' = r_0' = \operatorname{tg}\alpha \tag{1.33}$$

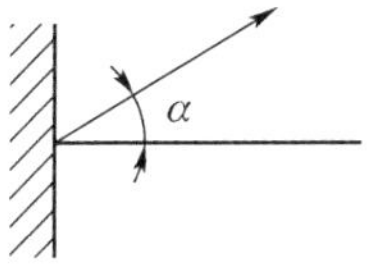

图 1.19 电子发射示意

在计算数学中，常微分方程的数值求解方法很多，各有特点，这些方法都可以用来求解电子运动方程。在电子光学问题中，目前流行的是使用方法稳定、普适性强且能较好达到精度要求的龙格—库塔法（Runge—Kutta）来求解电子运动方程[20]。计算二阶常微分方程的数值公式为

$$r_{n+1} = r_n + hr_n' + \frac{h}{6}(k_1 + k_2 + k_3) \tag{1.34}$$

$$r_{n+1}' = r_n' + \frac{1}{6}(k_1 + 2k_2 + 2k_3 + k_4) \tag{1.35}$$

其中，

$$\begin{cases} k_1 = hr''(z_n,\ r_n,\ r_n') \\ k_2 = hr''\left(z_n + \frac{h}{2},\ r_n + \frac{h}{2}r_n',\ r_n' + \frac{k_1}{2}\right) \\ k_3 = hr''\left(z_n + \frac{h}{2},\ r_n + \frac{h}{2}r_n' + \frac{1}{4}k_1,\ r_n' + \frac{k_2}{2}\right) \\ k_4 = hr''\left(z_n + h,\ r_n + hr_n' + \frac{h}{2}k_2,\ r_n' + k_3\right) \end{cases} \tag{1.36}$$

为了从轨迹的第 n 点 $(z_n,\ r_n)$ 推算出下一点 $(z_{n+1},\ r_{n+1})$，应由式（1.36）求出 k_1、k_2、k_3 和 k_4，然后代入式（1.34）和（1.35）即可。可见，计算轨迹的关键是精确地求出 4 个 k 值。下面简述其步骤。

计算 k_1：首先用插值的方法求 $V_*(z_n,\ r_n)$，$\dfrac{\partial \nu(z_n,\ r_n)}{\partial r}$ 和 $\dfrac{\partial \nu(z_n,\ r_n)}{\partial z}$，然后用

z_n，r_n 和 r_n' 作自变量解出式（1.34）等式右侧的函数，简称右函数。

计算 k_2：修改自变量，新的自变量为

$$z^* = z_n + \frac{h}{2}$$

$$r^* = r_n + \frac{h}{2} r_n'$$

$$r'^* = r_n' + \frac{k_1}{2}$$

计算 k_3：首先修改自变量，新的自变量为

$$z^* = z_n + \frac{h}{2}$$

$$r^* = r_n + \frac{h}{2} r_n' + \frac{h}{4} k_1$$

$$r'^* = r_n' + \frac{k_2}{2}$$

代入式（1.34）求出右函数，乘以 h 就得到 k_2。

计算 k_4：修改后新的自变量为

$$z^* = z_n + h$$

$$r^* = r_n + h r_n' + \frac{h}{2} k_2$$

$$r'^* = r_n' + k_3$$

同样代入公式（1.34）求出与其对应的右函数，乘以 h 就得到 k_4。

这样由式（1.36）代入式（1.34）和（1.35）就可得到 $z = (n+1)h$ 点的解。然后以 z_{n+1}、r_{n+1} 和 r_{n+1}' 作自变量用同样的步骤计算下一点的 k_1、k_2、k_3 和 k_4，从而求出 $z = (n+2)h$ 的解，如此往复，直至求得最后一点的电位值。

当用轨迹微分方程进行电子轨迹的追踪计算时，无论是近轴方程，或是实际轨迹方程，在阴极面附近都存在着奇异性。为了解决此问题，通常用近似方法求出第一点，以此为起点，用龙格—库塔法计算推进。

龙格—库塔法由起始点可推算出下一点，并依序推进。但由（1.32）可看出，在 $r''(z)$ 的表达式中，分母存在 $V_*(z) = V(z) + \varepsilon$，当 $z = 0$ 时，$V_*(0) = \varepsilon$，是个很小的量，对像增强器而言，所有阴极上的点都处在奇异的邻域内，不能求出 r''，因此不能求出第一点。

注意：对电子枪而言是否存在奇异性应由具体结构及供电情况而定，在尚未清楚的情况下，暂且按存在处理。

为了解决此问题，通常用近似方法求出第一点，以此为起点，用龙格—库塔法计算推进。

计算第一点的近似方法：假定第一点与阴极发射电子处的距离足够近，认为

在此范围是均匀场，轨迹呈抛物线形式；而在离轴远些的区域，考虑到非均匀场的影响，对轨迹作了适当的修正（体现在下式中的 $V''(z)$），式为

$$r(z) = 2\frac{z\sqrt{\varepsilon_r}}{V(z)}(\sqrt{V(z) + \varepsilon_z} - \sqrt{\varepsilon_z}) \tag{1.37}$$

$$r'(z) = \frac{\sqrt{\varepsilon_r}}{\sqrt{V(z) + \varepsilon_z}} - \frac{z \cdot r(z) \cdot V''(z)}{4[V(z) + \varepsilon_z]} \tag{1.38}$$

式（1.37）和（1.38）中 z 只限于由阴极至第一点的区间，如图 1.20 所示。

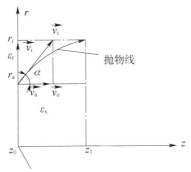

图 1.20 起点计算示意

在求解轨迹方程时，轨迹在每一步的落点往往不在网格节点上，为此通常采用拉格朗日插值法依据网格节点的电位值求得轨迹落点电位值及偏导数。

用拉格朗日九点插值公式计算电位的公式为

$$V(z, r) = \sum_{i=0}^{2} \sum_{j=0}^{2} \frac{\prod(r)}{(r - r_i)\prod'(r_i)} \frac{\prod(z)}{(z - z_j)\prod'(z_j)} V_{ij} \tag{1.39}$$

其中，

$$\prod(r) = (r - r_0)(r - r_1)(r - r_2)$$

$$\prod(z) = (z - z_0)(z - z_1)(z - z_2)$$

$$\prod'(r_i) = \prod'(r)\big|_{r=r_i}$$
$$= [(r - r_0)(r - r_1) + (r - r_1)(r - r_2) + (r - r_2)(r - r_0)]\big|_{r=r_i}$$

$$\prod'(z_j) = \prod'(z)\big|_{z=z_j}$$
$$= [(z - z_0)(z - z_1) + (z - z_1)(z - z_2) + (z - z_2)(z - z_0)]\big|_{z=z_j}$$

由（1.39）分别对 r、z 求导得到各项偏导数为

$$\frac{\partial V(z,\ r)}{\partial r}=\sum_{i=0}^{2}\sum_{j=0}^{2}\left\{\frac{\partial}{\partial r}\left(\frac{\prod(r)}{r-r_i}\right)\right\}\frac{1}{\prod{'}(r_i)}\frac{\prod(z)}{(z-z_j)\prod{'}(z_j)}V_{ij}$$

$$=\sum_{i=0}^{2}\sum_{j=0}^{2}\left\{\frac{\prod{'}(r)}{r-r_i}-\prod(r)\frac{1}{(r-r_i)^2}\right\}\frac{1}{\prod{'}(r_i)}\frac{\prod(z)}{(z-z_j)\prod{'}(z)}V_{ij}$$

$$(1.40)$$

$$\frac{\partial V(z,\ r)}{\partial z}=\sum_{i=0}^{2}\sum_{j=0}^{2}\frac{\prod(r)}{(r-r_i)\prod{'}(r_i)}\left\{\frac{\prod{'}(z)}{z-z_j}-\prod(z)\frac{1}{(z-z_j)^2}\right\}\frac{1}{\prod{'}(z_j)}V_{ij}$$

$$(1.41)$$

由式（1.39）（1.40）及（1.41），依据网格节点电位可求得非节点的任一点（z，r）的电位及偏导数，如图 1.21 所示。

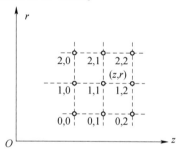

图 1.21　依据网格节点电位求非节点的任一点的电位及偏导数

4. 电子轨迹的计算结果

热电子面发射源是轴对称结构，横坐标为热电子面发射源直径向距离，单位为 mm，纵坐标为热电子面发射源轴向距离，单位为 mm。计算结果如图 1.22、1.23、1.24 所示。

电子轨迹计算：起点电子初能量取 0.1 eV，热电子发射角度取 $-90°\sim+90°$，每增加 5°计算一个轨迹，散射网的直径为 30 mm，图中坐标（$-15\sim+15$）mm，每隔 1 mm 算一个发射点，假设电子均匀，由于盘状螺旋灯丝源半径为 2.5 mm，所以在直径为 5 mm 的范围，采用每隔 0.5 mm 算一个发射点计算。

图 1.22 对应图 1.16 的电场分布——第一阳极电压值为 $-4\,000$ V，第二阳极电压值为 0 V，左边图 1.22（a）为电子轨迹分布，横坐标为热电子面发射源直径，单位为 mm；纵坐标为热电子面发射源高度，单位为 mm。右边图 1.22（b）为荧光屏接收面直径方向分布的电子统计图，横坐标为热电子面发射源直径，单位为 mm；纵坐标为电子数，平均值为 35.877 677，荧光屏的发光直径是 12 mm，热电子具有发散特性。

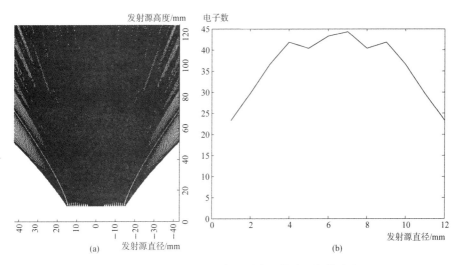

图 1.22 热电子面发射源发散时电子轨迹和数量分布图

（a）电子轨迹分布；（b）电子数量分布

图 1.23 对应图 1.17 的电场分布——第一阳极电压值为-4 000 V，第二阳极电压值为-2 000 V，左边图 1.23（a）为电子轨迹分布，横坐标为热电子面发射源直径，单位为 mm；纵坐标为热电子面发射源高度，单位为 mm。右边图 1.23（b）为荧光屏接收面直径方向分布的电子统计图，横坐标为热电子面发射源直径，单位为 mm；纵坐标为电子数，平均值为 24.787 540，荧光屏的发光直径是 12 mm，热电子具有均匀特性。

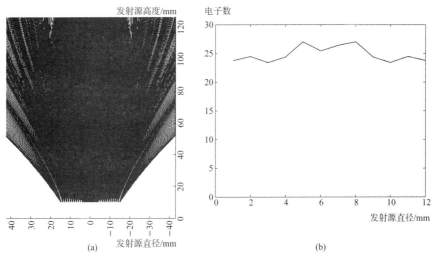

图 1.23 热电子面发射源均匀时电子轨迹和数量分布图

（a）电子轨迹分布；（b）电子数量分布

图 1.24 对应图 1.18 的电场分布——第一阳极电压值为-4 000 V，第二阳极电

压值为-3 990 V，左边图 1.24（a）为电子轨迹分布，横坐标为热电子面发射源直径，单位为 mm；纵坐标为热电子面发射源高度，单位为 mm。右边图 1.24（b）为荧光屏接收面直径方向分布的电子统计图，横坐标为热电子面发射源直径，单位为 mm；纵坐标为电子数，平均值为 74.346 028，荧光屏的发光半径是 6 mm，中心亮斑半径是 3.088 154 mm，热电子具有汇聚特性。

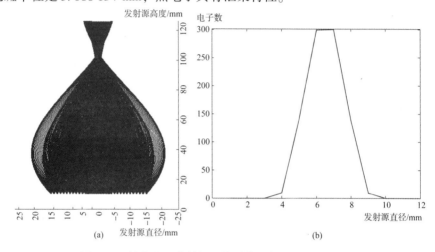

图 1.24　热电子面发射源汇聚时电子轨迹和数量分布图

（a）电子轨迹分布；（b）电子数量分布

　　总之，在固定第一阳极电压为-4 000 V 后，分别计算第二阳极电压为 0 V、-1 000 V、-1 200 V、-1 500 V、-2 000 V 和-3 990 V 的电子轨迹以及荧光屏接收电子的分布数量，并将接收电子数量在荧光屏直径上的分布绘制成图 1.25，图的横坐标为荧光屏接收面直径，单位 mm，纵坐标为直径方向电子数，图右上角中 b 为第二阳极电压。

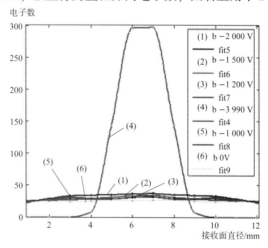

图 1.25　不同电压下荧光屏接收面直径方向的电子分布图

从图中可以看出第二阳极电压在 -2 000 ~ 0 V 时，电子分布变化不大，-2 000 V 时最好；第二阳极电压在 -2 300 ~ -4 000 V 时，电子分布开始汇聚，-3 990 V 时汇聚成点，中心亮斑半径是 1. 686 412 mm，如图 1. 26 所示。

第二阳极电压由 -3 990 V（荧光屏亮）增加到 -4 010 V（荧光屏不亮）是一个瞬间过程，激发电子淹没在第二阳极桶内，满足荧光屏余辉测试时瞬间截断激发电子轰击荧光屏的要求，称为电子的淹没特性。

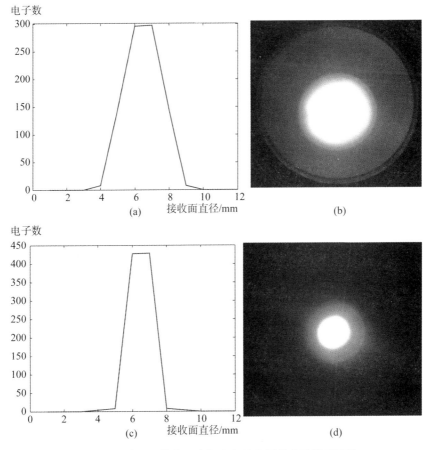

图 1. 26 荧光屏接收面直径方向的电子分布及数码照片

（a）第二阳极电压为 3 990 V 的电子分布图；（b）第二阳极电压为 3 990 V 的数码照片；
（c）第二阳极电压为 4 010 V 的电子分布图；（d）第二阳极电压为 4 010 V 的数码照片

1.2   热电子面发射源的结构设计

在上一节的理论分析和计算的基础上，本节主要阐明热电子面发射源结构设计、试验结果分析和与其他热电子发射源比较。根据上节灯丝造型研究的结果，设计并加工出灯丝及灯丝座，如图1.27所示，安装顺序由（a）至（b）至（c）。

（a）　　　　　　　（b）　　　　　　　（c）

图 1.27　散射网、灯丝和灯丝座实物图

（a）散射网罩；（b）灯丝与灯丝座；（c）装配完

装配到真空系统中的实物如图1.28所示。安装顺序由（a）安装灯丝座至（b）安装屏蔽环至（c）安装散射网罩。

（a）　　　　　　　（b）　　　　　　　（c）

图 1.28　真空系统中灯丝安装图

（a）安装灯丝座；（b）安装屏蔽环；（c）安装散射网罩

热电子面发射源的第一阳极、第二阳极罩筒如图1.29所示，是从底部拍摄的，外罩与真空系统底座为一整体，所以无法拍摄清楚；详细结构如热电子面发射源计算机三维模拟爆炸图1.30和二维、三维模拟装配图1.31所示。

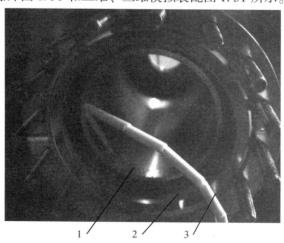

1　　　　2　　　3

1—第二阳极罩筒；2—第一阳极罩筒；3—第二阳极接电线。

图 1.29　热电子面发射源的第一阳极、第二阳极罩筒图

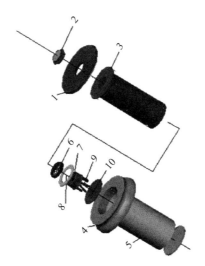

1—转盘；2—荧光屏；3—第二阳极；4—真空外罩；5—热电子面发射源外壳；6—电子散射网；
7—灯座（第一阳极）；8—接线柱屏蔽盘；9—灯丝接线；10—底座屏蔽盘（第一阳极）。

图1.30 热电子面发射源计算机三维模拟爆炸图

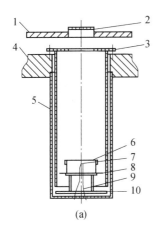
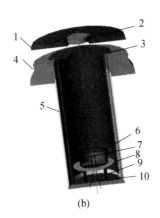

(a)   (b)

1—转盘；2—荧光屏；3—第二阳极；4—真空外罩；5—热电子面发射源外壳；6—电子散射网；
7—灯座（第一阳极）；8—接线柱屏蔽盘；9—灯丝接线；10—底座屏蔽盘（第一阳极）。

图1.31 二维、三维模拟装配图
（a）二维；（b）三维

 ## 1.3 热电子面发射源调试试验

▶▶▶ 1.3.1 热电子面发射源的性能试验及分析 ▶▶ ▶

开始预设第一阳极电压为0 V，第二阳极电压为0 V，将灯丝电流从0 A加

到 5 A，其中当电流达到 2.7 A 时，灯丝开始发亮，然后逐渐增亮，当电流达到
5 A 时，荧光屏仍然不亮，因为轰击荧光屏的热电子能量不够，需要加速场将电子
加速；加速场调节时，将第一阳极电压定为-4 000 V，第二阳极电压由 0 V 开始增
加到-4 010 V，出现下面的现象，如图 1.32 所示，图下是对应的第二阳极电压值。

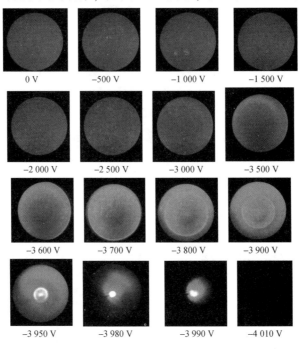

图 1.32　第一阳极电压为-4 000 V、第二阳极电压由-4 010 ~ 0 V 时的荧光屏图像

　　分析：随第二阳极电压逐渐增加，图像也逐渐变亮，这与电子能量增加有关；
起始图像中间亮边缘暗，表明电子发散；当第二阳极电压接近-2 000 V 时图像逐
渐均匀，表明电子均匀；当第二阳极电压继续增加时，图中出现美丽光环，而且
逐渐向中心靠拢，第二阳极电压增加到-3 990 V 时，荧光屏亮斑像彗星尾巴，表
明电子汇聚；当第二阳极电压为-4 010 V 时，荧光屏不亮，说明电子被排斥在第
二阳极筒内，称为电子淹没；从整个实验可以看出电子具有 4 种典型特性。

　　但是电子汇聚不是一个点，而是像彗星一样有尾巴，仔细分析认为是电场实
际情况跟理论计算有误差，可能是第一阳极、第二阳极接线座接入的电压偏差影
响场分布；为了排除接线座对场分布的影响，在热电子面发射源的结构中增加了
两个屏蔽盘，分别是底座第二阳极屏蔽盘和灯丝下第一阳极屏蔽盘，然后重复做
上述实验。发现图像非常完美，完全符合电场和电子轨迹的理论分析和计算，当
电子汇聚时，图像亮斑出现在荧光屏中心，随第二阳极电压增加，光斑逐渐收缩
成点至最后消失，如图 1.33 所示。第一阳极电压为-4 000 V，第二阳极电压值在
图下方。

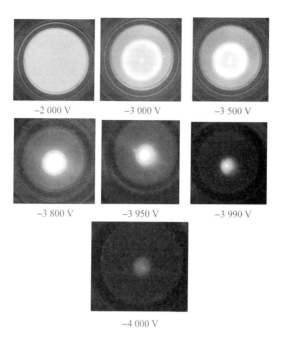

图 1.33　加完屏蔽盘后电子轰击荧光屏的图像

　　将第一阳极、第二阳极的特征电压、数码照片、亮度计采集的图像、图像灰度值以及荧光屏接收面直径方向上接收的电子分布等结果列表比较，如表 1.2 所示。真空系统中的标准荧光屏在第一阳极与第二阳极不同电位下，呈现出发散、均匀、汇聚和淹没的现象，通过图像灰度分析，第一幅图像灰度分布图边缘电子少，由于电子发射面积约为荧光屏面积的 5 倍，所以边缘发散表现得不明显；第二幅图像灰度分布图明显看出在荧光屏面积范围内，成一直线，表明了电子的均匀性；第三幅图像灰度分布图也明显看出电子汇集成光斑，说明电子的汇聚；第四幅图像灰度分布图可以看出是一片噪声，基本没有电子打到荧光屏上，只要再调高第二阳极电压到−4 010 V，电子就会完全淹没；通过实验数据分析，证实了热电子面发射源具有发散、均匀、汇聚和淹没的电子发射特性。

表 1.2　热电子面发射源实验结果及分析

第一阳极电压/V	第二阳极电压/V	照片	亮度计采集图像	图像灰度分布	接收面直径上的电子分布理论计算	电子发射特性
−4 000	0					发散性

续表

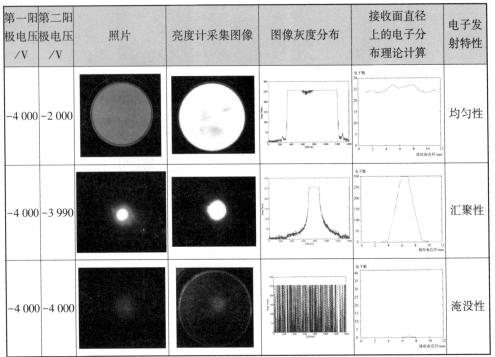

第一阳极电压 /V	第二阳极电压 /V	照片	亮度计采集图像	图像灰度分布	接收面直径上的电子分布理论计算	电子发射特性
-4 000	-2 000					均匀性
-4 000	-3 990					汇聚性
-4 000	-4 000					淹没性

其中电子发射的均匀性为检测荧光屏发光均匀性提供了有力保障，电子的汇聚性可以保证热电子全部打到荧光屏上，通过测试荧光屏电流以及荧光屏发光功率（光功率计），可以计算荧光屏发光效率；电子的淹没性决定了荧光屏余辉的测试原理和方法。

▶▶▶ 1.3.2　热电子面发射源与其他热电子发射源的比较 ▶▶ ▶

前面论述了在 20 世纪 80 年代初期，相关测试设备有使用热电子点发射源的，也有使用热电子线发射源的，测试荧光屏的均匀性或 MCP 的均匀性，是通过眼睛观察荧光屏图像来判断热电子发射是否均匀；本文加工出热电子点发射源、热电子线发射源，在所有外界条件相同的基础上，在本真空系统内通过荧光屏图像进行比较和分析。

试验条件：第一阳极电压 -4 000 V，第二阳极电压 -2 000 V，相同的荧光屏，相同的真空度，实验结果及分析如表 1.3 所示。

表 1.3 不同热电子发射源实验结果及分析

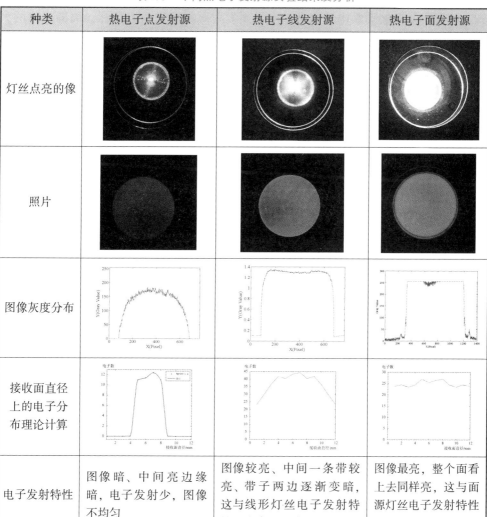

种类	热电子点发射源	热电子线发射源	热电子面发射源
灯丝点亮的像			
照片			
图像灰度分布			
接收面直径上的电子分布理论计算			
电子发射特性	图像暗、中间亮边缘暗，电子发射少，图像不均匀	图像较亮、中间一条带较亮、带子两边逐渐变暗，这与线形灯丝电子发射特性相吻合，图像基本均匀	图像最亮，整个面看上去同样亮，这与面源灯丝电子发射特性吻合，图像均匀

通过实验比较，进一步说明热电子面发射源发射的电子可以调均匀，而其他两种热电子发射源发射的电子是调不均匀的。

1.4 新型热电子面发射源的研究

1.4.1 传统热电子面发射源与新型热电子面发射源分析

1. 传统热电子面发射源的理论计算与局限性分析

现有的 MCP 清刷设备（只适用于 $\phi 50$ mm 以下的 MCP）一般采用的是加热钽

灯丝的热电子面发射源（电子枪）来产生均匀电子束。根据 MCP 的清刷机理可知，电流密度与电子束均匀性是热电子面发射源的两大核心指标，现围绕这两大指标对传统热电子面发射源进行理论上的建模分析。图 1.34 为传统热电子面发射源的结构剖面图[21]。

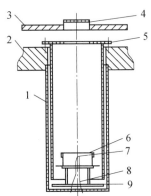

1，2—热电子面发射源外壳；3—真空腔室转盘；4—待清刷 MCP；5—第二阳极；
6—电子散射网；7—灯丝；8—接线座；9—屏蔽盘。

图 1.34　传统热电子面发射源的结构剖面图

如图 1.34 所示，该外围电场的结构设计参照了电子光学透镜，第二阳极的电压电位可在-10 000 ~ 0 V 之间调节，6、7、8、9 同电位，为第一阳极，电位可在-10 000 ~ 0 V 之间调节。调节第一阳极与第二阳极的电压可改变该热电子面发射源内部电场分布，从而控制发射电子的运动轨迹，用于得到清刷需要的电子束。热电子面发射源的电子发射密度与均匀性在根本上是由产生发射电子的灯丝所决定的，该灯丝采用了电子逸出功与热导率均较小的钽丝作为材料的平面螺旋型灯丝，下面对灯丝的电子发射密度与均匀性进行理论分析。表 1.4 给出了钽的热电子发射相关参数[22~23]。

表 1.4　钽的电子发射参数表

金属	熔点/K	逸出功/eV	发射常数 A /($A \cdot cm^{-2} \cdot K^2$)	$J = 1\ A/cm^2$	
				温度/K	蒸发率/($ug \cdot cm^{-2} \cdot s$)
钽（Ta）	3 300	4.19	55	2 500	0.014

根据李查生-德施曼公式[24]，纯金属在零电场的情况下的热电子发射密度为

$$J = A_0 T^2 \exp\left(-\frac{\varphi_M}{kT}\right) \tag{1.42}$$

式中：J 为发射电流密度（A/cm^2）；A_0 为发射常数理论值（$A \cdot cm^{-2} \cdot K^2$），数值为 120.4；$\varphi_M$ 为所用金属的逸出功（eV）；T 为金属温度（K）；k 为玻耳兹曼常数。

根据传统热电子面发射源的结构可知，平面螺旋型灯丝在真空系统中加热时处在封闭的电场中，而外加电场对金属的热电子发射有影响，现用 J_0 来表示有外加电场下的电子发射密度。根据量子力学原理，并不是所有能量高于表面势垒的电子都能逸出金属，它们仍有被反射回金属的可能。由此引进一个平均反射系数 $\overline{R}$，所以平均透射系数为 $\overline{D} = (1 - \overline{R})$。这样就可以得到

$$J_0 = \overline{D}J \tag{1.43}$$

而式（1.42）中逸出功 φ_M 是温度的函数，单位为 eV。设逸出功随温度的变化近似为线性关系，即

$$\varphi_M = \varphi_{OM} + \alpha T \tag{1.44}$$

式中：α 为温度影响系数（eV/K）；T 为温度（K），φ_{OM} 为初始功函数（eV）。

将式（1.43）与式（1.44）代入式（1.42）可得到

$$J_0 = \overline{D}A_0 \exp(-\alpha/k) \cdot T^2 \exp[-\varphi_{OM}/(kT)] \tag{1.45}$$

由理论计算可得 $\overline{D}$ 约为 0.98。根据实验结果，对于钽而言，$\alpha \approx (6 \sim 7) \times 10^{-5}$ eV/K，所以式（1.45）可简化为

$$J_0 = AT^2 \exp[-\varphi_{OM}/(kT)] \tag{1.46}$$

从式（1.45）到式（1.46）中用 A 代替了 A_0，其中 A 为实验实测得的发射常数（也称李查生常数）。这是由于发射常数 A 中包括了平均透射系数和逸出功的温度系数影响，因而其值与理论值 A_0 有较大的偏离。根据相关资料，实测得 A 值约为 55 A·cm^2·K^2。

传统热电子面发射源采用的是平面螺旋型灯丝，其造型在形状上与阿基米德螺旋线比较相像。通过实际测量，该灯丝相邻两圈间的间距都是相等的，约为 1 mm，用于制作灯丝的细钽丝直径 d 为 0.3 mm，整个灯丝面的直径 D 约为 10 mm。根据灯丝的几何特征，将灯丝实物抽象为理论模型，如图 1.35 所示，以便对灯丝进行数学建模与理论计算。

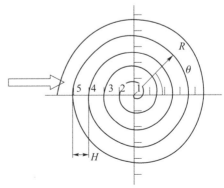

图 1.35　平面螺旋型灯丝数学建模示意

根据平面螺旋型灯丝平面示意，图 1.35 中 R 是角度为 θ 时第 n 圈灯丝的半径，H 为相邻两圈灯丝间的距离。现可对灯丝单圈长度进行计算，假设第 n 圈的灯丝长度为 L_n，则有

$$L_n = \int_0^{2\pi} \left[(n-1)H + \frac{\theta}{2\pi}H \right] \mathrm{d}\theta = (2n-1)\pi H \tag{1.47}$$

则第 n 圈灯丝的电子填充面积 S_n 为

$$S_n = \int_0^{2\pi} \frac{1}{2}\left(R + \frac{H}{2}\right) 2\mathrm{d}\theta - \int_0^{2\pi} \frac{1}{2}\left(R - \frac{H}{2}\right)^2 \mathrm{d}\theta \tag{1.48}$$

而灯丝半径 R 与间距 H 的关系为

$$R = (n-1)H + \frac{\theta}{2\pi}H \tag{1.49}$$

由式（1.46）、式（1.47）、式（1.48）可推导得到平面螺旋型灯丝第 n 圈的电子发射密度 J_e 为

$$J_e = \frac{J_0 L_n d}{S_n} \tag{1.50}$$

式（1.50）仅在相邻两圈灯丝距离 H 较小时成立（H 的极限值可由实验测得）。简化式（1.50）可得到

$$J_e = \frac{AT^2 d\exp\left[-\varphi_{\mathrm{OM}}/(kT)\right]}{H} \tag{1.51}$$

式（1.51）即为平面螺旋型灯丝第 n 圈的电子发射密度公式，从中可以看出灯丝电子发射密度 J_e 只与灯丝的直径、温度、间距有关。依据该公式，将灯丝的直径及温度参数代入即可计算出传统热电子面发射源灯丝的电子发射密度。所以根据灯丝外围电场对电子的作用得出电子的输出面积与灯丝发射面积的比例关系即可计算出该热电子面发射源的电子发射密度。

由式（1.51）可以看出，平面螺旋型灯丝（将灯丝间距控制在理论范围之内）的空间任何一点的电子发射密度与其空间位置无关，在灯丝外界条件已经确定的情况下，灯丝的电子发射密度一致，也就是说这样形状的灯丝面电子发射具有良好的均匀性。

受限于目前的灯丝制造工艺，加之灯丝在长期使用的过程中由于高温加热会导致一定的变形，使得平面螺旋型灯丝并不能严格保持在同一水平面内。假设灯丝由于制造工艺或者长期受热变形后灯丝的截段正视图如图 1.36 所示，假设微小的一段长度为 d_{m}，该段切线与水平线（理想水平灯丝）的夹角为 α。

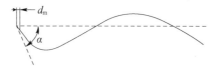

图 1.36　变形灯丝截段正视图

理想状态下，假设水平灯丝的对应段长度为 d_1，则可认为有如下关系为

$$d_m = \frac{d_1}{\cos \alpha} \tag{1.52}$$

对于该小段而言，电子发射面积是相同的，所以容易得到该小段变形灯丝的电子发射密度 J_m 的计算公式为

$$J_m = \frac{J_e}{\cos \alpha} = \frac{AT^2 d \exp\left[-\varphi_{OM}/(kT)\right]}{H\cos \alpha} \tag{1.53}$$

不妨将完整的平面螺旋型灯丝看成由 N 个 d_m 小段组成，由于 α 的值在不断的变化之中，所以对于变形的灯丝而言，其每小段的电子发射密度都不相同，这将造成平面螺旋型灯丝平面的热电子发射分布不均，发射电子的均匀性完全取决于 α 角的数值变化。

根据对传统热电子面发射源的研制经验，灯丝在工作时需要通过 2 ~ 5 A 的电流，灯丝温度达到 2 000 K 以上。在长时间使用的情况下，灯丝会出现烧蚀、发热变形的问题，这样累积的变形加剧了灯丝发射电子的不均匀性。而目前的加工工艺，灯丝在加工过程中重复精度差，不具备百分之百的复制性，这就导致了不同热电子面发射源间的发射电子均匀性存在差异。

2. 新型热电子面发射源的理论计算与研究

鉴于传统热电子面发射源技术的局限性，需要研制适合大面积 MCP 电子清刷测试系统的新型热电子面发射源。金（Au）阴极作为光电阴极，其发射稳定度高，可多次暴露于大气之中而不改变其发射特性，且光电流密度分布均匀[25]。金阴极在外界紫外光照射的条件下能产生发射电子，并且金阴极在尺寸上并没有限制，所以可利用紫外光照射金阴极产生发射电子的原理来研制新型热电子面发射源。

（1）金阴极介绍。

金阴极是指以石英玻璃材料为基底，石英表面附有金薄膜的具有光电发射特性的阴极。薄膜指 1×10^{-10} ~ 1×10^{-6} m 厚的金属、化合物膜层，其物理制备方法有阴极溅射和真空蒸发[26]。金阴极采用了真空蒸发的制备方法，其制备过程如下：将载有高纯度金粉（或丝）的钼舟置于真空腔室内，使其正对石英基片；首先对蒸发源进行严格的除气处理，并将石英基片加热到200℃以上，在真空度达到 4×10^{-3} Pa 后，采用真空蒸散法即可实现在石英基片上形成金薄膜。金薄膜属于纯金属层，形成后无须进行任何处理，其化学与热学稳定性好，常温状态下不易被氧化[27~28]。相关研究表明，蒸涂好的膜层在净室内多次暴露于大气后光电流起伏变化不超过1%，金阴极实物图如图 1.37 所示。

图 1.37 金阴极实物图

（2）新型热电子面发射源入射光响应光谱计算。

为了利用金阴极获得较为理想的发射电子束，需要对金阴极的光谱响应特性进行理论分析。金阴极发射电子的原理是其紫外发射特性，即利用一定频率的紫外光照射金阴极使其产生发射电子。

根据量子力学理论，常温下金属内部的电子服从费米（Fermi）分布定律[29~30]，即

$$dN = \frac{dZ}{Ce^{W/KT} + 1} \tag{1.54}$$

式中：dN 与 dZ 分别表示在能量区间（$W + dW$）内粒子数目及量子态数；k 为玻尔兹曼常数（J/K）；T 为温度（K）；常数 $C = e^{-\frac{W_f}{KT}}$；W_f 为处于费米能级的电子具有的能量，对于金阴极而言 $W_f = 5.5 \text{ eV}$。

对于金属中具有最小初始动能的电子而言，电子在吸收光子能量时处于原子的最低能级上，所以电子必须吸收逸出功与费米能级能量之和（金属表面势垒）的能量才能逸出金属表面，即

$$\begin{cases} \frac{1}{2}mV_{\min}^2 + hv_1 = W_a \\ W_a = \varphi + W_f \end{cases} \tag{1.55}$$

式中：$\frac{1}{2}mV_{\min}^2$ 为电子的最小初动能（eV）；h 为普朗克常数，其值为 $4.14 \times 10^{-15} \text{ eV} \cdot s$；$v_1$ 为具有最小初动能的电子需要逸出时所需要入射光的频率（Hz）；W_a 为金属表面势垒（eV）；φ 为金属逸出功函数（eV）；W_f 为电子所在的费米能级能量（eV）。

对于金属中具有最大初始动能的电子而言，电子在吸收光子能量时处于原子的最高能级上，并且就在金属表面。所以电子只需吸收能够克服逸出功的函数的能量即可逸出，即

$$\begin{cases} \dfrac{1}{2}mV_{\max}^2 + h\nu_2 = W_{\mathrm{a}} \\[2mm] \dfrac{1}{2}mV_{\max}^2 = W_{\mathrm{f}} \\[2mm] W_{\mathrm{a}} = \varphi + W_{\mathrm{f}} \end{cases} \tag{1.56}$$

式中：$\dfrac{1}{2}mV_{\max}^2$ 为电子的最大初始动能（eV）；ν_2 为有最大初始能量的电子逸出所需要的入射光频率（Hz）。

以上两种情况是金属内部电子的两种极端情况，对于具有最小初动能的电子来说，初始动能约为 0。对于大部分电子而言，其初始能量大小介于最小动能与最大动能之间。所以结合式（1.55）与式（1.56）可得到金属内电子逸出的入射频率 ν 服从的关系为

$$\varphi < h\nu < \varphi + W_{\mathrm{f}} \tag{1.57}$$

根据国外相关文献的研究，金阴极在理想的真空环境中其逸出功函数为 4.9 eV，而经常暴露大气后的金阴极其逸出功函数将降至 4.3 eV，并以该逸出功函数稳定工作。考虑到清刷测试系统的实际工况，金阴极将不可避免地多次暴露在大气之中，所以可以认为该金阴极的逸出功函数为 4.3 eV。图 1.38 中实线曲线为实验测得的逸出功函数为 4.9 eV 的金阴极的光谱响应特性曲线[24]。其中横坐标 E_{ph} 表示入射光子的能量，纵坐标 QE 表示归一化的量子效率。

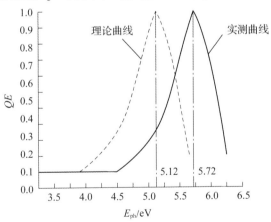

图 1.38　金阴极的光谱响应特性曲线

从图 1.38 中实测曲线可以清楚地看出，该金阴极具有明显的选择性光电效应，具有光电效应的入射光子能量绝大部分分布在式（1.57）的计算范围之内（4.9 ~ 10.4 eV），与理论计算相吻合。此外，可以注意到在入射光线能量小于 4.9 eV 的能量段，金阴极有微小的光电效应。理论上，根据爱因斯坦定律，当入射光子能量小于电子逸出功时，无论光强如何、照射时间多长，都不会有光电子产生。而

实际上，爱因斯坦定律只是温度 $T=0$ 时的近似定律，当 $T \neq 0$ 时，只要传感器的灵敏度够高，即使入射光子能量小于电子逸出功，也能测得光电子信号，并不存在一个使电子发射截止的阈值频率。从图 1.38 中的实测曲线还可以看出，金阴极的光电流发射密度具有一个明显的峰值，其对应的电子能量为 5.72 eV，在电子能量超过 5.72 eV 后，金阴极的光电流发射密度急剧下降。这是由于金阴极内部电子在不同能级上分布数量不同而造成的。金阴极在吸收光子能量后逸出到真空能级以上的自由电子随着频率增高而增大，但自由电子吸收光子的概率在入射光频率较高时却随着频率增高而减小[24]。受到这两个因素的共同影响，出现了如图 1.38 所示的金阴极选择性光电效应。

至于金阴极选择性光电效应的峰值对应的入射光子能量，目前还没有相关的理论可以精确计算。根据对金属电子吸收光子能量逸出的分析，同时考虑到电子在向金属表面运动时由于相互碰撞会损失掉一部分能量，可得到金阴极内电子逸出时能量满足的关系为

$$\frac{1}{2}mV^2 + hv - E_s = \varphi + W_f \tag{1.58}$$

式中：$\frac{1}{2}mV^2$ 为逸出电子的初始能量（eV）；v 为具有该电子逸出能量的入射光频率（Hz）；E_s 为该电子向金属表面运动由于碰撞损失掉的能量（eV）。

式（1.58）给出了金阴极内一般电子逸出时能量所需要服从的法则，可以看出，对于逸出功函数为 4.9 eV 与 4.3 eV 的金阴极在工作时，其他工作环境完全一致，因此其他变量均可认为不发生改变，只是金阴极的逸出功函数发生了改变。由于目前还没有任何实验对逸出功函数为 4.3 eV 的金阴极进行光谱响应特性的测试，但根据对公式的分析，可以推断得到逸出功函数为 4.3 eV 的金阴极近似光谱响应特性曲线如图 1.38 中虚线所示。该曲线所反映的金阴极选择性光电效应为新型热电子面发射源入射紫外光的波长选择提供了理论指导。

入射光的波长选择可根据光子能量计算公式计算得到，该公式为

$$E = \frac{hc}{\lambda} \tag{1.59}$$

式中：h 为普朗克常数（eV·s）；c 为光速（m/s）；λ 为波长（m）。

经过计算可得，逸出功函数为 4.3 eV 的金阴极对波长为 242 nm 的紫外光响应将达到峰值状态，若对 QE 值处于 50% 以上的入射光波长进行计算，可知紫外光源选取波长约为 225~261 nm 的波段紫外光比较合理。

而根据金阴极发射稳定度高，且光电流密度分布均匀的特性，理论上只要保证入射光的均匀性，即可得到均匀的发射电子束。至于入射光的均匀性，可通过对紫外光源在形状上的特殊造型来保证。鉴于光电发射的相似性，对于紫外光源的几何形状的设计，根据上一小节的理论推导，平面螺旋造型是一种理想的选择。

（3）发射电子运动轨迹的理论推导。

新型热电子面发射源在解决发射电子的来源问题后，需要对发射电子的轨迹进行计算，为发射电子的加速电场设计及热电子面发射源的结构设计提供理论指导。现假设阴极 B 与阳极 A 的空间关系及外界条件如图 1.39 所示。

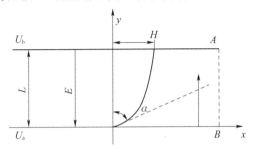

图 1.39　电子轨迹理论计算模型

如图 1.39 所示，A 代表阳极，B 代表阴极，对它们分别施加 U_a 与 U_b 的电压（ $U_a - U_b > 0$ ），单位为 V，A 与 B 之间的距离为 L。E 为电场矢量，电子的入射角为 α ，电子到达阳极后与 y 轴的距离为 H，单位为 m。根据以上条件可知，A 与 B 之间将形成均匀电场，且其沿 y 轴方向上的电位为

$$V(y) = y(U_a - U_b)/L + U_b \tag{1.60}$$

当入射电子以 E_0 的初始能量入射时，它的入射角为 α ，所以电子将在均匀电场中形成抛物线形状的轨迹，根据电子在该电场中的运动规律（电子自身重力忽略不计）可得该曲线上任意一点 c 的坐标为

$$\begin{cases} y_c = V_y t + \dfrac{1}{2}at^2 \\ x_c = V_x t \end{cases} \tag{1.61}$$

式中：t 为电子到达点 c 的时间（t）；V_x、V_y 分别为电子入射时初速度在 x、y 轴方向上的分量（m/s）；a 为电子在该电场中的加速度（m/s^2）。

所以根据能量关系，有

$$\begin{cases} a = \dfrac{e(U_a - U_b)}{mL} \\ \dfrac{1}{2}mV_x^2 = E_x \\ \dfrac{1}{2}mV_y^2 = E_y \end{cases} \tag{1.62}$$

式中：e 为电子电荷量（C）；m 为电子质量（kg）；E_x、E_y 分别为电子入射初始能量 E_0 在 x、y 轴方向的能量分量（eV）。

将式（1.62）代入式（1.61）化简后得到电子轨迹的运动方程为

$$x = r(y) = \frac{2L\sqrt{E_x}}{e(U_a - U_b)}\left(\sqrt{\frac{ey(U_a - U_b)}{L} + E_y} - \sqrt{E_y}\right) \tag{1.63}$$

当电子运动到阳极时，即 $x = H$，可得

$$H = \frac{2L\sqrt{E_x}}{e(U_a - U_b)}\left(\sqrt{e(U_a - U_b) + E_y} - \sqrt{E_y}\right) \tag{1.64}$$

在电子轨迹计算时，在能量上有关系式 $(U_a - U_b)e \gg E_x$ 及 $(U_a - U_b)e \gg E_y$，所以有

$$H = 2L\sqrt{\frac{E_x}{e(U_a - U_b)}} \tag{1.65}$$

又根据电子速度的关系 $V_x = V_0 \sin\alpha$ 可得

$$E_x = E_0 \sin^2\alpha \tag{1.66}$$

所以将式（1.66）代入式（1.65）可得

$$H = 2L\sqrt{\frac{E_0}{e(U_a - U_b)}}\sin\alpha \tag{1.67}$$

在具体计算时，由于能量的单位为 eV，所以在忽略量纲的前提下，可将 e 视作 1，略去不写。而根据发射电子在整个平面各个方向的角度分布（$-\pi/2 \sim \pi/2$），可以得到新型热电子面发射源结构尺寸设计所需计算的电子最大弥散圆半径 r_{max} 的最终计算公式为

$$r_{max} = 2L\sqrt{\frac{E_0}{U_a - U_b}} \tag{1.68}$$

式中：L 为阴极与阳极间的距离（m）；E_0 为电子入射初始能量（eV）；U_a 为阳极电压（V）；U_b 为阴极电压（V）；电子 e 电量视为单位 1，在公式中已省略。

考虑到金阴极电子发射在数量上与能量上均服从郎伯余弦分布，因此绝大部分发射电子均集中在阴极平面的法向方向附近，这样的电子分布会造成弥散圆半径内的部分区域内电子密度与能量严重失衡，如果待清刷 MCP 处于这个面积内，将造成 MCP 的清刷不均匀，这样不仅达不到预期的清刷效果，而且会破坏被清刷 MCP 的均匀性。因此，在进行新型热电子面发射源的设计时，应尽量控制弥散圆的半径，或者使分布不均的电子不落在待清刷 MCP 的区域内。从式（1.68）中可以看出，只需保证 $(U_a - U_b) \gg E_0$ 以及将距离 L 控制在一个比较小的范围内，就可以基本消除电子弥散带来的影响。

▶▶▶ 1.4.2 新型热电子面发射源测试试验 ▶▶▶

电子发射密度（电流密度）与均匀性是热电子面发射源的两大核心指标，新型热电子面发射源的理论推导及机械结构设计的正确性需要具体实验来验证，因此需要针对该两项指标进行相应的测试试验。

1. 电流密度测试实验

根据指标要求，热电子面发射源的输出电流密度为 $0\sim10$ μA/m^2 可调，为精确获得新型热电子面发射源的电流密度，对其进行了测试实验。该实验通过设计的高分辨力电流计采集由新型热电子面发射源的输出面与待清刷 MCP 的输入面构成的回路间的微小电流来计算其输出电流密度、通过不断改变热电子面发射源中倍增 MCP 的板间电压，得到其对应的输出电流密度。该实验的条件为：金阴极与倍增 MCP 输入面施加 300 V 电压（加速电场电压），热电子面发射源输出面与待清刷 MCP 输入面施加 200 V 电压。

根据倍增 MCP 的工作电压范围，测试了板间电压为 $0\sim800$ V 的热电子面发射源输出电流，电压每隔 100 V 采样一次。由于倍增 MCP 为 $\phi106$ mm 的圆，可知其面积为 7.85×10^{-3} m^2，经过计算得到新型热电子面发射源的输出电流密度与倍增 MCP 的板间电压关系如图 1.40 所示。

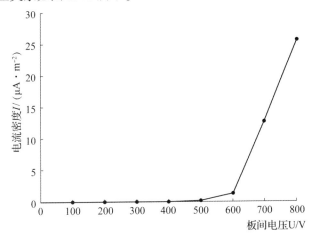

图 1.40　电流密度与板间电压关系图

从图 1.40 中可以看出，在倍增 MCP 的电压低于 500 V 时，输出电流密度变化不大，当电压超过 500 V 后，电流密度迅速增大。这与倍增 MCP 的工作性能有关，在低电压时，该 MCP 的增益变化非常小，因此电流密度基本保持不变。进入 MCP 工作电压后，MCP 的增益迅速变大，电流密度随之快速增长。对于新型热电子面发射源，当板间电压达到 800 V 时，输出电流密度达到 25.5 μA/m^2，完全满足设计指标要求的 $0\sim10$ μA/m^2 调节范围。

2. 发射电子均匀性测试与分析

为了验证新型热电子面发射源相比较于传统热电子面发射源在均匀性方面的优越性，对二者进行了均匀性测试的对比实验。根据理论部分的推导，针对传统热电子面发射源分别选取了灯丝形状较为理想与灯丝使用后变形的两款来进行测试。

该实验的实现方法：在热电子面发射源输出面正上方 4 mm 处放置一块荧光屏，在热电子面发射源工作的同时对荧光屏施加+5 000 V 的高压将其点亮，通过对点亮后的荧光屏进行图像采集，利用软件对图像处理后得出其均匀性（或不均匀性）的具体数值。图 1.41 为 3 种热电子面发射源成像后的灰度化处理图像，其中图 1.41（a）为新型热电子面发射源的图像，由于其发射电子面积大，所以图像在视场中占比较高。图 1.41（b）与图 1.41（c）分别为具有较为理想形状灯丝与变形灯丝的传统热电子面发射源图像。

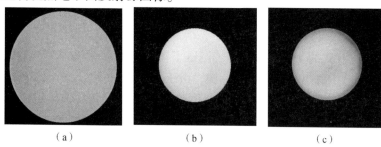

（a）　　　　　　　　　　（b）　　　　　　　　　　（c）

图 1.41　3 种热电子面发射源的灰度化处理图像
（a）新型热电子面发射源；（b）较理想热电子面发射源；（c）变形热电子面发射源

观察图 1.41，可以发现图 1.41（a）与 1.41（b）的均匀性均良好，并不能判别其优劣。而图 1.41（c）射电子截面已经明显偏离正常的圆形，且圆中心范围相对圆周范围偏暗，这说明变形灯丝已经严重影响该热电子面发射源的均匀性。图 1.41（c）中黑色部分为荧光屏成像的边界，并非电子引起的不均匀，在图像处理的算法中将自动剔除。

为精确比较 3 种热电子面发射源的均匀性差别，通过均匀性测试算法软件对 3 种热电子面发射源进行了处理，得到了具体量化的均匀性参数。图 1.42 为 3 种热电子面发射源的亮度分布 3D 图，其热电子面发射源排列顺序与图 1.41 一致。

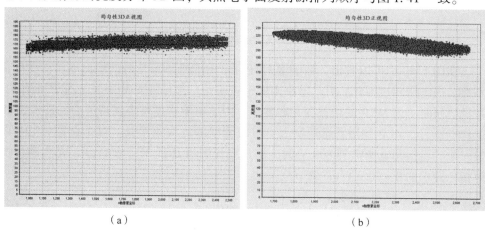

（a）　　　　　　　　　　　　　　　　（b）

图 1.42　3 种热电子面发射源亮度分布 3D 图
（a）新型热电子面发射源；（b）较理想热电子面发射源

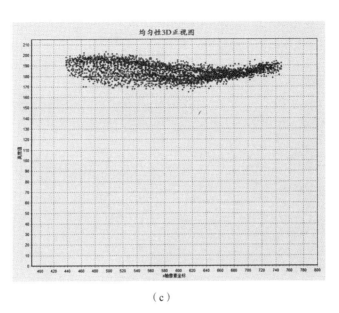

（c）

图 1.42　3 种热电子面发射源亮度分布 3D 图（续）
（c）变形热电子面发射源

　　通过图像处理软件进一步处理，将 3 种热电子面发射源的亮度 3D 分布进一步
计算处理分别得到它们的均匀性曲线。其中图 1.43 为新型热电子面发射源的均匀
性曲线，图 1.44（a）与 1.44（b）分别为具有较为理想形状灯丝与变形灯丝的传
统热电子面发射源的均匀性曲线。

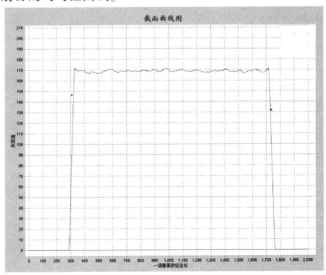

图 1.43　新型热电子面发射源均匀性曲线

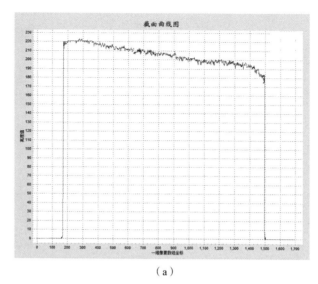

（a）

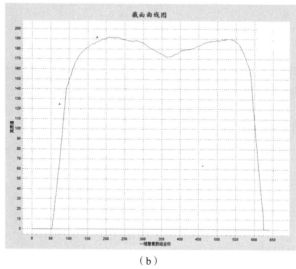

（b）

图 1.44　传统热电子面发射源均匀性曲线
（a）较理想灯丝；（b）变形灯丝

　　从图 1.42～图 1.44 可以看出，新型热电子面发射源的亮度分布基本处于同一水平面，所以均匀性曲线近似一条水平直线。具有理想形状灯丝的亮度分布呈现了左高右低的趋势，所以均匀性曲线近似一条下降的直线，但其波动起伏不大。而具有变形灯丝的热电子面发射源亮度分布十分杂乱，因而其均匀性曲线波动很大，起伏不定。综上，前两种热电子面发射源均有较为良好的发射电子均匀性，但前者均匀性更优。传统热电子面发射源在灯丝变形后，发射电子在各点上分布起伏不定，这样的均匀性在 MCP 的电子清刷中完全不能使用。表 1.5 给出了 3 种热电子面发射源的均匀性具体量化结果。

表 1.5　3 种热电子面发射源均匀性参数

类型	均匀性	不均匀性
新型热电子面发射源	1.11	10.75%
传统热电子面发射源（灯丝较理想）	1.28	16.67%
传统热电子面发射源（灯丝变形）	1.54	42.27%

▶▶▶ 1.4.3　已设计的热电子面发射源样机 ▶▶▶ ▶

（1）新型金阴极热电子面发射源。

新型金阴极热电子面发射源的紫外光源与电子输出组件实物图如图 1.45 所示。

（a）　　　　　　　　　　　　　　（b）

图 1.45　新型金阴极热电子面发射源的紫外光源与电子输出组件实物图

（a）光源组件；（b）电子输出组件

（2）倒挂式热电子面发射源一型。

倒挂式热电子面发射源一型实物图如图 1.46 所示，其实物剖视图如图 1.47 所示。

图 1.46　倒挂式热电子面　　　　　　　图 1.47　倒挂式热电子面
发射源一型实物图　　　　　　　　　　发射源一型实物剖视图

（3）倒挂式热电子面发射源二型。

倒挂式热电子面发射源二型设计图如图 1.48 所示，倒挂式热电子面发射源二型爆炸图如图 1.49 所示，倒挂式热电子面发射源二型实物图如图 1.50 所示。

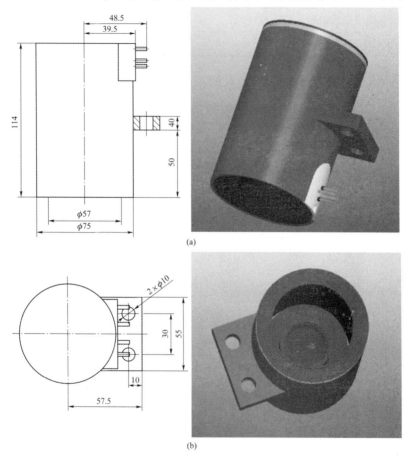

图 1.48　倒挂式热电子面发射源二型设计图
（a）主视图；（b）俯视图

图 1.49　倒挂式热电子面发射源二型爆炸图

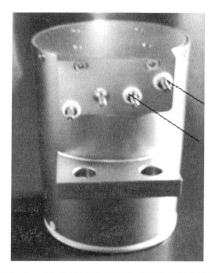

图 1.50 倒挂式热电子面发射源二型实物图

 # 1.5 漫反射原理及积分球的研究

▶▶▶ 1.5.1 漫反射原理及漫反射材料性质 ▶▶ ▶

漫反射指当光线照射在粗糙的表面上之后，导致光线向不同方向反射的物理现象[24]。漫反射光是由光源发出的光线照射在漫反射层上，然后经过多次反射和吸收之后的光。漫反射的原理示意如图 1.51 所示。

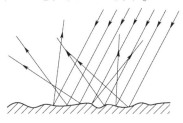

图 1.51 漫反射的原理示意

镜面反射是指一束平行光照射在反射平面上，反射光仍然是平行光的物理现象。镜面反射的原理示意如图 1.52 所示。

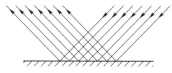

图 1.52 镜面反射原理示意

　　漫反射与镜面反射相比，漫反射能改变光线方向，如果光线能在一个封闭球状腔体中经过无数次的漫反射，腔体每一点可以认为被漫反射的光线照射的次数也是无穷次的，球状腔体每一点的照度几乎也是一样的，而镜面反射却达不到这个效果。测试仪的机械系统结构中可以考虑采用球状腔体的结构来进行设计。

　　在光线照射在漫反射层发生漫反射之后，少部分光被漫反射层吸收，其余的光线向各个方向反射。为了提高漫反射的效果，减小漫反射材料吸收引起的反射光的衰减，应选择漫反射比适当的漫反射材料。不同材料的漫反射特性会不同，漫反射材料的反射比 ρ 是评价漫反射材料反射特性的因子，为了使漫反射的性能达到最佳，反射比 ρ 一般取 $0.8 \sim 0.9$。硫酸钡的光谱反射比接近中性，化学性能稳定，可以使得反射比控制在 $0.8 \sim 0.9$，比较适合做漫反射特性优越的漫反射层。

▶▶▶ 1.5.2　理想积分球研究 ▶▶▶

　　基于漫反射原理，设计一种基于球面的反射面，即理想的积分球，这样就能使得光源发出的光在球面的内壁达到无穷次的漫反射。理想积分球是封闭的空腔圆球，球内表面涂有白色中性的漫反射涂层，理想积分球要符合 3 个条件：①它是内部空心的球体；②球体内没有任何吸收光线的物体；③内壁涂层反射比应该是中性的，如硫酸钡[30~32]。理想的积分球原理示意如图 1.53 所示。

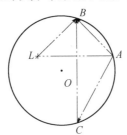

图 1.53　理想积分球原理示意

　　在图 1.53 中 L 是光源，光源 L 可以放在理想积分球内的各个位置。设理想积分球的圆心为 O，理想积分球内表面的漫反射涂层的反射比为 ρ，理想积分球的半径为 R，光源 L 的光通量为 ϕ。

　　在理想积分球内壁上的任一点 B 的照度 E 由两部分的照度叠加而成：一部分是光源 L 第一次照射在点 B 时得到的照度，另一部分是光源 L 照射在理想积分球内壁上的除点 B 以外的所有点（其中一点如 A 点）后，经过漫反射照射在点 B 所得到的照度。漫反射到 B 点的照度包括一次漫反射得到的照度，两次漫反射得到的照度，以至无穷次反射之后所得到的照度。

　　光源 L 第一次照射在点 B 时得到的照度为

$$E_d = \frac{\phi}{4\pi R^2} \tag{1.69}$$

式中：E_d 为光源 L 第一次照射在理想积分球内壁上的点 B 时得到的照度（lx）；ϕ 为光源 L 的光通量（lm）；R 为积分球的内壁半径（m）。

第一次漫反射后照射在点 B 时得到的照度直至第无穷次漫反射后照射在点 B 时得到的照度为

$$
\begin{cases}
E_1 = \dfrac{\rho\phi}{4\pi R^2} \\[2mm]
E_2 = \dfrac{\rho^2\phi}{4\pi R^2} \\[2mm]
\cdots \\[2mm]
E_n = \dfrac{\rho^n\phi}{4\pi R^2} \\[2mm]
\cdots
\end{cases}
\tag{1.70}
$$

式中：$E_i(i=1,2,\cdots,n,\cdots)$ 为每次漫反射后照射在理想积分球内壁上的点 B 时的照度（lx）；ρ 为积分球内壁漫反射层的反射比。

则理想积分球内壁上的点 B 的照度为

$$
\begin{aligned}
E &= E_d + E_1 + E_2 + \cdots + E_n + \cdots \\
&= \frac{\phi}{4\pi R^2} + \frac{\rho\phi}{4\pi R^2} + \frac{\rho^2\phi}{4\pi R^2} + \cdots + \frac{\rho^n\phi}{4\pi R^2} + \cdots \\
&= \frac{\phi}{4\pi R^2} + \frac{\rho\phi}{4\pi R^2}(1 + \rho + \rho^2 + \cdots + \rho^n + \cdots) \\
&= \frac{\phi}{4\pi R^2} + \frac{\phi}{4\pi R^2} \cdot \frac{\rho}{1-\rho}
\end{aligned}
\tag{1.71}
$$

式中：E 为理想积分球内壁上的点 B 的照度（lx）。

式（1.71）的第一项就是光源 L 直接照射在理想积分球的照度。根据光源的各向异性，直接照射在点 B 所得到的照度与光源的方向有关系，这个直接照射在点 B 所得到的照度是一个随方向改变而变化的变量。为了使得点 B 所得到的照度不受这种光源各向异性的影响，可以在光源 L 与点 B 之间设置一个挡光屏，挡住光源 L 的直射光，带挡光屏的积分球原理如图 1.54 所示。

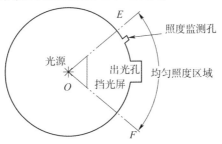

图 1.54　带挡光屏的积分球原理图

理想积分球加了挡光屏之后，则式（1.71）转化为

$$E = \frac{\phi}{4\pi R^2} \cdot \frac{\rho}{1 - \rho} \qquad (1.72)$$

由式（1.72）可知，光源 L 发出的光经过带挡光屏的积分球内壁无穷次的漫反射之后，在积分球内壁部分区域会存在均匀的照度。积分球内壁上均匀照度区域的照度仅与 3 个量有关系，即光源 L 的光通量 ϕ、积分球的半径 R 以及积分球内表面的漫反射涂层的反射比 ρ。

▶▶▶ 1.5.3   积分球出光孔照度衰减的研究 ▶▶ ▶

1. 积分球出光孔照度衰减的原因分析

当积分球机械结构制成后，可以在积分球非均匀照度区域开光源入射孔，用于光源光线的入射；可以在积分球内壁上均匀照度区域开出光孔，将积分球出光孔处的均匀照度的光用于点亮通电的微光像增强器；也可以在积分球内壁上均匀照度区域开一些小孔，可以用照度测试仪器对其内壁上所得照度进行实时监测。

积分球在实际的应用中，由于积分球内壁上需要上述的孔，使得理想积分球内壁完整性被破坏，导致积分球出光孔边缘的照度衰减。由于光源入射孔和照度监测孔一般很小，所以对积分球内壁照度的影响很小。而积分球出光孔相对较大，是影响积分球内壁照度的主要因素，这样就会使得积分球出光孔边缘的照度衰减，所以实际设计的积分球机械结构将无法应用在测试仪中，否则测试精确性无法被保证。传统机械结构优化方法无法解决该问题，需要寻求一种新的方法来对积分球孔径进行优化，保证所设计积分球机械结构的合理性，进而确保测试仪测试的精确性。

2. 积分球出光孔照度衰减研究的作用

积分球出光孔照度衰减的研究可以使得在设计积分球出光孔孔径时，不是简单地和微光像增强器的阴极面大小相等就可以，而是应当把积分球出光孔的面积开得比微光像增强器的阴极面的面积略大，而又不能过大，因为过大会增大积分球出光孔边缘照度的衰减。所以积分球出光孔照度衰减的研究有助于定量地得出积分球出光孔面积的大小，实现积分球机械结构中出光孔径的优化，从而达到积分球机械结构的优化，使得微光像增强器得到均匀的微光光源，提高微光像增强器成像均匀性的测试精度。

积分球由于各种因素，使得出光孔的照度在一定直径范围内的照度是符合标准的，而大于这一直径的照度却有了衰减。通过研究推导，发现这种衰减现象和积分球的出光孔的半径大小 r（等于微光像增强器阴极面的半径）以及积分球的半径大小 R 和漫反射层的反射比 ρ 有一定的量值关系。

3. 积分球出光孔照度干扰因子 F_R 提出原因

积分球上开的出光孔一般是最大的孔，而积分球上开的用于其他作用的孔尺寸较小，可以忽略不计。在积分球尺寸一定的情况下，积分球存在以下 3 种情况：

①出光孔的存在必然会导致积分球内表面漫反射层面积的减少，光源光线得不到理想中的漫反射次数；

②积分球内壁的漫反射涂层的反射比 ρ 变化也会影响积分球的漫反射性能；

③随着出光孔半径 r 的增大，照度衰减的现象也会严重。而且随着积分球半径 R 的增大，这种衰减又会得到一定程度的补偿，因为在出光孔大小一定的前提下，积分球漫反射面积增加，有利于提高出光孔照度的均匀性，进而可以降低出光孔照度的衰减。

4. 出光孔照度干扰因子 F_R 推导与分析

积分球相关尺寸如图 1.55 所示。

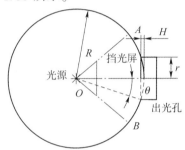

图 1.55　积分球相关尺寸

由于积分球出光孔使得漫反射层缺损的面积为

$$S_1 = 2\pi RH = 2\pi R \cdot \left[R - \sqrt{R^2 - r^2} \right] = 2\pi R^2 - 2\pi R \sqrt{R^2 - r^2} \quad (1.73)$$

式中：S_1 为由于积分球出光孔使得漫反射层缺损的面积（m^2）；R 为积分球的半径（m）；r 为积分球出光孔的半径（m）。

漫反射层缺损面积与理想漫反射层面积的比值为

$$\varphi_1 = \frac{S_1}{S} = \frac{2\pi R^2 - 2\pi R \sqrt{R^2 - r^2}}{4\pi R^2} = \frac{1}{2}\left[1 - \sqrt{1 - \left(\frac{r}{R}\right)^2} \right] \quad (1.74)$$

积分球实际的漫反射层面积与理想漫反射层面积的比值为

$$\varphi = 1 - \varphi_1 = \frac{1}{2}\left[1 + \sqrt{1 - \left(\frac{r}{R}\right)^2} \right] < 1 \quad (1.75)$$

因为积分球的出光孔照度很大程度上还和积分球内表层的喷涂的材料有关系，所以漫反射层的反射比也会对出光孔照度有影响。所以出光孔照度衰减干扰因子可以定义为

$$F_R = \rho \cdot \varphi = \frac{\rho}{2}\left[1 + \sqrt{1 - \left(\frac{r}{R}\right)^2}\right] \tag{1.76}$$

式中：F_R 为出光孔照度衰减干扰因子；ρ 为漫反射层的反射比。

因为所要测试的各种型号的微光像增强器中，微光像增强器的阴极面最大直径为 50 mm，积分球的出光孔均匀未衰减的照度区域的直径取为 51 mm，即半径 $r_u = 25.5$ mm，这样既能保证作用于各种型号微光像增强器阴极面的光的照度均匀，又能保证积分球漫反射层面积尽量大，而且还能够降低后期测试仪设计安装调试的难度。所以用于多型号微光像增强器成像均匀性测试仪的积分球的实际出光孔的半径 r 可以由式（1.77）求出

$$r_u = r \cdot F_R = \frac{\rho r}{2}\left[1 + \sqrt{1 - \left(\frac{r}{R}\right)^2}\right] \tag{1.77}$$

式中：r_u 为积分球的出光孔均匀未衰减的照度区域的半径（m）。

测试仪的总体技术指标中规定用于测试仪的积分球的直径为 300 mm，即积分球的半径 $R = 150$ mm。硫酸钡的反射比 ρ 约为 0.85，在 0.84 ~ 0.86 范围内变化，要保证在以积分球出光孔中心为圆心的 ϕ51 mm 的圆形区域内，出光的照度是均匀未衰减的，由式（1.77）计算出积分球的出光孔半径 r 为 29.95 ~ 30.68 mm，所以最终积分球出光孔的半径取为 31 mm，即积分球出光孔直径取为 62 mm。

积分球出光孔照度衰减干扰因子 F_R 的提出可以对积分球出光孔照度的衰减进行定量的分析，计算出积分球出光孔的最小面积，从而使出光孔照度未衰减的区域满足实际应用，而不用凭经验随意定积分球的出光孔的尺寸，实现积分球机械结构的优化设计。

▶▶▶ | 1.5.4　积分球出光孔照度标定方法的研究 ▶▶▶ ▶

多型号微光像增强器成像均匀性测试仪在工作过程中需要实时地监测积分球出光孔的照度。可知可以在积分球的均匀照度区域开一个小的照度监测孔，则该小孔监测到的照度值与积分球出光孔的照度值相等。

标准照度计是专门测量照度的高精度仪器，标准照度计能够精确地测量所处环境的照度值[33~34]。标准照度计实物如图 1.56 所示。

硅光电池是一种半导体器材，它能够直接将光能转换成电能。硅光电池的结构简单，它的实质是一个 PN 结，硅光电池可以将入射到它表面不同强度的光能转化为相应大小的电能[35~36]。硅光电池的实物如图 1.57 所示。

图 1.56　标准照度计实物图

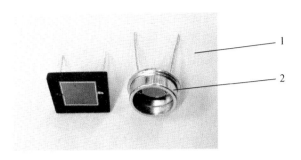

1—引脚；2—光表面。

图 1.57 硅光电池实物图

硅光电池的光电特性曲线如图 1.58 所示。

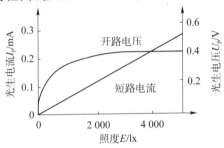

图 1.58 硅光电池的光电特性曲线

由图 1.58 硅光电池的光电特性曲线可知，硅光电池的短路电流与光照度成线性关系，而开路电压却不具备这个特点[37]。

因为标准照度计的体积较大，不适合直接用标准照度计直接测量工作中的积分球，所以需要设计一种体积较小、使用方便的照度探测器，硅光电池具有结构简单和体积小的优点，而且引脚产生的电压值和照度值具有线性关系，所以硅光电池适合用于做照度探测器，实时地监测积分球出光孔的照度，保证多型号微光像增强器成像均匀性测试仪的照度监测功能。积分球出光孔照度标定示意如图 1.59 所示。

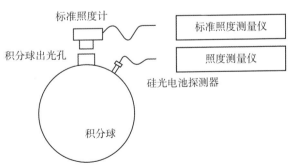

图 1.59 积分球出光孔照度标定示意

因为硅光电池的短路电流与光照度成线性关系，所以可以用硅光电池的这个特性做照度探测器。通过标准照度计和使用硅光电池制作的照度探测器配合对积分球均匀照度区域的照度进行标定。标定方法是，用标准照度计测出一组积分球处于不同照度时出光孔的照度，如 E_0、E_1、E_2、E_3、E_4、E_5、E_6、E_7，同时测出每种照度下的硅光电池对应的短路电流，如 I_0、I_1、I_2、I_3、I_4、I_5、I_6、I_7，所以可以制作一个照度标定表，对任意一个测得的电流 I_i，在电流 I_i 对应小的一个电流区间内做差值运算，就可以从照度标定表中计算出任意一个硅光电池短路电流 I_i 所对应的照度值 E_i。不同区间内做差值运算得到的结果可能不一样，但最小区间内做差值运算的结果与真实值最接近，且精度随着区间的减小和区间数量的增多而增大。所以可以通过这种方法对多型号微光像增强器成像均匀性测试仪的积分球出光孔的照度进行实时的监测。

▶▶▶ 1.5.5　积分球设计 ▶▶▶ ▶

1. 光轴调校积分球设计

光轴调校积分球设计如图 1.60 所示。

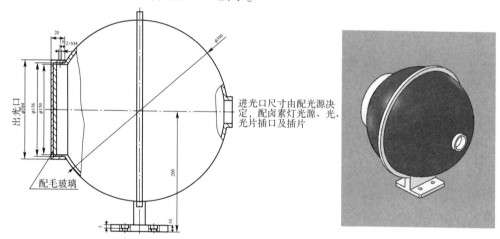

图 1.60　光轴调校积分球设计图

2. 远距离调节光阑积分球设计

积分球直径为 300 mm，出光口内直径为 60 mm，需要配套光源、电源、光阑、蜗轮蜗杆、加工支撑架和底板。

远距离调节光阑积分球设计效果如图 1.61 所示。

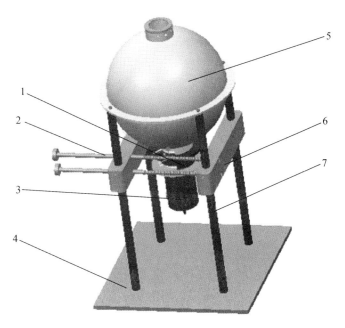

1—二级光阑；2—蜗轮蜗杆；3—光源与电源；4—底板；5—积分球；6—蜗杆支架；7—积分球支架

图 1.61　远距离调节光阑积分球设计效果

整个机构需要安装在暗箱内，不能够直接调节光阑，所以设计蜗轮蜗杆机构实现远距离调节光阑的功能。调节光阑积分球的技术指标如表 1.6 所示。

表 1.6　调节光阑积分球技术指标

项目	技术指标	备注
积分球尺寸	300 mm	碳素钢，黑色喷塑
内壁涂层材料	硫酸钡	
出光孔尺寸	60 mm	
照度输出范围	$1 \times 10^{-3} \sim 50$ lx	
供方配套光源、供电电源即可调光阑		
入光孔位于积分球底部		
出光孔位于积分球顶部		
提供蜗轮蜗杆设计实现远距离调节光阑		
加工支撑架和底板		

3. Sphere-200 mm 全铝积分球（三探测器孔）设计

200 mm 全铝积分球（三探测器孔）设计如图 1.62 所示。

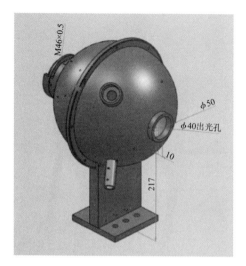

图 1.62　全铝积分球（三探测器孔）设计

技术指标：

①积分球尺寸为 200 mm，全铝材料，外表面氧化发黑；

②内壁涂层材料为硫酸钡；

③出光孔尺寸为内径 40 mm；外径 50 mm；

④一个可调光阑和一个固定光阑；

⑤底座按客户要求定尺寸；

⑥输出端增加探测开孔用于放置客户自行配置的微光探测器。

4. Sphere-200 mm 全铝积分球（无探测器孔）设计

200 mm 全铝积分球（无探测器孔）设计如图 1.63 所示。

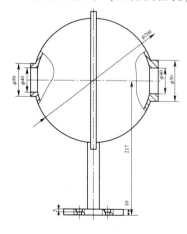

图 1.63　全铝积分球（无探测器孔）设计

技术指标：

①积分球尺寸为 200 mm，全铝材料，外表面氧化发黑；

②内壁涂层材料为硫酸钡；

③出光尺寸为内径 40 mm；外径 50 mm；

④一个可调光阑和一个固定光阑；

⑤底座按客户要求定尺寸。

5. 双光路积分球设计

双光路积分球设计如图 1.64 所示。

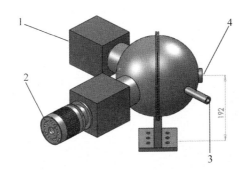

1—紫外光源；2—光源；3—光电倍增管插口；4—均匀光源出口。

图 1.64　双光路积分球设计

 ## 1.6　真空系统的调试与测试试验

在系统制造及装配完成后，需要对系统进行真空性能的调试，并测试其漏率。在此基础上研究空/负载对该系统真空度的影响，进一步探究该系统的真空性能。完成真空度调试后，需要对新型热电子面发射源进行电流密度与电子均匀性测试，检验其原理方案与机械设计的合理性。

真空度指标要求该系统到达工作真空度 5×10^{-4} Pa 的时间小于 45 min，系统的极限真空度达到 5×10^{-5} Pa。真空度的调试在系统装配完成后进行，需要对系统进行检漏、烘烤处理，进而对系统进行工作、极限真空度的调试，并计算系统漏率。

1.6.1　真空系统的烘烤除气处理与真空度调试

针对技术指标对真空度的要求，在系统制造完成后，需对系统进行抽真空实验来研究该系统的真空性能。经过测量计算得出，空载时（未加任何与清刷测试相关的部件）真空腔室的容积约为 0.08 m³。负载（正常工作情况下）主要包括：4套大面积 MCP 夹具，4 套新型热电子面发射源夹具，4 个荧光屏，以及将它们相连的高压线及保护高压线的陶瓷管。首次抽真空实验表明该真空系统基本达到设计要求，但很难达到极限真空所需要的真空度。这是由于真空腔室内表面及内部放置的夹具及接线吸附的气体未得到充分释放所致，因此对系统进行高温烘烤处理是必要的。

本次烘烤处理是在将系统清刷时所有需要的夹具及组件都放置其中的条件下进行的，这样能达到将需要放置在真空腔室内工作的所有部件除气的效果。烘烤的方法为：将真空腔室上盖用铝箔充分严密包裹以保证上盖不被高温烫伤，造成表面伤痕影响系统美观。将烘烤带均匀缠绕在上盖侧面，给加热带通电开始烘烤。在真空腔室内部与外部分别装有温度传感器，用于检测实际温度。

烘烤过程中对真空腔室外表面与内部的温度进行了实时监控，加热稳定后真空腔室外表面温度稳定在 140℃ 左右，腔体内部温度稳定在 80℃ 左右。图 1.65 为真空系统烘烤除气处理实验图，通过实时记录烘烤过程中真空度随时间变化的数值，运用 MATLAB 软件绘制得到烘烤过程中真空度随时间变化的曲线如图 1.66 所示。

图 1.65　真空系统烘烤除气处理

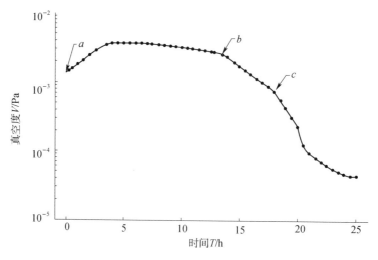

a—开始烘烤点；*b*—停止加热点；*c*—恢复室温点。

图 1.66　烘烤过程真空度随时间变化图

从图 1.66 中可以看出，烘烤从真空度为 1.37×10^{-3} Pa 时开始（a 点），随着烘烤的进行，在 $0 \sim 5$ h 的阶段，系统真空度开始上升。这是由于该阶段吸附在腔体内壁以及夹具和 MCP 与荧光屏组件表面的水汽和其他气体得以释放，此时气体释放的速率大于抽空速率，所以真空度呈上升趋势，真空度在 5 h 左右到达一个峰值。随着烘烤的继续进行，由于吸附的气体的减少，气体释放的速率开始小于抽空速率，真空度开始缓慢下降。根据课题组对真空设备的烘烤经验，在 13 h 停止了烘烤（b 点），让系统开始自然冷却，此时真空度明显开始加速下降。这是由于随着温度的降低，吸附气体释放进一步减少，系统抽空速率远高于脱附速率。至 18 h 左右，系统恢复至室温 23℃（c 点），此时真空度下降的速率进一步增大，在 23.5 h 后系统达到极限真空度要求（5×10^{-5} Pa），此后系统真空度的变化趋势开始趋于平缓，此时吸附气体基本得以完全释放，系统的抽空速率与系统漏率逐渐达到平衡。

▶▶▶| 1.6.2　真空系统的漏率测试计算 ▶▶▶

真空漏率是指相对负压封闭空间进入气体的速率，是衡量一个真空系统维持高真空能力的重要指标。大面积 MCP 电子清刷测试系统对真空度的要求很高，性能指标明确要求漏率不高于 5.0×10^{-8} Pa·l/s，因此需要对系统的漏率进行测试实验与计算。式（1.78）为真空系统允许最大漏率的计算公式。

$$Q_z = V(P_2 - P_1)/t \tag{1.78}$$

式中：Q_z 为系统允许最大漏率（Pa·l/s）；V 为系统容积（L）；P_1 为真空泵停止时系统的压强（Pa）；P_2 为真空腔室经过 t 时间的压强（Pa）；t 为压强从 P_1 到 P_2 所经过的时间（s）。

测试的方法：完全关闭真空泵后对该系统的真空度随时间变化规律进行详细记录，所得数据通过式（1.78）精确计算系统的真空漏率。表 1.7 为真空泵关闭后真空系统真空度随时间变化表。

表 1.7　真空泵关闭后真空度随时间变化表

时间 t/min	0	15	30	45	60	75	90	105	120
压强 P/Pa	3.0×10^{-4}	7.6×10^{-4}	1.2×10^{-3}	1.6×10^{-3}	2.1×10^{-3}	2.5×10^{-3}	3.0×10^{-3}	3.3×10^{-3}	3.8×10^{-3}

由上文可知系统的容积约为 0.08 m³，将表 1.7 的数据代入式（1.78）可得 8 组真空系统的漏率数值，如表 1.8 所示。

表 1.8　不同时段系统漏率数值表格

组别	1	2	3	4	5	6	7	8
漏率 Q_z/(Pa·l·s⁻¹)	4.1×10^{-8}	3.9×10^{-8}	3.6×10^{-8}	4.4×10^{-8}	3.6×10^{-8}	4.4×10^{-8}	2.7×10^{-8}	4.4×10^{-8}

根据表 1.8 可知，8 组漏率值均小于系统允许的最大漏率。对 8 组漏率值进行平均可求得系统的平均漏率为 3.9×10^{-8} Pa·l/s，且 8 组中漏率最大值小于系统指标要求 5×10^{-8} Pa·l/s，完全达到了指标设计要求。

▶▶| 1.6.3 真空系统空/负载性能研究 ▶▶ ▶

在完成系统的烘烤处理后，为进一步研究该真空系统的性能，分别在空载（除去内部夹具、MCP、荧光屏）以及负载（正常工作）情况下进行了抽真空实验，该实验在室温（23℃）条件下进行，图 1.67 为空/负载情况下真空度随时间变化曲线。

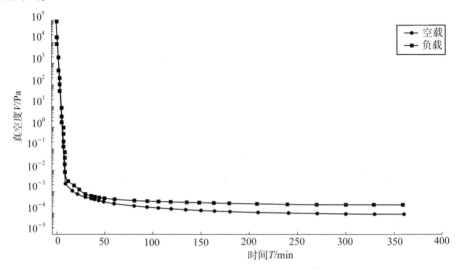

图 1.67　空/负载真空度随时间变化曲线

从图 1.67 中可以看出，抽真空初始阶段两条曲线并没有明显差别，这是由于该曲线图坐标选取间距较大造成的，图 1.69 将给出详细分析。在初始阶段对比空/负载曲线可知，负载情况下所能达到的真空度明显低于空载状态。在系统漏率一定的情况下，这是由于夹具、MCP、荧光屏以及接线表面虽然经过烘烤除气但仍吸附一定气体所致。可以看出，在 150 min 后两曲线基本呈现一种平行的态势，其值差距稳定在 1.45×10^{-4} Pa 左右，这正是系统稳定后负载给系统真空度带来的影响。为准确评价该系统负载对抽真空带来的影响，假定在某一时刻，V_1 为空载时的真空度，V_2 为负载时的真空度，定义 K 为负载对系统工作真空度的影响因子，其表达式定义为

$$K = \frac{|V_1 - V_2|}{V_2} \tag{1.79}$$

式（1.79）中：$|V_1 - V_2|$ 为负载对真空度造成的绝对数值影响。

$|V_1 - V_2|$ 与 V_2 的比值即可合理表示负载对系统正常工作时真空度的影响程度。通过对实时记录的空/负载情况下真空度随时间变化数据的处理得到 K 值在各个时间段内的数值变化曲线如图 1.68 所示。K 值的计算是从分子泵满转后（820 Hz）后开始的，因为此时系统的抽空速率到达最大值，且稳定不变，这样就排除了抽空速率不稳定给 K 值带来的干扰。

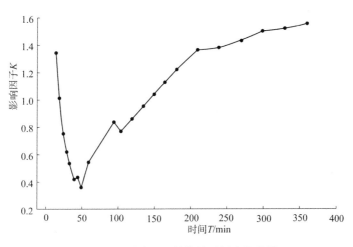

图 1.68　影响因子数值随时间变化曲线

从图 1.68 中可以看出，K 值经历了先下降后不断上升的过程，K 值前期较大是由于真空度突然下降使得负载表面气体脱附速率较快造成的，此时系统较难进入更深一层次的真空状态。随着气体脱附速率的下降，K 值不断下降。在这个阶段虽然 K 值较大，但 V_2 的基数值也相对较大，并不直接影响真空度的进一步提升。随着抽真空的深入进行，脱附速率进一步稳定，此时 V_2 不断下降，造成 K 值的不断上升。此时，K 值越大，说明负载造成的影响越大，真空度进一步提升的难度越大。随着 K 值的不断增大，该真空系统的真空度逐渐逼近极限值。K 值稳定后该系统达到其极限真空状态，真空度不再提升。

为了进一步研究图 1.67 中曲线前期的差异，现将其前期曲线单独放大如图 1.69 所示。

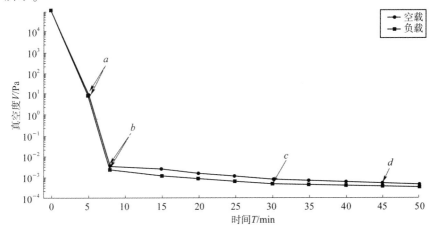

a—开启分子泵点；b—分子泵满转点（820 Hz）；c—工作真空度点；d—工作真空度点。

图 1.69　空/负载真空度随时间变化局部放大

从图 1.69 中可以看出，在开启机械泵 5 min 后（a 点），空/负载情况下系统都达到了开启分子泵的条件（20 Pa 以下），其中空载时数值为 8 Pa，负载时数值为 10 Pa。8 min 时，分子泵满转（b 点），空载情况下真空度为 2.16×10^{-3} Pa，而负载情况下为 3.42×10^{-3} Pa。在到达工作真空度（5×10^{-4} Pa）时间方面，空载情况下到达时间约为 30 min（c 点），负载情况下约为 45 min（d 点），满足设计指标。

参考文献

［1］闫常善. 对像增强器中荧光屏镀铝膜基础知识的探讨［J］. 云光技术，2007（2）.

［2］Chang Benkang. Study on spectral response characterization on New S25 and LEP photocathodes. Acta Optica Sinica. 1994，14（5）：465-468.

［3］YaFeng Qiu，BenKang Chang，Lianjun Sun. et al. Area source electron gun uniformity analysis［P］. Applied Optics and Photonics China，2008.

［4］杜晓晴，杜玉杰，常本康，等. 三代微光管均匀性测试与分析［J］. 真空科学与技术，2003（4）.

［5］蒋泉，李军建，成建波，等. 发光屏动态测试系统的研制［J］. 真空科学与技术，2002（B12）.

［6］Saxler A，Walker D，Kung P，et al. Growth of Galv Without Yellow Luminescence［J］. MRS Procedings，1995，395.

［7］杨明华. 栅极对电子注性能的影响分析［J］. 真空电子技术，2007（5）.

［8］程宏昌，石峰，史鹏飞，等. 微通道板（MCP）电子清刷用电子枪的设计［J］. 应用光学，2007（5）.

［9］陈文雄，徐军，陈莉，等. 光电子学与激光技术：电子枪理论研究的新进展［J］. 中国学术期刊文摘，2007（16）.

［10］殷海荣，宫玉彬，王文祥，等. 虚边界元法与强流电子枪的电子轨迹模拟［J］. 计算物理，2006（6）.

［11］廖燕，贾宝富，罗正祥. 轴对称收敛型电子枪设计方法再讨论［J］. 强激光与粒子束，2005，17（3）.

［12］姜海峰，朱希恺，黄漫莉，等. 电子枪束流截面测量系统［J］. 核技术，2004（4）.

［13］闫常善. 对像增强器中荧光屏镀铝膜基础知识的探讨［J］. 云光技术，2007（2）：28-33.

［14］刘广斌，杜秉初，田金生，等. 像增强器荧光屏亮度均匀性自动测试系统

[J]. 光学技术, 1998 (4).

[15] 周立伟. 光电子成像技术的近期进展 [C]. 第五届全国光电器件学术讨论会论文集. 1992: 1~2.

[16] 杜秉初, 汪健如. 电子光学 [M]. 北京: 清华大学出版社, 2002.

[17] 成都电讯工程学院. 电子光学 [M]. 北京: 人民教育出版社, 1961.

[18] 赵国骏等. 电子光学 [M]. 北京: 国防工业出版社, 1985.

[19] 二宫敬度. 考虑到热初速度的存在用计算机解析阴极射线管的电子枪 [J]. 光学技术, 1976, (2~3).

[20] G. C. Higgins. Methods for Engineering Photographic Systems. Applied Optics. 1964, 3 (1).

[21] 邱亚峰, 常本康, 张俊举, 等. 面源灯丝的热电子发射电流密度和均匀性分析 [J]. 兵工学报, 2009, 30 (5): 617-621.

[22] 白亦真, 吕宪义, 金曾孙, 等. 钽阴极在热阴极辉光放电中行为与防护 [J]. 大连理工大学学报, 2006, 46 (2): 157-159.

[23] Iiyoshi R, Maruse S. Tip Radius of Tungsten Point Cathode at Temperatures above 2800K [J]. Microscopy, 1995, 44 (5): 326-330.

[24] 袁铮, 刘慎业, 曹柱荣, 等. 金阴极的选择性光电效应 [J]. 物理学报, 2010, 59 (7): 4967-4971.

[25] 刘元震. 电子发射与光电阴极 [M]. 北京: 北京理工大学出版社, 1995.

[26] 张柏福, 田景全, 富舟晨, 等. 金阴极及其在真空成象技术中的应用 [J]. 应用光学, 1987 (3): 17-21.

[27] Wu H, Huang F, Peng J, et al. High-efficiency electron injection cathode of Au for polymer light-emitting devices [J]. Organic Electronics, 2005, 6 (3): 118-128.

[28] 陈敏. 像增强器荧光屏测试仪热电子发射均匀性研究 [D]. 南京: 南京理工大学, 2008.

[29] Planck M. On the theory of heat radiation [J]. Applied Optics, 1914, 31.

[30] Jacquez J A, Kuppenheim H F. Theory of the Integrating Sphere [J]. Journal of the Optical Society of America, 1955, 45 (6): 460-470.

[31] 高园园, 舒志峰, 孙东松, 等. 积分球在瑞利测风激光雷达中的应用 [J]. 红外与激光工程, 2014, 43 (11): 3547-3554.

[32] 颜台永. 光通量测试技术探讨 [J]. 中国照明电器, 2001(7): 17-19.

[33] 侯文辉. 高精度照度计的设计 [D]. 大连: 大连理工大学, 2007.

[34] Firtat B, Nedelcu O, Moldovan C, et al. Design and manufacturing of a pressure

sensor with capacitive readout, CMOS compatible ［C］. Semiconductor Conference, 2001. CAS 2001 Proceedings. International. 2001 （2）：553-556.

［35］戴皓斑，倪晨，方恺，等. 基于 LabVIEW 研究硅光电池特性 ［J］. 物理实验，2014 （10）：18-20.

［36］周朕，卢佃清，史林兴. 硅光电池特性研究 ［J］. 实验室研究与探索，2011，30 （11）：36-39.

［37］郭俊清，陈雄斌，李洪磊，等. 可见光通信系统中硅光电池响应特性研究 ［J］. 光电子·激光，2015 （3）：474-479.

第2章
像增强器零部件测试技术

2.1 MCP 电子清刷测试理论研究

▶▶ 2.1.1 MCP 的工作原理 ▶▶▶

MCP 是一块被加工成薄片的具有二次电子发射系数的空心玻璃纤维二维阵列，它由多达数百万个规则紧密排列的细微玻璃通道组成。每个通道构成一个单独的连续电子倍增通道[1~3]，其剖面结构示意如图 2.1 所示。MCP 的输入、输出端均镀有镍铬金属膜层，外环为玻璃构成的实体边，平整的实体边可以提供良好的端面接触以便施加电压。MCP 的微通道与竖直平面的夹角称为斜切角，一般常见的斜切角有 5°、8° 与 12°。

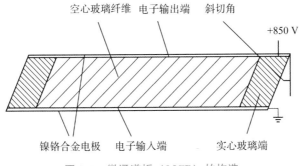

图 2.1 微通道板（MCP）的构造

由于 MCP 是真空电子器件，所以必须工作在高真空环境中，其单通道的工作过程如图 2.2 所示。MCP 在工作时，其输入、输出端施加有一定的电压，这样在 MCP 的微通道内就形成了加速电场，此时每一个通道相当于一个具有电子倍增特性的光电倍增管。外界电子以一定初始速度入射到微通道内并开始轰击该通道，电子与通道内壁碰撞后产生二次电子。二次电子在加速电场的作用下沿通道加速前进，经过重复多次与通道内壁的碰撞，最后在输出端面将有大量的电子输出，从而达到对入射电子的倍增效果。

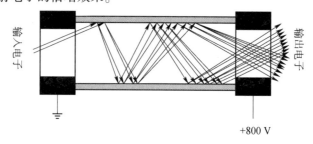

图 2.2　单微通道电子倍增过程示意

▶▶|2.1.2　MCP 电子清刷测试理论 ▶▶ ▶

1. MCP 电子清刷机理

MCP 在制备过程中微通道的内壁会吸附大量的气体分子，这些被吸附的气体分子在经过 400℃ 的高温烘烤后并不能完全解吸。当 MCP 在真空器件（以三代微光像增强器为代表说明）的高真空环境中通电工作时，光电阴极接收到外界微弱的自然光产生发射电子，发射电子经过加速电场后以一定能量轰击 MCP。MCP 微通道内壁残留的气体会在这些发射电子的轰击下解吸出来，使得微光像增强器的性能与寿命受到极大的影响。三代微光像增强器结构示意如图 2.3 所示[4]。所以在生产制造 MCP 的过程中，必须采用电子轰击除气的工艺，即 MCP 的电子清刷。

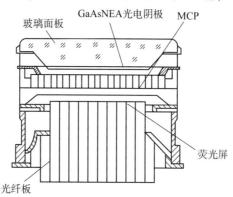

图 2.3　三代微光像增器结构示意

MCP 的电子清刷需要模拟 MCP 真实的工作过程，所以电子清刷需要在高真空的密闭环境中进行，MCP 电子清刷的原理图如图 2.4 所示。利用灯丝代替光电阴极，灯丝导通后受热产生发射电子，电子经过调制加速后以一定的能量均匀进入待清刷 MCP 的微通道内。MCP 的输入、输出端一般施加有 800 V 电压（可调），输入电子在 MCP 的微通道内壁撞击并不断倍增后由 MCP 输出端输出，输出电子被荧光屏收集。在电子清刷的初始阶段，由于 MCP 表面吸附气体的再释放将有大量气体产生，其主要的成分包括 H_2、CO、CO_2、H_2O 等[5]。随着清刷的进行，除 H_2 外的各种气体的放气量均逐渐减小，而 H_2 的释放量不断增加，这是因为 MCP 在制造过程中采用了烧氢还原处理工艺，清刷时电子轰击会使材料内的 H_2 再释放。严格控制 MCP 的电压、轰击时间和轰击 MCP 的电流密度，直到 MCP 通道内气体基本释放完毕，清刷过程完成。以上过程所处的高真空环境真空度要求不低于 5×10^{-4} Pa。

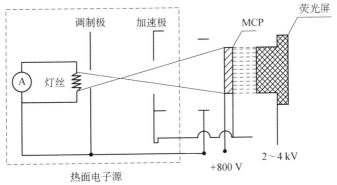

图 2.4　MCP 电子清刷原理图

2. MCP 的电阻与增益及其测试理论

MCP 的电阻指的是 MCP 自身固有的电阻值，可定义为 MCP 输入/输出端的电压与流经 MCP 的电流之比。MCP 的电阻值随电压和温度的变化满足的关系[6~7] 为

$$R_{MCP}(T_{MCP}, V) = R_0(1 + \alpha V) \exp[\beta(T_{MCP} - T_0)] \qquad (2.1)$$

式中：R_0 为 $T_{MCP} = T_0$，$V = 0$ 时的电阻（Ω）；α 为电压系数（1/V）；β 为温度系数（1/K）；V 为 MCP 的电压（V）；T 为温度（K）；$R_{MCP}(T_{MCP}, V)$ 为 MCP 的电阻（Ω）。

式（2.1）给出的是 MCP 电阻理论计算公式，在实际实验过程中如果对各项参数逐个测试则过于烦琐，根据 MCP 电阻的定义，现给出 MCP 电阻的实验计算公式，即

$$R = \frac{U_{MCP}}{I_{MCP}} \qquad (2.2)$$

式中：U_{MCP} 为 MCP 输入/输出端的电压（V）；I_{MCP} 为流经 MCP 的电流（A）；R 为 MCP 的电阻（Ω）。

MCP 的电子倍增功能可以用电子增益来评价，电子增益（简称增益）定义为输出电子数与输入电子数的比值。其具体的计算公式[8] 可表示为

$$G = \frac{I_{\text{out}}}{I_{\text{in}}} \tag{2.3}$$

式中：G 为 MCP 的电子增益；I_{out} 为 MCP 的输出电流（A）；I_{in} 为 MCP 的输入电流（A）。

影响 MCP 增益值的因素有很多，其中比较主要的有制板材料、结构和工作电压。其中可量化的影响因素有 MCP 的工作电压、开口面积比与长径比。增益与工作电压、长径比的关系式为理论计算公式，其表达式为

$$G = \left(\frac{kU^2}{4v_0\alpha^2}\right)^{\frac{4v_0}{U}\alpha^2} \tag{2.4}$$

式中：k 为决定二次电子发射系数的材料常数（1/V）；U 为工作电压（V）；α 为 MCP 的长径比；v_0 为二次电子的平均发射电位（V）。查阅相关资料可知，k 的值一般取 $0.2 \sim 0.25$，v_0 的值一般取 $1 \sim 2$ V，而 MCP 的长径比公式为

$$\alpha = l/d \tag{2.5}$$

式中：l 为 MCP 的微通道长度（mm）；d 为 MCP 的直径（mm）。

增益与工作电压、开口面积比、长径比的关系式为实际经验公式，其表达式为

$$G = F \frac{\delta_1}{2} \left(\frac{U}{c\alpha}\right)^{\frac{\alpha}{4}} \left(\frac{U + c\alpha}{U}\right) \exp(-0.65h) \tag{2.6}$$

式中：F 为 MCP 开口面积比；δ_1 为首次碰撞的二次电子发射系数；c 为电子清刷系数；h 为输出电极深度。其中 MCP 的开口面积比是指 MCP 工作区的通道开口面积与整个工作区面积之比，其计算公式为

$$F = 0.907 \left(\frac{d_c}{L}\right) \tag{2.7}$$

式中：d_c 为 MCP 的通道孔径（μm）；L 为通道中心距（μm）；F 为开口面积比。

由式（2.4）可知，当材料确定后（即 k 值确定），MCP 的电子增益 G 仅由工作电压与 MCP 的长径比决定。在电压固定的情况下，增益仅随长径比变化而变化，当 $U = 22\alpha$ 时取到最大值。而对于形状尺寸固定的 MCP 而言，它的增益随着工作电压的增加而增加。由式（2.6）可知，当电压与 MCP 的长径比固定时，增益与 MCP 的开口面积比成正比，但受限于目前的制造工艺，MCP 的开口面积比一般在 $0.58 \sim 0.63$，应用先进的开口技术可以使开口面积达到 0.7 以上[9~11]。利用增益计算公式可以对制造完成后的 MCP 进行增益的理论计算，进而与测试得到的增益值对比，用于验证测试的准确性。

以上给出的是 MCP 增益的理论计算公式，根据增益的定义，输出/输入电子数可以用输出/输入信号值来表示，所以给出增益 G 的测试计算公式为

$$G = \frac{(S_{out} - S_{out0})}{(S_{in} - S_{in0})} \tag{2.8}$$

式中：S_{out} 为有电子入射时的输出信号（nA）；S_{out0} 为无电子入射时的输出信号（nA）；S_{in} 为有电子入射时的输入信号（nA）；S_{in0} 为无电子入射时的输入信号（nA）。

根据式（2.8），在进行 MCP 的增益测试实验时，通过控制热电子面发射源的开关来控制有无电子信号输入，分别测试有电子输入时的 MCP 输入输出端的信号电流值与无电子输入时的输入输出电流值即可计算得出 MCP 的增益。

2.2　电子清刷测试系统的性能指标与总体方案设计

根据该设计要求及指标，首先需要进行系统方案的总体设计。鉴于整个系统需要实现的功能比较复杂，涉及机械、控制、光电子、微电子等学科，可采取将系统分解细化的方法，将整个系统按一定功能分解成各个组成部分，包括清刷测试总方案、真空系统、机械系统、新型热电子面发射源，清刷测试电控部分，需要对以上各部分分别进行总体的方案设计。

▶▶▶ 2.2.1　系统的设计要求与性能指标 ▶▶ ▶

大面积 MCP 电子清刷测试系统主要用于对使用在 X 射线探测器中的大面积 MCP 进行电子清刷以及相关参数测试。该 MCP 对电子清刷的要求较高，所以对系统的功能要求较多。同时考虑到实际生产需求，对该系统的清刷测试效率以及自动化操作控制有一定的要求。

1. 系统的设计要求

大面积 MCP 清刷测试系统的设计要求如下：

①该清刷测试设备可实现对非标大面积（100 mm×50 mm）MCP 按设定的清刷电流和清刷时间进行电子清刷；

②要求 4 个工位，其中 3 个为清刷工位，另一个为清刷兼具有测试功能的工位；

③清刷与测试工位可实现快速转换；

④可以实现对大面积 MCP 电阻、增益及均匀性的参数测试；

⑤可实现工控机程控整个系统的自动化操作（手动操作功能预留）。

2. 系统的性能指标

①系统从大气开始抽气，45 min 可达到工作真空度 5×10^{-4} Pa；

②空载情况下，系统的极限真空度可达 5×10^{-5} Pa；

③系统漏率小于 5×10^{-8} Pa·l/s；

④电子清刷电流可实现 $0 \sim 30$ μA 的自由调节；

⑤输出电流测试精度为 1×10^{-9} A;

⑥热电子面发射源输出电流密度为 $0 \sim 10 \ \mu A/m^2$;

⑦增益测试误差不超过±8%;

⑧电阻测试误差不超过±5%。

▶▶▍2.2.2　系统方案总体设计 ▶▶▶

将系统功能分解成各组成部分后,需要对各个部分的总体方案进行设计。根据 MCP 电子清刷与测试的原理,首先需要制定实现 MCP 的电子清刷与测试的总体方案。根据系统的功能,可将系统各组成部分划分为真空系统、机械系统、自动化操作控制系统、新型热电子面发射源以及清刷电控部分。根据每一部分的功能实现与指标要求,需要对其进行方案的总体设计。

1. 清刷测试方案的总体设计

基于大面积 MCP 电子清刷测试的原理,设计了一套大面积 MCP 电子清刷测试方案,其原理图如图 2.5 所示。大面积 MCP 的清刷测试方案原理如下:抽空部分首先开始工作,当真空度达到清刷要求时,高压电源开始供电。热电子面发射源开始以均匀的电子束轰击被清刷的 MCP,电子由 MCP 输入端进入 MCP 通道倍增后从输出端射出,并被荧光屏收集,清刷模式开始。测试时,对施加测试电压的 MCP 进行相应的电流采集,将采集到的各项输入输出电流经过滤、放大后,由数据处理软件处理并计算得出 MCP 的电阻与增益参数。

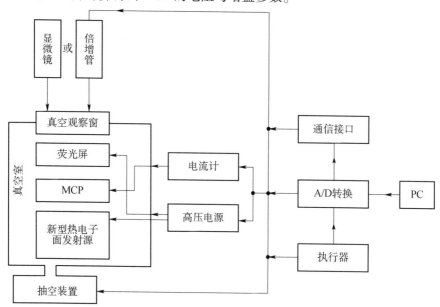

图 2.5　MCP 电子清刷测试总体设计原理图

在本方案中，清刷测试系统由以下子系统及模块组成，包括真空系统、机械系统、新型热电子面发射源、MCP 及荧光屏组件、高压电源模块、信号采集与处理系统以及清刷测试软件。真空系统主要为 MCP 的电子清刷测试提供所需要的高真空环境（低于 5×10^{-4} Pa），机械系统为电子清刷所需要的组件提供支撑，并实现清刷测试工位的相互转换。新型热电子面发射源为 MCP 的清刷提供具有一定初始能量的均匀电子束，用于 MCP 的电子清刷。高压电源模块为清刷及测试过程中的热电子面发射源、MCP 及荧光屏提供几百到几千伏的高电压。信号采集与处理系统主要用于监控清刷电流及测试时各项电流的采集，电流经过信号采集与处理系统放大、运算后可以得到 MCP 所需的测试参数。清刷测试软件用于实现对清刷测试的实时监控以及对系统自动化操作的程序控制。

2. 真空系统的总体设计

真空系统为 MCP 的电子清刷及测试提供高真空环境，是清刷测试系统工作的前提，根据指标要求，方案总体设计的原理图如图 2.6 所示。大面积 MCP 的电子清刷及测试均在真空腔室内完成，系统的抽空部分由机械泵、涡轮分子泵、闸板阀、前级阀以及其他两个电磁阀（一个用于预抽，一个备用）组成。真空度的测量由一个全量程真空规来实现。真空系统的运行过程如下：启动机械泵、电磁阀，待真空腔室真空度降至 20 Pa 以下时，开启前级阀。关闭电磁阀，开启闸板阀，开启分子泵，系统正常启动运行。指标要求的工作真空度为 5×10^{-4} Pa，极限真空度为 5×10^{-5} Pa，根据极限真空度要求及相关真空设备的设计经验，对系统所涉及的各个真空器件进行了选型。

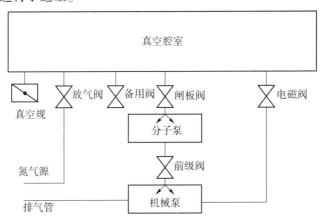

图 2.6　真空系统总体设计原理图

机械泵是真空系统的前级泵，采用的是无油干泵，它的主要功能是对真空腔室进行气体预抽。无油干泵能在大气压力下开始抽气，并且将被抽出气体直接排放到大气中。该泵腔内无油或其他工作介质，泵的极限压力与油封式真空泵在相同的量级上，其具体型号为 Adixen ACP15 无油干泵，其抽速为 14 m³/h，极限真空度为 3 Pa，最大漏率小于 5×10^{-8} Pa·l/s，可以满足真空腔室的预抽功能要求。

涡轮分子泵采用的是 HIPACE 700，它是真空系统的主抽泵。HIPACE 700 分子泵为 Pfeiffer 公司研制的一款中型分子泵，其转速达到 49 200 r/min，对 N₂ 抽速可达到 685 l/s，对小分子 H₂ 的抽速达到 550 l/s。此款分子泵结构设计紧凑，占地面积小，可以安装在任何位置，集成风冷系统保证了分子泵最大抽速。在控制方面，HIPACE 700 分子泵配备了型号为 TC 400 的分子泵控制器。分子泵控制器用于对分子泵的驱动、监控以及控制，TC 400 控制器提供了 RS485 通信接口。RS485 总线采用的是平衡发送与差分接收的方式，具有抑制共模干扰的能力。机械泵 Adixen ACP15 与分子泵 HIPACE 700 的实物图如图 2.7 所示。

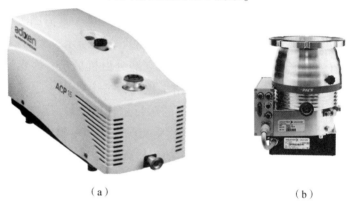

（a） （b）

图 2.7　机械泵 Adixen ACP15 与分子泵 HIPACE 700 实物图

（a）机械泵；（b）分子泵

真空规采用了普发 PKR 361 全量程真空规，其测量范围可达 1×10^{-7} ~ 1×10^{-5} Pa，是一种复合式真空规。该真空规采用了倒置磁控管原理，内置皮拉尼和冷阴极两种真空计。其中皮拉尼真空计的可测范围为 1×10^{-2} ~ 1×10^{5} Pa，而冷阴极真空计的测量范围为 1×10^{-7} ~ 1 Pa，PKR 361 真空规会根据当前真空度的情况自动切换使用的真空计，而且搭配有 Pfeiffer 真空计 TPG361 显示器共同使用。

涡轮分子泵与真空腔室之间的连接采用的是 VAT 闸板阀。闸板阀是最常用的截断阀之一，主要用来接通或截断管路中的介质，适用于较大直径的通道。在文中设计的真空系统中，如果没有安装闸板阀，在每次打开真空腔室进行更换 MCP 样品的过程中都要关闭涡轮分子泵，而涡轮分子泵的关闭与启动均需耗费较长的时间，这样就大大降低了系统的工作效率。安装了闸板阀，在打开真空腔室进行操作时，只需关闭闸板阀和前级阀，而无须关闭分子泵，因为关闭了闸板阀即可保证分子泵运行所需的真空环境。PKR 361 全量程真空规与 VAT 闸板阀实物图如图 2.8 所示。

（a）

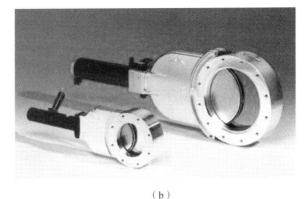

（b）

图 2.8　PKR 361 全量程真空规与 VAT 闸板阀实物图

（a）真空规；（b）闸板阀

3. 机械系统的总体设计与布局

机械系统为大面积 MCP 的电子清刷测试提供必要的结构支撑，并实现系统要求的工位转换功能。根据其功能，可得到机械系统主要包括真空腔室、石英观察窗、操作台、抽空组件、高压接电组件、MCP 及荧光屏夹具、真空传动组件、上盖升降组件等。机械系统总体设计二维示意如图 2.9 所示，机械系统总体设计三维效果图如图 2.10 所示。其中抽空组件与真空腔室为 MCP 的清刷测试提供高真空环境，其配置与参数在真空系统的设计中已详细给出。系统的 3 个清刷工位和 1 个测试（兼清刷功能）工位均匀分布在真空腔室内的转盘上，其中位于石英观察窗位置的为测试工位，其余 3 个为清刷工位。清刷与测试工位的转换通过转盘的转动来实现。在清刷与测试时，每个工位上的待清刷 MCP 与荧光屏组件都需要施加高电压，所以设计了一个活动式的高压接电组件，用来解决工位循环转换时的高压接电问题，并在良好接电的同时实现工位的定位。真空传动组件可实现操作者在真空系统外部让真空系统内部的转盘转动，从而实现清刷与测试工位的转换。三相电机通过正反转动带动上盖升降组件从而带动真空腔室上盖的升降实现真空腔室的开合，用于对内部 MCP 的更换。由于该系统真空腔室体积较大，造成真空腔室上盖质量偏重，所以设计了交流电机带动丝杆的方式来实现真空腔室上盖的升降，并使用限位开关（总体设计图中未给出）来保证上盖运动的极限位置，确保系统的安全运行。

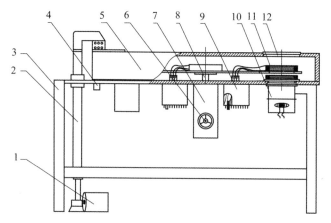

1—三相电机；2—上盖升降组件；3—操作台；4—全量程真空规；5—真空腔室；
6—真空传动组件；7—抽空组件；8—转盘；9—高压接电组件；10—新型热电子面发射源；
11—MCP 及荧光屏组件；12—石英观察窗。

图 2.9　机械系统总体设计二维示意

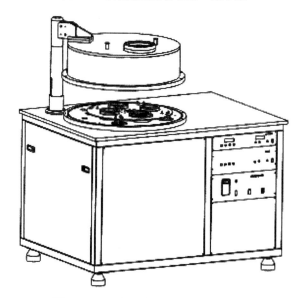

图 2.10　机械系统总体设计三维效果图

4. 新型热电子面发射源的总体设计

新型热电子面发射源为待清刷大面积 MCP 提供持续可调的均匀电子束，在理论上对紫外光照射金阴极的设计方案进行研究的基础上，调研金阴极在各类仪器设备中的应用情况，对新型热电子面发射源做了总体设计，其原理图如图 2.11 所示。

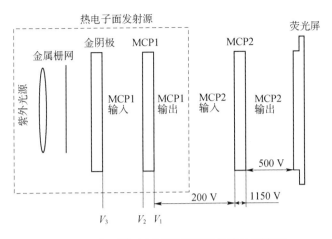

图 2.11　新型热电子面发射源总体设计原理图

　　结合 MCP 的电子清刷测试，设计了新型热电子面发射源工作原理：紫外灯发射一定波段的均匀紫外光，金阴极的金原子在紫外光的照射下吸收一定能量使得电子逸出，电子经 MCP1 倍增后得到均匀电子束用于待清刷 MCP2 的清刷测试。清刷测试系统正常工作时，MCP2 即待清刷测试的样品，其输入端到输出端的电压相对固定，为 1 150 V。荧光屏在不点亮的情况下起电子收集的作用，它到 MCP2 输出端的电压为 500 V 左右，MCP1 输出端到 MCP2 输入端的电压在 200 V 左右。而 MCP1 输入端的电压（V_2）大小直接决定了清刷电流的大小，一般在几百伏的范围内调节，从而控制清刷电流的大小。其中，紫外光源、金属栅网、金阴极、倍增 MCP（MCP1）组成了新型面电源。金阴极表面电压（V_3）根据 V_2 的大小浮动，一般 V_3 到 V_2 的值控制在正几百伏用来给金阴极发射出的电子提供一个加速电场。根据电子弥散圆半径公式，在设计时，将（$U_a - U_b$）控制在几百伏，距离 L 设计为几毫米，则该热电子面发射源的电子弥散造成的影响可以忽略不计。

　　为保证清刷后 MCP 电子倍增的均匀性，需要热电子面发射源提供均匀的电子束。而阴极发射电子的均匀性是输出均匀电子束的保证。对于新型热电子面发射源而言，为获得均匀发射的电子，需要提供均匀的紫外光。第 1 章对传统的热电子面发射源的平面螺旋型灯丝的发射电子均匀性做了详尽的理论分析。根据光电发射相似性原理，拟采用平面螺旋型的紫外灯来提供均匀紫外光，而其波段选择，根据对逸出功函数为 4.3 eV 的选择性光电效应的理论分析，225～261 nm 波段均为理想选择。

　　在全光谱中，紫外线的波长分布在 10～380 nm，紫外光源根据其波长可分为长波（UVA，315～380 nm）、中波（UVB，280～315 nm）、短波（UVC，200～280 nm）、真空（VUV，100～200 nm）紫外光源[12]。由此可见，短波紫外光源是新型热电子面发射源入射光源的理想选择。低压汞灯中的汞蒸气在受到高能电子碰撞后能产生以 254 nm 和 185 nm 为主的紫外共振辐射，低压汞灯的光谱分布近似于线光谱，石英玻璃外壳对 254 nm 紫外光的透射率可达 90% 以上。随着电流密度的不同，低压汞灯的 254 nm 紫外辐射效率可达 35% ~60% ，185 nm 紫外辐射可达 5% ~15% ，是目前辐射效率最高的气体放电光源，因此它可作为紫外光源的理想选择[12]。

新型热电子面发射源的紫外光源安装在真空腔室外部，紫外光透过石英观察窗后照射到金阴极表面。185 nm 的紫外辐射在空气中的传输距离非常短，在毫米级的距离内即被氧分子吸收，所以到达金阴极表面的为 254 nm 的单色紫外光。对于新型热电子面发射源所采用的平面螺旋型紫外光源，254 nm 紫外辐射效率达到 60% ，对应的 254 nm 辐射功率密度为 0.2 ~0.3 W/cm^2。平面螺旋型紫外灯实物如图 2.12 所示。

图 2.12 平面螺旋型紫外灯

从图 2.11 中可以看出，设计的新型热电子面发射源的金阴极上方安装有一片用于电子倍增的 MCP，这是由于指标要求热电子面发射源的输出电流密度调节范围达到 0 ~10 μA/m^2，而金阴极的逸出电子密度远不能达到该要求，倍增 MCP 的电子增益高达 10^4 倍以上，可以实现新型热电子面发射源的高电流密度输出。

为进一步保证入射光线的均匀性，在紫外灯与金阴极之间设置有金属栅网。该栅网采用的是二维四边形结构，它能对入射光线起到良好的散射作用，提高光束的均匀性。图 2.13 （a）、图 2.13 （b） 分别为金属栅网的结构与实物图。

（a）   （b）

图 2.13 金属栅网结构与实物图

（a）结构；（b）实物

系统最终的三维模型装配如图 2.14 所示，系统加工制造完成后投入使用的现场运行如图 2.15 所示。

图 2.14　大面积 MCP 电子清刷测试系统三维装配　　图 2.15　MCP 电子清刷测试系统实物图

2.3　MCP 电阻与增益的测试及结果分析

电子清刷测试系统要求具备实现对大面积 MCP 电阻及增益的测试功能，因此需要针对系统的测试功能设计相应的测试实验，验证该系统的功能完备性。同时，根据项目要求需要对电子清刷给大面积 MCP 带来的性能影响进行一定的测试研究。

▶▶▶ 2.3.1　高温烘烤对 MCP 体电阻的影响测试研究 ▶▶▶

本文需要测试的 MCP 规格为 50 mm×100 mm，根据项目要求，在施加 500 V 的板间电压的测试条件下，只需对板电阻处于 100～200 MΩ 之间的 MCP 进行电子清刷。MCP 在电子清刷之前需要经过高温烘烤，烘烤过程会造成 MCP 的体电阻发生变化。通过本测试系统对烘烤前后 MCP 体电阻进行测试来研究其烘烤前后变化规律，即可在测得烘烤前 MCP 的板电阻的情况下，运用该规律预估其烘烤后的电阻大致范围，以此来判断是否需要对该 MCP 进行电子清刷步骤。考虑到电子清刷对 MCP 体电阻的影响较小，该规律亦可用来大致判断电子清刷后的 MCP 体电阻。采用 MFC 编写的 MCP 测试软件界面如图 2.16 所示。

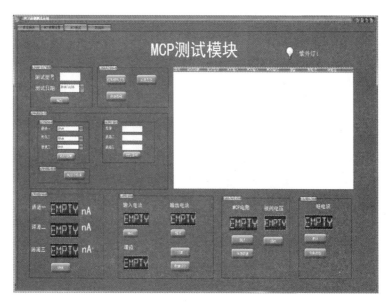

图 2.16　MCP 测试软件界面

如图 2.16 所示，可以通过软件模块对 MCP 参数测试进行程序控制。利用该测试软件分别对 MCP 高温烘烤前后进行了电阻测试。测试条件：MCP 烘烤温度为 400℃，时间为 8 h。为了保证数据的可靠性，该实验对多组 MCP 进行了测试。在多组 MCP 电阻测试结果中随机抽取了 8 组，其数据如表 2.1 所示。

表 2.1　烘烤前后体电阻变化情况

MCP 序号	烘烤前体电阻/ MΩ	烘烤后体电阻/ MΩ
MCP-1	85	132
MCP-2	82	121
MCP-3	93	144
MCP-4	70	111
MCP-5	132	195
MCP-6	115	170
MCP-7	120	184
MCP-8	80	120

根据表 2.1 呈现的规律，假设 N 为烘烤后 MCP 体电阻与烘烤前 MCP 体电阻的比值，可得出 8 组 MCP 的 N 值如图 2.17 所示。

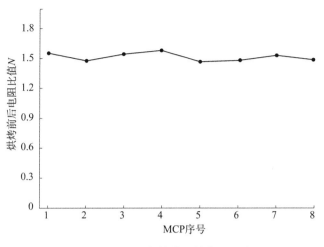

图 2.17　MCP 烘烤前后的电阻比值

从图 2.17 中可以明显看出，N 的值稳定在 1.5 左右，即烘烤后 MCP 体电阻约为烘烤前的 1.5 倍。根据这项规律，在烘烤前测得 MCP 体电阻后，用其体电阻与 N 相乘，将数值结果超出 100~200 MΩ 范围较大的 MCP 筛除，不需要再进行之后的电子清刷操作，从而节省了真空系统不必要的运行时间，大幅度提高了生产效率。

▶▶ 2.3.2　电子清刷对 MCP 增益的影响测试研究 ▶▶ ▶

根据国军标的要求，在测试 MCP 的电流增益时，入射电流密度应控制在 1×10^{-11} A/cm^2。用于增益测试的 MCP 规格为 50 mm×100 mm，所以入射到 MCP 上的电流大小应该为 0.5 nA。考虑到热电子面发射源输出面为 ϕ106 mm 的圆，而电流计测得的输入电流实际上是热电子面发射源输出面电流的大小。因此，根据面积关系进行换算可得，当测得的电流约为 0.88 nA 的时候才能确保入射到 MCP 上的电流大小为 0.5 nA。

本文研制的 MCP 电子清刷测试系统主要任务是为用于脉冲星导航的 X 射线探测器的非标大面积 MCP 进行电子清刷测试实验，其规格为 50 mm×100 mm 的矩形 MCP。为研究该规格 MCP 增益随清刷时间变化的规律，对样品 MCP 进行了清刷实验，每隔两小时测试其增益，并记录清刷后增益的大小。实验初步将 MCP 的电子清刷量定为 160 μA·h，清刷电流设置为 20 μA，清刷时间为 8 h。样品 MCP 的板间电压为 800 V，根据记录数据得到增益随清刷时间的变化规律如图 2.18 所示。将所得增益做归一化处理可得清刷过程中的实时增益占比如图 2.19 所示。

从图 2.18 与图 2.19 中可以看出，该规格 MCP 的增益随电子清刷时间逐步下降，根据增益变化趋势可将清刷过程分为两个阶段。电子清刷前期，增益下降十分明显。当增益下降达到 40% 后，增益开始趋于稳定。增益下降的原因是由于电子轰击使有益于产生二次电子的材料发生了物理化学变化，降低了二次电子产额。所以在清刷前期由于气体快速脱附，增益下降十分明显。随着清刷时间的进行，有益于产生二次电子的材料变化趋于稳定，则此时 MCP 的增益开始趋于稳定。

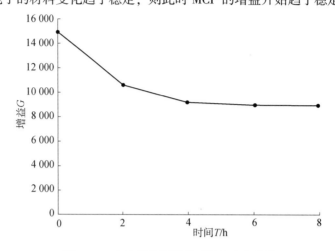

图 2.18　电流增益随清刷时间的变化曲线

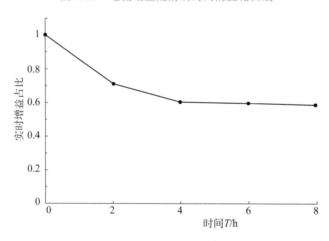

图 2.19　增益归一化随时间变化曲线

通过本次实验可知，在清刷电流为 20 μA 的条件下，清刷时间进行到 4 h 时，该规格 MCP 的增益趋于稳定。这说明电子清刷已经基本饱和，因此，针对该规格的 MCP，电子清刷实际上在 4 h 的时候就可以停止了，所以推断出该规格的 MCP 最少清刷量为 80 μA·h。

为进一步探究该规格 MCP 的极限清刷量范围，在电流为 0.88 nA 的条件下，分别将清刷量设置为 320 μA·h 与 480 μA·h，对 2 组共 8 片该规格 MCP 清刷前后的增益进行了测试，其具体数据如表 2.2 与表 2.3 所示。

表 2.2 清刷量为 320 μA·h 清刷前后的增益测试数据

MCP 序号	输入电流／nA	清刷前电流增益	清刷后电流增益	下降比例/%
MCP-Ⅰ	0.5	13 200	7 480	43.3
MCP-Ⅱ	0.5	15 460	9 240	40.2
MCP-Ⅲ	0.5	13 740	8 040	41.4
MCP-Ⅳ	0.5	14 680	9 060	38.2

表 2.3 清刷量为 480 μA·h 清刷前后的增益测试数据

MCP 序号	输入电流／nA	清刷前电流增益	清刷后电流增益	下降比例/%
MCP-Ⅰ	0.5	13 200	5 480	58.5
MCP-Ⅱ	0.5	15 460	6 340	58.9
MCP-Ⅲ	0.5	13 740	5 040	63.3
MCP-Ⅳ	0.5	14 680	5 490	62.6

从上面两个表的数据可以看出，经过 320 μA·h 的电子清刷之后的 MCP 的电流增益下降的比例也在 40% 左右，说明该组 MCP 正常经历了电子清刷的两个阶段。而经过 480 μA·h 的电子清刷之后的 MCP 的电流增益下降的比例达到了 60% 左右，表明对于该规格的 MCP，480 μA·h 的清刷量过大，在经历 MCP 正常电子清刷的阶段后，过量的清刷破坏了 MCP 二次电子发射层，导致电流增益下降的比例远高于正常范围。以上实验说明该规格的 MCP 的极限清刷量在 320～480 μA·h 之间。

2.4 荧光屏发光特性研究

针对像增强器荧光屏的综合参数进行测试，首先要了解荧光屏的荧光粉发光机理、阴极激发其发光的机理与发光特性。荧光粉属于固体发光，本文从固体发光特性开始着手。

2.4.1 固体发光及表征发光特性的物理量

1. 固体发光

物质会发光，是因为物质内部原子的运动状态发生了变化。最简单的例子是原子发光。如果有一个原子体系，它内部包含着无数个彼此间没有相互作用的原子，在这个体系中，每个原子都具有相同的能级结构。低温时，原子上的电子处在特定的能级上，这种状态称为原子基态，当体系受到光照射或高速电子的轰击时，体系内的原子吸收了外界的能量，使其电子由较低的能级跳到较高的能级，原子的运动状态随即发生了变化。但是电子处在较高的能级上总是不稳定的，只能停留极短的时间，电子就会回到原先的能级上，伴随着放出吸收的能量，变换成光能或热能[13]。

当物质以某种形式吸收能量以后，吸收的一部分能量又可能以可见光谱或近于可见光谱的电磁波辐射的形式重新放射出来，称为发光，发光的固体称为光体。光的发射一般有两种方式：热光和冷光，热光是通过灯丝加热发光；冷光是通过高能电子轰击而发光，也是本文研究的荧光屏发光[14]。

激发固体发光的方法有以下3种。

（1）光致发光。发光体在光线（通常是紫外光）照射下的激发发光。

（2）阴极射线致发光。发光体在高能电子（通过电场加速）轰击下的激发发光。

（3）电致发光。发光体在电场作用下的激发发光。

此外，还有 X 射线发光、放射性发光、化学发光、生物发光、摩擦发光。荧光屏发光属于阴极射线致发光。

2. 表征固体发光特性的物理量

表征发光物质发光特性的主要物理量有发射光谱、发光效率、发光亮度、发光的增长与衰减、余辉等。

（1）发射光谱。

发光材料的光能量按照波长的分布关系曲线，称作物质的发射光谱。它精确地描述了发光的能量分布。像增强器荧光屏的材料为（Zn，Cd）S：Ag，发光颜色为黄绿色，余辉 0.05～2 ms，其发射光谱如图 2.20 所示。

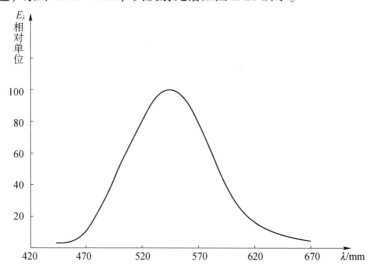

图 2.20　像增强器荧光屏（Zn，Cd）S：Ag 的发射光谱

（2）发光效率和发光亮度。

发光亮度是表征发光面源在空间给定方向上发出光辐射能的特性。发光亮度定义为发光面源的单位表面，在单位时间内朝一定方向的单位立体角内发射的光辐射能，记作 B_θ ，单位 cd/m² 。发光亮度在数值上等于在该方向上的发光强度 I_θ 除以发光表面积 ds 在与此方向垂直的平面内的投影 dscos θ ，如图 2.21 所示。

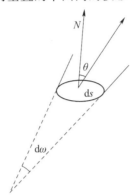

图 2.21　单位面积上发光亮度示意

$$B_\theta = \frac{I_\theta}{ds\cos \theta} \tag{2.9}$$

θ 就是该方向与 ds 的法线方向 N 的夹角。可见，在不同的方向上光源的亮度是不同的。如果发光表面是理想漫发射面，光强 I_θ 分布是遵守余弦定律的，于是发光强度 $I_\theta = I_0\cos \theta$ ，所以

$$B_\theta = \frac{I_0\cos \theta}{ds\cos \theta} = \frac{I_0}{ds} = B_0 \tag{2.10}$$

此式说明在理想的漫发射面情况下，亮度 B_0 与方向无关，是常数。荧光屏面的发光强度近似于余弦分布，与理想漫发射面符合。

发光效率是表征发光物质的能量转换特性，即表示发光物质将激发能量有效地转换为光能的比率。发光效率可以测量的表示法为光通量与激发电子能量之比。即发光体发射输出的光通量（lm）与激发时输入的电功率（W）之比，所以发光效率常常以 lm/W 为单位。

（3）发光增长和衰减、余辉。

发光增长有一个过程。发光体一受激发，发光体的亮度并不立即达到亮度的极大值，而是有一个过程，即随着时间的增长亮度逐渐增加到极大值。同样发光衰减也有一个过程，当激发停止以后，发光亮度也是随时间逐步衰减到零。为了表示亮度衰减的快慢，我国规定把激发停止以后，发光亮度减弱至原来亮度（极大值）的 10% 所需要的时间称为余辉，用它来衡量衰减的快慢。别国也有规定衰减到 1% ～5% 或 1/e 的。

众所周知，发光物质在受激发和发射这两个过程中间存在着一系列的中间过程，而这些中间过程在很大程度上只决定于材料内部结构。什么结构就有什么样的动力学过程。发光增长和衰减过程的宏观现象是这些中间微观过程的统计平均结果。所以对这些宏观现象的研究，可以了解发光的微观本质，了解材料的内部结构。从实验出发，经过理论研究，反过来又指导实际。所以说，了解发光的增长和衰减的规律是很重要的。

人们对发光的衰减研究得很多，因衰减时激发已经停止。研究增长时多一个激发条件，因而增长过程比衰减显得更复杂。

1）分立中心发光的增长和衰减。具有分立中心发光的发光物质，发光过程只在一个中心内进行。假定没有亚稳态，由于激发的作用，电子从发光中心的基态能级 G 跳到激发态 A 上，而后电子立即自发地从 A 态跃迁回复到 G 态，发射出光子而发光，这就是发光增长过程。假定在某一时刻 $t=0$ 时，移去激发源，此后 A 态上的电子将跳回基态 G 上。所以，在 $t \geq 0$ 的任何时刻处在 A 上的电子数 $n(t)$ 是随着时间 t 变化着的。若 τ 表示电子处于激发态 A 上的平均时间，即 τ 表示发光中心处于激发态的寿命，那么一个电子从 A 回到 G 的概率为 $\dfrac{1}{\tau}$。$-\dfrac{\mathrm{d}n(t)}{\mathrm{d}t}$ 表示在单位时间内激发态 A 上的电子数目的减少，也就是单位时间内电子从 A 态跃迁回到 G 态的数目，它等于

$$-\frac{\mathrm{d}n(t)}{\mathrm{d}t} = \frac{n(t)}{\tau} \tag{2.11}$$

对（2.11）式积分得

$$n(t) = n_0\, \mathrm{e}^{-\frac{t}{\tau}} \tag{2.12}$$

$n_0 = n(0)$，表示 $t=0$ 时，处在激发态上的发光中心数，即在 A 态上的电子数目。设电子从 A 回到 G 时发射一个光子，则单位时间内所发射的光子数目——发光强度 $I(t)$ 正比于 $-\dfrac{\mathrm{d}n(t)}{\mathrm{d}t}$，所以发光强度为

$$I(t) = -C\frac{\mathrm{d}n(t)}{\mathrm{d}t} = \frac{Cn(t)}{\tau} = \frac{Cn_0}{\tau}\, \mathrm{e}^{-\frac{t}{\tau}} = CI_0\, \mathrm{e}^{-\frac{t}{\tau}} \tag{2.13}$$

式中：C 为比例常数。

$I_0 = \dfrac{n_0}{\tau}$ 表示 $t=0$ 时的发光强度。由上可见，分立中心发光的衰减规律是指数式的。

上面讲了分立中心的自立发光过程，现在分析分立中心受迫发光。由于存在着亚稳态 M，根据式（2.14）

$$\frac{1}{\tau} = S\exp(-\varepsilon/kT) \tag{2.14}$$

S 是比例常数，k 是波尔兹曼常数，T 是绝对温度。电子从亚稳态释放的概率 $\dfrac{1}{\tau}$ 与温度 T 是有关的。假定 M 能级上被陷电子的初始密度为 n_0，并且一个电子从陷阱中释放出来之后立即直接跃迁回到基态而发光。在时间 t 时，发光强度 $I(t)$ 也类似于式（2.13），所以分立中心受迫发光的衰减规律也是指数式的。

衰减规律明确为指数式后，对于自立发光，当 $t = \tau$ 时，$I(t) = \dfrac{I_0}{e}$，即是当经过相当于在激发态的寿命时间 τ 后，发光强度衰减得很快，只有原强度的 $1/e$。对于孤立原子的情况，$\tau = 1 \times 10^{-8}$ s；而对于 ZnS 光体，$\tau = 1 \times 10^{-5}$ s。对于受迫发光，电子停留在陷阱上的时间 τ 不仅与温度有关，而且与陷阱的深度有关。τ 可以长达 1×10^{-3} s 甚至更长。

2）复合发光的增长和衰减。晶态光体的发光，在激发时的增长和激发停止后的衰减虽有规律但很复杂，这是由于这类光体有复杂的能带结构。对于各种发光过程，发光的增长和衰减过程可以分成 3 种类型。

第 1 种类型，在长时间的激发过程中，发光强度先是慢慢增加，然后达到相应于该激发条件下的饱和值。激发停止后，发光强度也慢慢下降，如图 2.22（a）所示。曲线的形状，在上升时为抛物线，下降时为双曲线。

第 2 种类型，激发时的增长情况和第一种情况相同。在激发停止后，发光强度先是急剧下降，然后进入一个缓慢的衰减过程，如图 2.22（b）所示。

第 3 种类型，激发开始时，发光强度增长非常迅速，几乎是瞬时的，接着才是慢慢上升。激发停止时，强度突然跌落，然后慢慢下降，如图 2.22（c）所示。

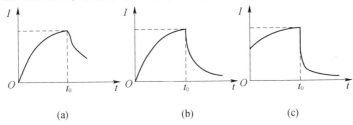

图 2.22　光体发光的增长和衰减曲线

（a）第 1 种类型；（b）第 2 种类型；（c）第 3 种类型

由上面 3 种类型曲线来看，晶态光体的发光是很复杂的，但它们的曲线形状近似于双曲线。发光强度 $I(t)$ 可以表示为

$$I(t) = \frac{I_0}{(1 + bt)^2} \tag{2.15}$$

$I_0 = \dfrac{\gamma_1}{N_t} P_{L0}^2$ 是衰减开始时的发光强度，而 $b = -\dfrac{\gamma_1}{N_t} P_{L0}$，$\gamma_1$ 表示电子从局部能级进入导带的概率，N_t 为光体中陷阱的总数，P_{L0} 是光体中某一时刻的空穴数，即电离

了的发光中心数。由式（2.15）可见，这是一个双曲线的衰减规律。当 t 较大时，发光强度 $I(t)$ 按 t^{-2} 规律衰减。

在许多情况下，这种纯粹的二次双曲线式的衰减并不存在。由（Zn，Cd）S：Ag 的发光衰减实验可知：只是在某一时段才严格地符合二次双曲线规律。在一般情况下，复合发光的衰减规律，开始一段是指数式的，而后一段发光衰减规律符合经验公式

$$I(t) = (a + bt)^{-\alpha} \qquad\qquad (2.16)$$

式中：a、b 和 α 为同光体的性质和激发情况以及温度有关的常数，并且 $\alpha \ll 2$。

发光的衰减规律与二次双曲线不符，是因为晶态光体内存在着一定的缺陷和其他不完整性，形成能俘获电子的陷阱。

总之，复合发光的衰减规律与温度有密切的关系，除了自立发光之外，温度升高时，发光衰减的速度很快增加，甚至急剧增加，于是余辉明显变短。发光衰减还与激发的强度有关，激发越强，衰减也越快。

▶▶▶ 2.4.2　阴极射线致发光 ▶▶▶

阴极射线致发光，又称为阴极发光。是通过阴极射线管中的荧光屏，把电讯号变为人眼可见的光讯号，来达到显示的目的。阴极射线致发光是高速电子直接轰击激发发光体所产生的发光。微光像增强器荧光屏的发光就是基于这个原理。激发电子的能量可以从零点几电子伏变化到几百万电子伏。夜视仪器上变像管或微光管的荧光屏所用的发光材料主要是硫化物光体（Zn，Cd）S：Ag。

阴极射线致发光是一种相当复杂的过程。从最初的激发到磷光体发光这中间包括几个过程。当具有一定能量的电子（一次电子）入射到晶态磷光体表面的颗粒上时，将发生 3 种情况：第 1 种情况是一部分一次电子在磷光体表面受到点阵原子的阻挡碰撞而离开磷光体，电子只改变方向，但没有能量损失，即发生了弹性散射；第 2 种情况还有一部分一次电子入射到表面因碰撞不仅改变了方向而且损失了部分能量，即发生了非弹性散射；第 3 种情况是其余一部分电子将穿入磷光体内部。由于在穿行途径上不断地与点阵原子和杂质原子相碰撞，一次电子的能量逐渐减少，速度减慢，与此同时，由于碰撞，在磷光体内激发了自由电子（二次电子）和激子。自由电子来自磷光体的价带电子受激发而跃迁离化到导带。而激子在体内可以自由移动，将激发能量从激发地点传输给发光中心，使发光中心受激发，中心上的电子可离化到导带或只是受激，可见，由于激子的能量媒介作用，同样会产生二次电子。二次电子中的一部分将参与发光过程，另外一部分却能挣脱晶体的束缚而逸出体外，这部分电子称为二次电子的发射。进入磷光体的一次电子由于库仑作用的结果，还会遇到反向散射。电子的反向散射系数 η_3 和固体的（平均）原子序数 Z 之间有下述关系：

$$\eta_3 = \frac{1}{6}\ln Z - \frac{1}{4} \tag{2.17}$$

对 ZnS，其 η_3 值约为 26%。

那些进入了磷光体且未发生反向散射的一次电子在行进途中因碰撞（非弹性散射）还会损失能量。现在，我们假设一次电子在穿入离磷光体表面 x 的长度上每前进元距离 dx 所引起的能量变化为 $dE(x)$，根据贝蒂（Bethe）关于带电粒子和物质相互作用的非相对论方程导出了下述关系：

$$\frac{dE(x)}{dx} = \frac{2\pi NZe^4}{E(x)} \cdot \ln\left[\frac{E(x)}{E_i}\right] \tag{2.18}$$

等式左边是一次电子在 dx 距离上的能量损失，等式的右边，N 是每立方厘米固体中的（束缚）电子数，Z 是固体的（平均）原子序数，e 是电子的电荷，$E(x)$ 是贯穿 x 距离后初电子（一次电子）剩余的能量，E_i 是所有电子的平均离化能。由于 $\ln\left[\frac{E(x)}{E_i}\right]$ 相对于 $E(x)$ 的变化而言比较缓慢，故可以看作常数。将式（2.18）积分，便得到电子的穿入深度 x 和能量 $E(x)$ 之间的关系，通常称为汤姆逊—惠丁顿（Thomson-Whiddinton）定律关系式为

$$E^2(x) = E_0 - ax \tag{2.19}$$

式中：E_0 为一次电子的初始能量，即 $x = 0$ 处的一次电子的能量；a 为一个大致与固体密度有关的常数。

在一次电子穿透的最大的深度 R 处，$E(x) = 0$，故由式（2.19）得到电子的最大穿入深度 R 与电子初始能量 E_0 的平方成正比。

$$R = E_0^2/a \tag{2.20}$$

电子穿入深度的理论计算，在原则上可通过对贝蒂关系式的积分来进行，但贝蒂关系式没有考虑散射对电子射程的影响，这是个缺点。事实上总是存在着散射影响，所以这种计算是不现实的。因此，由贝蒂关系式积分得到的汤姆逊—惠丁顿定律只对数万伏下的高能电子才近似正确。在低能量时，散射对电子射程的影响甚大，汤姆逊—惠丁顿定律不适用。在 1960 年费尔德曼（C·Feldman）提出了如下一个半经验公式，它对中等初始能量 $1 \sim 1\times10^3$ eV 范围内的电子是适用的，即

$$R = bE_0^n \tag{2.21}$$

式中：n 为一个随着元素的原子序数的增加而增加的数值。

在光体内激发产生的二次电子，当它与空着的发光中心复合时就发出光来。可见产生的二次电子数多些，发光效率就高些。为此需要考虑产生二次电子过程中的这样一个重要因素，使之能产生更多的二次电子，这个因素就是激发能量的极限值应为多少。对这样一个问题加利克（Garlick）给出了在 ZnS 中产生一个自由电子—空穴对（即产生二次电子）所需要的平均激发能量约为其禁带宽度的 3 倍。

1. 二次电子散射

由于阴极射线致发光过程中，激发是由外来的一次电子来实现的。一次电子

进入磷光体内激发产生了二次电子，与此同时，磷光体晶粒带上负电，因而就必须用传导或发射的办法让磷光体晶粒失去相应数目的电子以防止对以后入射的一次电子产生静电排斥，否则会影响磷光体的发光效率。这样，二次电子发射比 R_s 就显得非常重要。二次电子发射比（又称为二次发射系数）R_s 定义为二次发射的电子数与入射的一次电子数之比，R_s 可以写成 $R_s = I_2/I_1$。I_2 与 I_1 分别是二次和一次电子流密度。

实验指出，二次电子发射比是随入射的一次电子能量而变化的，也就是与工作电压有关，如图 2.23 所示。图中，纵坐标是二次发射比 R_s，横坐标是工作电压 V。磷光体能工作在 $R_s \geqslant 1$ 的中等电压范围内。由图 2.23 可见，当 $V = V_1$ 和 $V = V_2$ 时，$R_s = 1$，称 V_1 和 V_2 分别为第一渡越电压和粘着电压。V_1 的数值为几百伏。对于使用的发光粉来说，V_2 的数值约为 4～25 kV，甚至还可更高。当 $V > V_2$ 时 $R_s < 1$，说明发射的电子数小于入射的电子数，这似乎是电子被粘住了，不能挣脱离晶体，于是晶体充满了负电荷并将形成对入射电子的拒斥场，大大地减弱入射电子的能量，于是磷光体的发光效率也随之下降，甚至有可能不发光。所以 V_2 是磷光体工作电压的上限，它限制着用提高工作电压来提高磷光体的发光亮度的工作电压。因为对于一定的磷光体来说，V_2 的数值是一定的，并且 V_2 的数值一般也是不高的，为了使荧光屏在大于 V_2 的电压范围内还能正常工作，即在 $V > V_2$ 时，$R_s > 1$ 的条件还能存在，使荧光屏发出更高的亮度，制造荧光屏时常在屏的朝向激发电子束的面上镀上一层薄的金属铝膜，其厚度为几十纳米或数百纳米，而且与外电路连通，将二次电子传导走。这是一种人为的强制性的办法，使屏不充电，从而能在超过磷光体粘着电压 V_2 的条件下正常工作，发光得到增强。另外的办法是采用二次发射比 R_s 高的发光材料，R_s 高的材料 V_2 也高，于是可以提高荧光屏的工作电压，使屏发出更高的亮度。

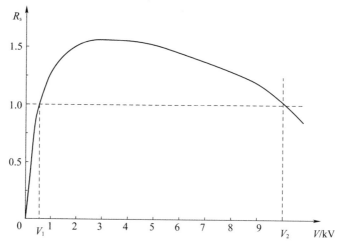

图 2.23　二次发射比随电子电压的变化关系

从汤姆逊—惠丁顿定律可见，一次电子的能量在磷光体内是随着穿透深度递减的，深度 x 越大，剩余的能量 $E(x)$ 越小。另外，入射的一次电子在磷光体内，沿着它们的穿行途径而变化，如图 2.24 所示。二次电子的产生数量近似地与所在处入射电子能量的平方的倒数成正比。电子的穿透深度越大，所在处的电子能量越小，产生的二次电子数目就越多。当一次电子的能量减小，速度减慢而接近热运动的速度时，也就是说，在穿行途径终点附近处产生的二次电子数最多。原因是一次电子速度减慢后，它与晶格原子碰撞的概率增加，所以被激发产生的二次电子就越多。总之，如果一次电子的能量越大，其穿透深度越深，激发产生的二次电子数目就越多。

下面定性地解释图 2.23 中曲线的实验事实。当工作电压 $V < V_1$ 时，即一次电子能量小于 V_1 电压所对应的能量时，产生的二次电子数目很少，其能量也很低，这时二次电子很难从固体表面逸出。因为它们的能量和克服表面势垒所要求的能量属于同一数量级，这样，二次电子发射就少。所以当 $V < V_1$ 时，$R_s < 1$，荧光屏上出现负电荷，屏电位就降低。当负电荷积聚相当多时，尤其当屏电位趋近于阴极电位时，由于电子受到排斥作用，入射的一次电子将不能落到屏上，屏就不发光。总之，在 $V < V_1$ 时，屏虽能发光，但亮度很低，很多的激发能量以热的形式耗散掉了。当 $V > V_1$ 时，工作电压增高了，一次电子的激发能量增高，产生的二次电子数增多，其能量也增大得能够克服固体的表面势垒，因此二次电子的发射变大，而且能大于一次电子的入射数，此时 $R_s > 1$，曲线上升。当一次电子能量继续增加，R_s 也继续增大，曲线继续上升。但随后会发生另一种情况，当一次电子能量增大到一定程度时，入射电子的穿透深度 x_0 可以与电子在固体内的平均自由程 l 相比较，则在 x_0 深处的二次电子就有可能在运动中到达不到表面而不能发射，二次电子发射概率减小，发射不充分，R_s 就开始减小，曲线的上升开始变慢并转而下降，在曲线上升和下降之间必然出现一个极值。当工作电压达到 $V \geqslant V_2$ 时，一次电子的能量过大，在 $x_0 > l$ 的磷光体内部区域所产生的大量二次电子很少能发射，入射电子似乎被粘着在屏上，使屏充负电，此时曲线就下降到 $R_s \leqslant 1$ 的范围，磷光体拒斥入射电子，因此此时并不因增大了工作电压而使发光增强。此后如果电压再增加，光强非但不增反而降低，甚至不发光。由上可见荧光屏的工作范围在 $R_s > 1$ 的 V_1 和 V_2 之间时，发射充分，此时固体内的电子的减少，使屏的电位实际上比阳极电位还可高出 $2 \sim 5\ V$。不过这 $2 \sim 5\ V$ 的差别与数千甚至上万伏的阳极电压相比是极为小的，对发光的影响可以忽略，但从对屏的电位要稳定的要求来看，似乎还不够满意。要使屏电位稳定，必须使从屏上失去的二次电子数等于穿入屏中的一次电子数，因此，理想的磷光体应该这样：当一次电子在较大的电压范围里变化时，二次电子发射比 R_s 是一次电子能量的函数，如图 2.23 所示，只有当一次电子能量为若干定值时，如 $V = V_1$ 和 $V = V_2$ 时，R_s 才恰巧等于 1。

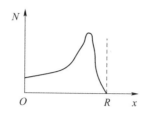

图 2.24   二次电子的产额 N 随一次电子穿入固体深度 x 的变化

不同材料的二次发射比 R_s 是不同的。例如，半导体材料的 R_s 比金属的 R_s 要高，原因是电子平均自由程有差别。半导体的电子平均自由程比金属的要大，所以就二次电子从体内能逸出的深度而言，半导体材料要比金属的大，半导体就能有较多的二次电子从体内发射出来，所以半导体材料的 R_s 比金属的 R_s 高。如 ZnS 发光材料，是一种宽禁带的半导体材料，因而它本身的二次发射系数 R_s 就比较高，当提高一次电子的能量（即工作电压）时，能有较多的二次电子从体内较深的地点逸出体外，所以粘着电位 V_2 也较高，就是说这种发光材料本身已经具备高工作电压的条件。

2. 阴极射线致发光的特性

（1）阴极射线致发光没有特殊的吸收带。

许多物质在阴极射线激发下能发光，但对于长波或短波紫外的激发却证明是不发光的。如没有铅杂质的钨酸钙能很好地被阴极射线激发发光，但不能被紫外辐射激发发光。磷光体具有一定的吸收带，紫外辐射若不处在这个吸收带内就不能激发发光。原因是磷光体具有一定的能带结构，紫外辐射的能量一定要大于其禁带宽度，价带电子才能吸收外来能量而被激发跃迁到导带，才能发生以后的发光过程。与此相反，即使小贯穿能力的阴极射线，无论其能量如何，都能被强烈的吸收，并把吸收的一部分能量传递给发光中心。这种差别的原因是阴极射线的电子是荷电的而紫外光子不是荷电的，磷光体本身对电子有亲和能力 ψ，这能使电子获得趋向于磷光体的动能。假定 W 是激发一个发光中心所必需的能量，而如果入射电子的能量 ε 满足关系 $\varepsilon \geq W - \psi$，那么这个入射电子就能激发发光中心而发光。如果 $\psi > W$，那么能量 ε 为 0 的电子也能使磷光体激发发光。所以说，原则上一个能量为零的电子能穿入磷光体内而激发发光。

（2）阴极射线致发光的亮度与激发电子的流密度和能量的关系。

实验表面，在激发电子流的密度 j 较低时，荧光屏的发光亮度 B 和电子流密度 j 以及电子电压 V（电子能量）之间存在如下关系式

$$B = Kj(V - V_0)^n \tag{2.22}$$

式中：K、V_0、n 为与磷光体和荧光屏的涂敷有关的常数。

荧光屏的发光亮度是涂敷在屏幕基底上的磷光体的发光亮度，所以屏的亮度近似地为磷光体的亮度。当然如果屏基底是由具有光吸收材料或能产生光反射的

材料所制作的时，则需要考虑基底的光吸收等问题，此时屏的亮度将低于磷光体的真正亮度。一般地，屏亮度总是低于磷光体的亮度。但尽管如此，荧光屏的发光亮度主要取决于磷光体的发光亮度。由式（2.22）可知，j 是电子流密度，单位为 mA/cm^2。只有在低的 j 值下，亮度 B 才与 j 呈线性关系，如图 2.25 所示。但当电子流密度 $j = 0.1 \sim 1\ mA/cm^2$ 时（不同的磷光体，此数值可不同），线性关系就将不成立了。当 j 变为几十 mA/cm^2 时，继续增加电流，亮度却不会再增加，呈饱和状态，并使屏发热以至于导致磷光体的毁坏。发光亮度随电子流密度 j 增加而变化的原因是：激发电子流密度从零开始时，入射的电子所激发的二次电子数较少，二次发射也小，并且还要被陷阱俘获，因而亮度降低。当激发电子流密度增大时，二次电子数也增多，于是亮度就增强。但由于体内的发光中心数是有限的，所以亮度不能随电子流密度的增大而线性地无限增加上去，亮度达到某一程度就不再增加了，出现亮度的饱和。与亮度呈现饱和值相对应的电子流密度值因磷光体而异。由此可见，为了增加屏的亮度，不能简单地采用增加电子流密度的办法。

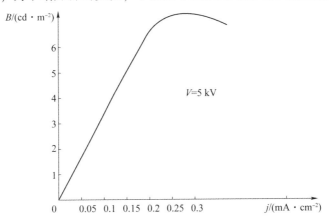

图 2.25 发光亮度和电子流密度之间的关系

n 是指数，它与工作电压 V 和电子流密度 j 无关，甚至当亮度 B 与电子流密度 j 在非线性的区域时，还保持原样。不同的磷光体，n 的数值不同。它不仅仅取决于磷光体的性质，而且还取决于屏的制备以及磷光体的颗粒尺寸。n 有时为 1，这属于 $ZnS:M_n$ 和 $ZnS_iO_4:M_n$ 的线性情况。更一般地，n 大于 1 并能等于 2 或超过 2。

在很高的电压 V 下，式（2.22）都正确。实验数据中 V 可达 102 kV 的高压。因为亮度和工作电压关系指数 n 大于 1 甚至可以为 2，当工作电压增高时，发光亮度应该增加，其最大亮度应在高压时得到。发光亮度 B 和工作电压 V 间的关系如图 2.26 所示。式（2.22）中的 V_0 称作"死电压"，它表示荧光屏工作的最低电压。原则上认为当工作电压 V 低于 V_0 时，屏就不会发光，但实际上还是能发光，不过是很微弱罢了。所以 V_0 的存在，意味着核心和表面壳层内，产生发光的概率是不一样的。在表面壳层区域内，点阵畸变、缺陷、位错都是很多的，并在材料的制备中，不免沾污上其他杂质，因此在表面壳层内非辐射过程很容易产生。就是说，在磷光体颗粒表面壳层中产生的或从其内部扩散来的二次电子对发光过程来说可以是无效的。由于非辐射中心数和发光中心数之比随离表面的距离增加而减少，因此当二次电子产生在体内并离磷光体表面较深时，发光概率将增加。由此可见，相对地说，表面壳层似乎是无激活区。当工作电压 $V < V_0$ 时，入射电子只能终止在表面壳层，所以激发发光很弱甚至不发光。当工作电压 V 增大，电子入射的深度也增大，激发发光亮度也随之增强。显然，V_0 的物理意义是表示激发电子穿透磷光体表面无激活的薄层到达发光区所需要的最低能量。在制备时，如无特殊的防护措施，V_0 可达 $200 \sim 300$ V，如果避免了沾污，它可减小到几伏。直接测量 V_0 是很困难的，因为电压很小时，屏很快被入射电子充上负电。因此，通常的办法是将亮度—电压关系曲线的近于线性的部分延伸到和横坐标 V 相交，其交点可认为是 V_0 值，如图 2.26 的虚线所示。

　　K 是表征磷光体特征性的有量纲的常数，其量纲为 cd/A $(V)^n$。

　　需要指出，发光的辐射通常与激发的方式无关。例如，在阴极射线致发光中，我们可以得到与光致发光一样的发射带。但进一步的研究却揭示出，在特别高的激发密度时，激发的方式会改变各发射带的相对发射强度。例如，ZnS：Cu 磷光体，它可以有蓝带发射或绿带发射，但是蓝带在阴极射线激发时比光激发时常常比绿带强得多。在场致发光中，类似的改变也曾观察到。下面将会看到，激发的方式不仅会改变各发射带的相对强度，还会改变余辉时间和磷光体的发光概率。

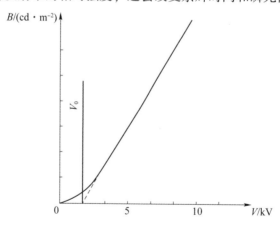

图 2.26　发光亮度和工作电压的关系曲线

　　（3）阴极射线致发光的衰减特性：长期磷光。

　　复合发光的衰减规律与二次曲线不符，十分复杂。其原因是，不能把阴极射线致发光的机构简单地看成是由于导带电子和空着的发光中心的双分子复合。阴极射线致发光实际上是一个复杂的间接复合过程，并且还包含着一个所谓没有电离的内心过程。斯屈兰奇（Srilanch）和汉徒生（Hanson）的实验发现，对于像

"纯" ZnS、ZnS：Cu、ZnS：Ag、ZnS：Au、ZnS：Pb 这样一类磷光体，有一个由两种成分组成的发光指数衰减，其一种的衰减时间约为 10^{-5} s，另一种的衰减时间为 0.75×10^{-4} s，这些是快速的衰减过程，它们的衰减常数受温度影响不大。继指数衰减之后，还有一个缓慢的衰减紧接在后面，如图 2.27 所示。由此可见，像 ZnS 这样一类磷光体的阴极射线致发光机构，不像前面通常简单认识的那种机构。除了复合发光之外，阴极射线致发光还包含指数衰减的分立中心的发光。

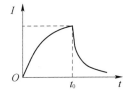

图 2.27　发光衰减过程示意

当具有一定能量的入射电子穿入磷光体中，大部分发光中心只是被激发，中心上的电子只是被激发到中心激发态，这就是没有电离的内心过程，它具有分立中心的特性，电子在磷光体的激发态上只停留 10^{-5} s 数量级的时间，呈现出快速指数式发光衰减，其衰减与温度无关。另外一些发光中心上的电子被离化了，进入了导带，当它们在晶体中运动时，可能遇上陷阱而被俘获，由于热骚动，它们又获释，之后还有可能再次被俘获。当它们与空穴（离化了的发光中心）复合时就发光，这种发光经过中间复杂的俘获过程，因而衰减缓慢，且与温度无关。这段衰减曲线只能用幂指数表示

$$I(t) = (a + bt)^{-\alpha} \qquad (2.23)$$

磷光体在阴极射线激发下余辉较长，有长期磷的提法。不过，在阴极射线激发下的余辉要比紫外光致激发下的余辉短，但是，在紫外光激发下显示长余辉的材料，在阴极射线激发下也显示出长余辉，仅是余辉短一些罢了。这种差别可用陷阱能级对电子俘获的不同情况来解释。

磷光体内的陷阱不只是一种，因此在禁带中出现的陷阱能级不只是一条，并且有深浅之分。深阱的能级位置距导带底的距离大些，所以储存电子的时间要长一些。浅阱储存电子的时间要短一些。再考虑到磷光体对阴极射线的吸收（吸收系数 $\geqslant 104$ mm^{-1}）要比对长波紫外光的吸收（吸收系数 ≈ 1 mm^{-1}）大得多。因此，用阴极电子束激发时，能量只在磷光体表面较薄的一层内被吸收，因而激发密度很高，这样使磷光体内的深阱饱和了，而浅阱也大部分被占据了。我们发现衰减的长余辉是由于深阱的饱和，而短期迅速的衰减是因为激发停止之后，电子很快地从浅阱中释放出来。在用紫外线激发时，由于吸收系数小，磷光体中被激发的体积比用阴极电子束激发的体积大得多，于是激发密度就小些，使较多的深阱空着，在整个发光过程中，它们还会俘获导带电子，因而延长发光的衰减时间，余辉就更长。

（4）阴极射线致发光的效率低。

在阴极射线致发光中，能量效率 B_e 通常是 5% ~25% ，可见，阴极射线致发光的效率是很低的。只有 5% ~25% 的激发能转变为可见光能的辐射，其余的激发能损耗为磷光体的晶格热、损耗于产生 X 射线、损耗于发生二次电子的发射、损耗于磷光体表面的反射等。

在试图计算阴极射线致发光材料可能有的最大能量效率时，必须考虑到：反向散射系数 η_1 、产生一个电子空穴对所需的最低能量 E 与禁带宽度 E_g 之比、斯托克斯（Stocs）损失、发光辐射中心和非辐射中心的数目。于是能量效率 η_e 可写为

$$\eta_e = B_a \cdot B_t \cdot B_s \cdot B_q \tag{2.24}$$

式中：B_a 为能量吸收的效率；B_t 为电子空穴对的形成效率；B_s 为就效率而言斯托克斯损失的极限；B_q 为辐射和非辐射的作用率。

η_e 写成具体的形式为

$$\eta_e = (1 - \eta_1) \cdot \left(\frac{E_g}{E}\right) \cdot \left(\frac{hv}{E_g}\right) \cdot RT \tag{2.25}$$

式中：$1 - \eta_1$ 为能量吸收效率；η_1 为反向散射系数，对 ZnS，$\eta_1 = 0.26$ 。

E_g/E 为电子空穴的形成效率。hv/E_g 是斯托克斯损失的极限，hv 是发光的能量，R 是辐射过程的概率，T 是非辐射过程的概率。设在没有猝灭中心时，发光中心的效率为 100% ，即 $R = 1$ 的理想情况下，令 $E_g/E = \frac{1}{3}$ ，$hv = 2.79 \text{ eV}$ 为 ZnS：Ag 的蓝光能量，ZnS 的禁带宽度 $E_g = 3.7 \text{ eV}$ ，结果 ZnS：Ag 的最大能量效率 η 为 18.5% 。它同实验室测得的数字大致相同，实验室数字为 21% 左右。

在工业上常用光输出 η（光度效率）来表示磷光体的发光效率，并用它评定磷光体的优劣。光输出定义为每损耗单位激发功率所发出的光通量，即总的光通量输出 B 与总的输入功率 P 之比。所以光输出与工作电压之间可以有下面关系

$$\eta \approx \frac{B}{P} = \frac{kj(V - V_0)}{jV} = \frac{k(V - V_0)^n}{V} \tag{2.26}$$

可见，在低的电子流密度值 j 时，光输出 η 与电子流密度 j 无关，不随 j 而变。当 j 值较大时，亮度 B 和电子流密度 j 之间的关系式（2.22）或不再成立，所以光输出 η 与工作电压 V 的关系式（2.26）亦不成立。由于电子流密度 j 的变大，亮度 B 逐渐上升并呈现饱和，此后光输出 η 随 j 的增大而减小，η 变得与 j 有关，如图 2.28 所示。

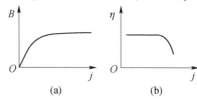

图 2.28　发光亮度 B 和发光效率 η 与电子流密度 j 的关系示意

（a）发光亮度 B 与电子流密度 j 的关系；（b）发光效率 η 与电子流密度 j 的关系

2.5　像增强器荧光屏综合参数测试系统的研究

光电阴极、微通道板及荧光屏等 3 个光电元件是决定微光及紫外像增强器成像性能的重要组成部分[15～17]。在微通道板综合性能参数的测试设备中，要求能对微通道板的网纹、瑕疵及增益均匀性等表观特性进行检测，此时荧光屏是作为显示被检微通道板性能状况的检查元件，因此对荧光屏的显示质量自然提出了更高的要求。尤其是对于多达数十片微通道板的检测设备，对同时配用的荧光屏还有一致性的显示要求，因此对大量荧光屏样品检测、比较并从中选择，就成为必要的步骤了。随着三代像增强器研究工作的不断深入，光电阴极及微通道板性能大幅度地提高，相应地重视和加强荧光屏的参数检测及分析研究工作，这对掌握荧光屏的性能状况、明确改进方向及最终获得最佳性能匹配的整管具有实际意义。

我国各种型号荧光屏的科研和生产企、事业在生产荧光屏时，对生产出的荧光屏质量缺乏准确的定标，这就造成生产相关器件的单位在生产相关产品时合格率低下，同时造成产品的价格居高不下；所以他们急需荧光屏综合参数测试仪。但是任何产品的研发都是先在军事领域，然后才转成民用，所以对于我国急需的高尖端测试仪器外国都实行封锁，只能自主研制。微光像增强器就是广泛用于军事领域的核心器件，光电阴极、微通道板及荧光屏等 3 个光电元件是决定微光及紫外像增强器成像性能的重要组成部分。随着三代像增强器研究工作的不断深入，光电阴极及微通道板性能大幅度地提高，荧光屏的参数测试就显得尤为重要。

我国 20 世纪 70 年代末曾经研制过荧光屏参数测试仪，但由于测试方法没考虑到精度能否达到，所以研制失败。20 世纪 80 年代初我国从荷兰 DEP 公司引进过一台荧光屏测试仪，至今仍在使用；但由于测试的参数比较少、测试方法比较陈旧、测试结果无法数字化等缺点，已经无法适应我国三代像增强器研究工作的需要。

本节介绍像增强器荧光屏测试系统的设计理论，给出表征像增强器荧光屏的性能特性的荧光屏发光亮度、均匀性、发光效率和余辉 4 种主要参数的定义，研究出 4 种参数的测试方法，设计出测试 4 种参数的部件，最终研制出微光像增强器荧光屏测试系统。

本节采用数学建模的方法确定热电子面发射源；研究了亮度均匀性校正，给出合理测试方法；实现了荧光屏最重要的 4 个参数的测试。采用电场拒斥电子，再利用光敏电池测试余辉；采用可调电压改变电场分布，可以调出均匀发射的电子，利用百万级 CCD 测试荧光屏的均匀性；调节电子发射源电压改变电场分布使得电子汇聚，利用光敏电池可以测试荧光屏发光亮度和发光效率。

▶▶▶ 2.5.1　荧光屏综合参数测试系统的设计理论 ▶▶ ▶

像增强器的每个部件一旦封装后是不能拆开的，要对它的每个部件分开进行性能检测就必须设计一个系统符合像增强器的工作状态，荧光屏综合参数测试系统就是模拟像增强器的结构，可以针对像增强器的荧光屏的性能进行检测。三代管-四代管及其结构示意如图 2.29 所示，当光电阴极面在夜晚微弱的星光照射下，产生电子经过电场加速后轰击微通道板，经过微通道板的电子倍增和再次加速后轰击荧光屏产生图像。整个结构要求：①在光电阴极与荧光屏之间要形成高真空，这样产生的电子不会因为碰撞到空气分子或微粒而改变方向或减少，真空度要求优于 1×10^{-4} Pa；②电场的电位线要均匀，电子加速后垂直轰击微通道板或荧光屏；③微通道板每处的电子倍增系数相同；④荧光屏发光要均匀。针对这些要求，我们设计了测试系统。

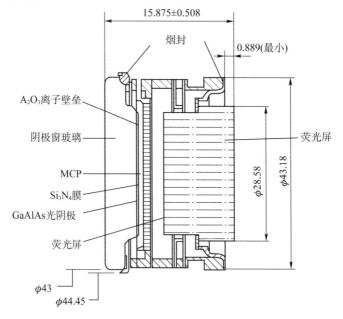

图 2.29　三代管-四代管及其结构示意

▶▶▶ 2.5.2　荧光屏综合参数测试系统的测试原理 ▶▶▶ ▶

根据上面的要求，我们设计在真空系统中，利用热电子发射，采用可调电压改变电场分布，可以调出均匀电子，经过均匀电场的加速轰击荧光屏，使其发光；在真空系统外，通过观察窗，利用百万级 CCD 测试荧光屏的均匀性；调节热电子面发射源电压改变电场分布使得电子汇聚，利用照度计测试发光亮度，再利用电流计测试屏流，换算成输入功率，可以测试发光效率；利用光敏电池测试余辉；测试系统原理示意如图 2.30 所示。

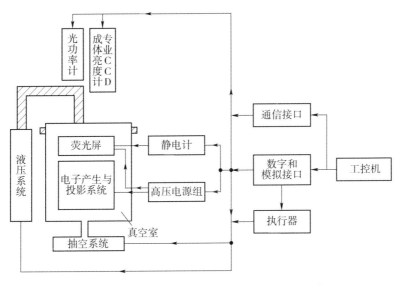

图 2.30 荧光屏参数动态综合测试系统原理示意

▶▶▶ 2.5.3 荧光屏综合参数测试系统的理论设计 ▶▶▶

在考虑设计原理的基础上，考虑测试系统的外界环境需要超净，真空系统达到可测试的真空度需要一定时间，为了节约测试时间，每次装入的样品数量应该多于1个，我们设计了样品盘等，该测试系统是在高真空条件下，能够高效检测与研究荧光屏发光特性，是光、机、电、计算与显示相结合的智能化电控的大型专用检测设备，整体装置外形轮廓如图2.31所示，具体说明如表2.4所示。它是整体装置的主要组成部分，能完成荧光屏的全部检测项目，体现出荧光屏综合测试台的功能和先进性，它由如下4部分组成。

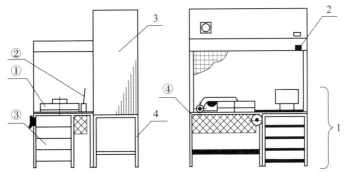

图 2.31 荧光屏参数测试系统轮廓示意

表 2.4 荧光屏参数测试系统说明

序号	名称	组成
1	工作台	①真空腔室（含大盖、样品转盘、底盘及接线电极等）
		②液晶显示器
		③电子柜（含微电流计、真空计、电源、工控机）
		④台下装置（含无油分子泵、机械泵、真空规管、热电子面发射源、液压系统及转轴系统等）
2	灯箱	
3	空气净化装置	
4	支架	

1.4 个组成部分

（1）真空腔室，含大盖、样品转盘、底盘及接线电极等。当大盖合上后，就构成了检测所要求的真空环境。

（2）液晶显示器，显示操作内容及样品的测试数据。

（3）电子柜，由高压电源、信号处理、真空计、通信电路、工控机及其接口电路等部分组成。

（4）台下装置，在台板下设置有热电子面发射源壳体、无油分子泵、干泵、真空规管、转轴系统及液压系统等。

2. 系统性能

显然，当大盖合上后所构成的真空工作室及热电子面发射源是进行测试的系统主体，它决定了系统工作的可行性与有效性。

①真空腔室能提供所要求的真空度；抽空 6 h，极限真空度优于 8×10^{-5} Pa；抽空 40 min（暂定）可达工作真空度 5×10^{-4} Pa。

②提供样品测试所需的程控高压电源组，它具有供电引线的高绝缘性、人身安全性及样品切换时的可靠性。

③热电子面发射源，以螺旋状灯丝的盘形发射加上电子散射网的共同作用保证了电子束的均匀性，热电子面发射源的整体结构使其接电简单、更换方便。

④真空大盖经弯臂由气压系统推动升降，实现开启和关闭的自动化；由显示器菜单与气压系统开关进行双重控制，保证了操作者的人身安全。

⑤可旋转载物盘简称转盘，可测 $\phi18$ 和 $\phi25$ 两个规格的荧光屏，一次可装 24 片，可满足生产和分析研究的双重需要。

⑥采用计算机菜单操作，对测试参数的选择和转换，真空系统与升降系统的开启与关闭，热电子面发射源一阳、二阳等负高压的调节，以及测试数据采集、处理、存储等全部实现了智能控制与操作自动化。

3. 主体装置及特点

荧光屏测试系统的主体装置组成如图 2.32 所示。

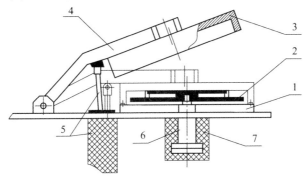

1—底盘；2—转盘；3—大盖；4—弯臂；5—升降气压装置；6—热电子面发射源；7—真空组。

图 2.32　荧光屏测试系统的主体装置示意

①大盖上面有口径为 $\phi 90$ 的石英玻璃观察窗，通过该窗口可用放大镜进行目视观察，更主要的是用专用 CCD 成像亮度计及光功率计获得测试数据。大盘的下沿嵌有密封铜圈。

②转盘如图 2.33 所示，能在安装荧光屏被测组件的同时自动接电；转盘上置有编号盘，能以对应的编号区分被测样品；转盘下有接电（零电位）的电极触头，能实现被测样品的自动切换及保证操作者的安全。

③底盘，它是主体装置最关键的部件，与大盖的接触部位有真空密封要求。上表面嵌有绝缘的弹性电极及限位器，能与转盘的各电极触头在切换时实现良好的电接触；下表面分别与分子泵、热电子面发射源、真空规及转轴系统通过法兰盘密封连接。

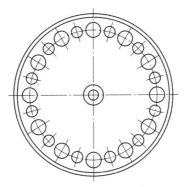

图 2.33　转盘圆孔配置图

▶▶▶ 2.5.4　表征荧光屏性能的主要参数的定义及测试方法 ◀◀◀

表征荧光屏性能的参数有荧光屏发光亮度、均匀性、发光效率、余辉、发射光谱、吸收光谱、荧光屏的鉴别力和调制传递函数（MTF）等；但最主要的是荧光屏发光亮度、均匀性、发光效率和余辉。

（1）荧光屏发光亮度的均匀性。

荧光屏发光亮度的均匀性是指荧光屏在均匀高速电子轰击下发光，荧光屏表面每处发光亮度数值相等。判断方法：用目测和专业 CCD 成像亮度计检测出荧光屏发光的灰度值再转换成亮度值，用最小亮度和最大亮度之比来表示发光亮度的均匀性，根据国家标准，如果比值大于 90% 就表示荧光屏是均匀的。

采用国家计量局标定合格的高分辨率百万级 CCD 和成像亮度计测试荧光屏发光亮度和均匀性，测试方法如图 2.34 所示。

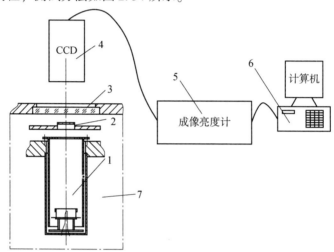

1—热电子面发射源；2—荧光屏；3—观察窗；4—专业百万级 CCD；
5—成像亮度计；6—计算机；7—真空系统。

图 2.34　荧光屏发光亮度及均匀性测试原理图

（2）荧光屏发光亮度。

荧光屏发光亮度指荧光屏在其法线方向上单位面积单位立体角内发出的光通量。它由专业 CCD 成像亮度计在屏上分别测出测试点的灰度并转换成亮度，再由计算机算出平均值来表征发光亮度。

（3）荧光屏发光效率。

荧光屏发光效率表征入射电子束转化为亮度的能力，通常可用流明效率（即光输出效率）、能量效率和量子效率表示。能量效率和量子效率这一类绝对效率的测量比较困难，实际上常测量的是流明效率，这是一种相对效率。流明效率被定义为发光辐射出的流明数与激发电子束功率（以 W 为单位）之比，所以流明效率的单位是 lm/W。它由光功率计测出每秒钟由荧光屏发出的光能量，同时用静电计测出入射到荧光屏的电子束流并转换为电子束功率，两者之比即为屏发光效率。

采用国家计量局标定合格的光通量探测器和光功率计、进口的电流计测试荧光屏发光效率，测试方法如图 2.35 所示。

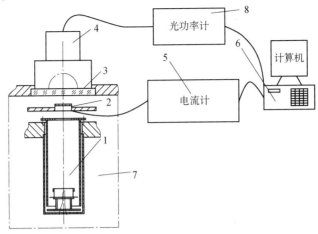

1—热电子面发射源；2—荧光屏；3—观察窗；4—发光亮度集收器；5—电流计；
6—计算机；7—真空系统；8—光功率计。

图 2.35　荧光屏发光效率测试原理图

（4）荧光屏的余辉。

当热电子面发射源发射的电子被拒斥从而停止对荧光屏的轰击后，由专业 CCD 成像亮度计可看出亮点不能立即消失，而要持续一段时间，规定将亮点的亮度值下降到初始值的 10% 所经历的时间称作余辉时间，简称余辉。我们采用光敏电池探测器来测试亮度衰减曲线，它与计算机通讯并由计算机计时。荧光屏的余辉通常要延续若干毫秒，属中余辉范围。

采用光敏电池探测器和信号处理器测试余辉，测试方法如图 2.36 所示。

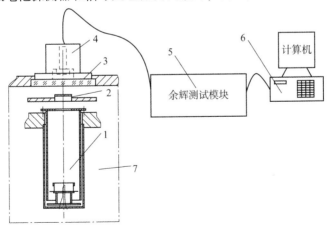

1—热电子面发射源；2—荧光屏；3—观察窗；4—光敏电池探测器；
5—余辉测试模块；6—计算机；7—真空系统。

图 2.36　荧光屏发光余辉测试原理图

我们提出荧光屏余辉测试方法：满足荧光屏余辉的测试原理——瞬间截断高能激发电子，热电子面发射源必须具备瞬间激发电子淹没特性，应用光敏电池探测器测试荧光屏亮度衰减过程；不能采用高压断电或用继电器的方式让发射电子消失，因为高压断电或用继电器都有延时放电特性，激发电子能量慢慢减少，仍然轰击荧光屏，荧光屏亮度衰减过程不是它的余辉过程，即使测出衰减时间也不能表征荧光屏的余辉特性。

2.6　荧光屏 4 种参数测试的结构设计及保障

在上一节中说明了荧光屏发光亮度及均匀性、发光效率和余辉等 4 种参数的定义和测试方法，根据测试原理图，本节阐述具体测试结构的设计结果和测试保障。真空系统的保障在下节说明；热电子面发射源的保障在下章具体描述其设计、试验和结论。

▶▶◀ 2.6.1　荧光屏均匀性和发光亮度测试的结构设计及保障 ▶▶ ▶

为了便于放置不同型号的荧光屏，同时保证良好的接电性能，设计了不锈钢材料的样品架，可以直接放置在真空系统转盘上，其结构如图 2.37 所示。

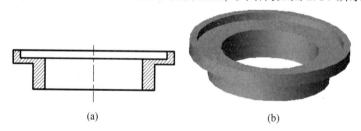

图 2.37　样品架二维及三维效果图

(a) 二维；(b) 三维

为了调节百万级 CCD 的焦距和左右位置，设计了百万级 CCD 的滑动架，使得百万级 CCD 能够围绕轴转动 180°，以便不用时让出空间；百万级 CCD 可以在滑竿上左右滑动，以便在使用时对准观察窗；滑动架可以在转轴上上下滑动，可以粗调焦距，细调是通过百万级 CCD 的镜头来调节，如图 2.38 所示。

1—滑竿；2—百万级 CCD；3—转轴；4—真空腔室；5—观察窗。

图 2.38　百万级 CCD 滑动架

根据原理样图，我们设计并加工出的荧光屏发光亮度及均匀性测试部件结构和流程，如图 2.39 所示。

荧光屏发光亮度及均匀性测试运行保障：

①真空系统加工委托中国科学院沈阳科学仪器研制中心有限公司加工，具体设备见下节；

②热电子面发射源的研究、设计和试验结果见上章，自主研制并申报了国家专利；

③成像亮度计委托远方光电信息有限公司研制，并经过国家标准计量局标定；

④测试控制软件为自主研制。

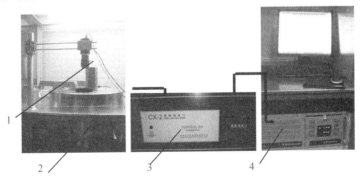

1—百万级 CCD；2—热电子面发射源；3—成像亮度计；4—计算机。

图 2.39　荧光屏发光亮度及均匀性测试结构图

▶▶ | 2.6.2　荧光屏发光效率测试的结构设计及保障 ▶▶ ▶

荧光屏发光效率测量的是流明效率，这是一种相对效率。真空系统采用不锈钢制作，由于荧光屏被放置在真空系统中的转盘上，因此到观察窗有 5 cm 的距离，而发光效率测试需要将光功率探测器直接放置在荧光屏发光面上，客观上做不到，从而造成发光效率的测试误差，所以我们设计了误差系数的检测装置，如图 2.40 所示，检测方法是把标准超二代像增强器放置在完全按照真空系统尺寸设计的模拟结构中点亮，模拟出像增强器荧光屏到观察窗的距离以及测试环境，测出发光效率，然后直接将光功率探测器紧贴标准超二代像增强器，按相同电压点亮它，测出发光效率，将两个效率相除得出误差系数，校正荧光屏发光效率。

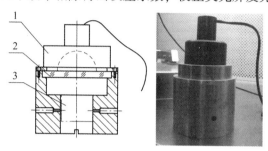

1—光功率探测器；2—观察窗；3—超二代像增强器。

图 2.40　发光效率的误差系数检测装置设计与实物对照图

在设计原理的指导下，我们研制出荧光屏发光效率的测试部件和流程，如图 2.41 所示。

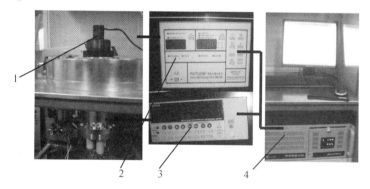

1—光功率探测器；2—光功率计；3—电流计；4—计算机。

图 2.41　荧光屏发光效率的测试图

荧光屏发光效率测试的运行保障：

①热电子面发射源必须具备电子汇聚功能，确保发射出的电子全部打到荧光屏上，这样才能有效测量荧光屏发光效率，我们研制的电子发射源具备这样的特性，具体说明见上章；

②电流计为德国进口，品牌为 KEITHLEY；

③光功率计委托远方光电信息有限公司研制，并经过国家标准计量局标定；

④测试控制软件为自主研制。

▶▶▶ 2.6.3　荧光屏发光余辉测试的结构设计及保障 ▶▶▶

当热电子面发射源发射的电子被拒斥从而停止对荧光屏的轰击后，采用光敏电池探测器来测试亮度衰减曲线，它与计算机通信并由计算机计时。光敏电池探测器结构设计和加工出的实物如图 2.42 所示；研制出荧光屏余辉的测试部件和流程如图 2.43 所示。

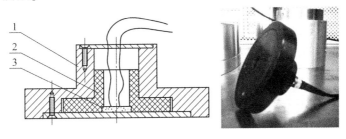

1—金属屏蔽壳；2—绝缘衬套；3—光敏电池。

图 2.42　光敏电池探测器结构设计与实物对照图

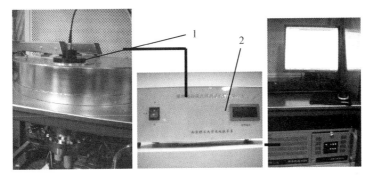

1—光敏电池探测器；2—信号处理器。

图 2.43　荧光屏余辉测试结构图

荧光屏发光余辉测试的运行保障：

①真空系统加工委托中国科学院沈阳科学仪器研制中心有限公司加工，具体设备见下节；

②光敏电池为德国进口；

③热电子面发射源必须具备电子淹没特性，不能采用高压断电或用继电器的方式让发射电子消失，因为高压断电或用继电器都有延时放电特性，无法测量它的时间，我们研制的电子发射源具备电子瞬间淹没功能，其具体说明见上章；

④信号处理器为自主研制。

2.7 荧光屏综合参数测试系统总成

▶▶│2.7.1 荧光屏综合参数测试系统的组成 ▶▶ ▶

荧光屏综合参数测试系统如图 2.44 所示，在高真空条件下，能够高效检测与研究荧光屏发光特性，是光、机、电、计算与显示相结合的智能化电控的专用检测设备。荧光屏的测试参数包括屏发光效率、发光亮度、屏发光亮度的均匀性、余辉。它主要由真空系统、机械系统、测试系统、控制系统 4 部分组成，下面对部分进行介绍。

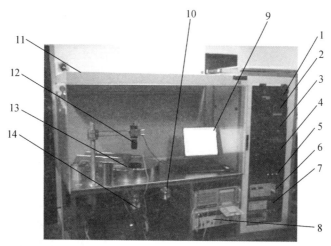

1—真空计显示器；2—控温电源；3—控制电源；4—真空系统控制电源；5—总控制电源；
6—快速存储光度计；7—成像亮度计；8—测试系统电源；9—液晶显示器；10—转盘手柄；
11—净化工作台；12—百万级 CCD；13—大盖；14—热电子面发射源。

图 2.44　荧光屏综合参数测试系统

（1）真空系统。真空空腔是指大盖合上后，转盘和热电子发射源所在的空间。为了保证抽真空的速度和稳定性，我们从德国 Leybold Vacuum 公司进口高真空泵组 TW300/SC15D（包括 TW300 涡轮分子泵和 SC15D 涡旋式干泵）其型号和规格是在中科院沈阳科学仪器研制中心有限公司的建议下订购的，如图 2.45 所示。

系统技术参数。

①极限真空度 8×10^{-5} MPa。

②分子泵抽速（在 $10^{-5}/10^2$ MPa 条件下）：

N_2—— 240/240 l/s；Ar——230/230 l/s；H_2——140/125 l/s；He——230/220 l/s。

③Scroll SC15D 涡旋式干泵：

抽速（50 Hz）——13m³/h；

极限压强≤1600 MPa。

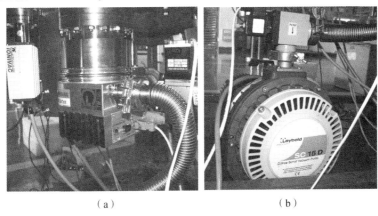

（a）　　　　　　　　　　（b）

图 2.45　高真空泵组 TW300/SC15D

（a）分子泵；（b）涡旋式干泵

　　真空排气与检测系统配置示意如图 2.46 所示，全套真空排气系统采用德国 Leybold 公司产品，其主泵与前置泵均为具有高效抽速与高的极限真空度的无油排气装置。由于泵体的体型紧凑，分子泵与涡轮驱动器为集成一体的构置类型，占用空间小，且均为气冷，因而为工作台的整合设置提供了方便条件。主要的技术参数与技术特征如表 2.5 所示。

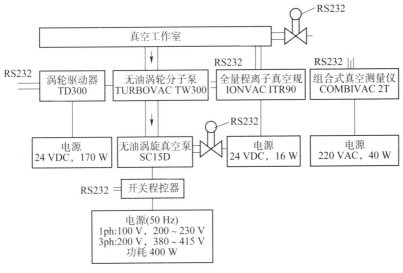

图 2.46　真空排气与检测系统配置示意

表 2.5　真空设备的主要技术参数与技术特征

名称			机械转子悬浮式涡轮分子泵		无油（干压缩）涡旋真空泵
型号			TURBOVAC TW300		SC15D
主要技术参数	抽速（50 Hz）m³/h	N₂	864		混合气体 13.0 ~ 15.0
		Ar	828		
		H₂	504		
		He	828		
	极限压力真空（CF）Torr		—		—
主要技术特征	冷却方式		气冷		气冷
	驱动方式说明		通过集成一体的涡轮驱动器由界面 RS232 程控		原设备只提供电源插头，通过自制开关程控器由界面 RS232 程控

　　测量真空工作室的真空度由离子真空传感器 ITR90 执行。由于它是由热阴极电离传感器和皮拉尼传感器的组合，允许对大范围真空压力进行由 $5×10^{-5}$ 到 $1×10^{8}$ MPa 的宽程测量，通过组合式真空测量仪 COMBIVAC 2T 给出实测数据。由于 ITR90 与 COMBIVAC 2T 都有界面 RS232，因此排气系统的操作与真空度的检测均可实现程序控制。

　　（2）机械系统。荧光屏综合参数测试系统的机械系统主要是指通过气泵开启和闭合真空系统的大盖，还有真空系统中的转盘旋转机构，分别如图 2.47 和图 2.48 所示。大盖的开启和闭合实现了限位和平稳。

　　气压系统参数如表 2.6 所示。

表 2.6　气压系统参数

冲程长度 /mm	缓冲力 /N	启动力 /N	可调速度 /(m · min⁻¹)	最大快速横动 /(m · min⁻¹)	温度范围 /℃	此外气压系统长度（不计连杆）/cm
160	max 4 000 min 220	min 150	0.03 ~ 6	8	−10 ~ 70	<60

（a） （b） （c）

图 2.47 气泵开启和闭合真空系统的大盖图

（a）大盖开启；（b）气压表；（c）气泵

真空系统中的转盘是通过手轮、万向联轴节、转轴和真空磁力传输机构来实现旋转的。

图 2.48 转盘旋转机构图

2.7.2 荧光屏综合参数测试系统的控制模块

1. 热电子面发射源的电源设计及控制设计特点

①为防止高频高压对弱电和电网的干扰，电路设计上对噪声抑制除采用通常的电源电子滤波外，还在高压电源主交流输入回路里接入差模—共模方式 RFI（射

频干扰）抑制电路。该线型滤波器只允许 400 Hz 以下低频信号通过，对于 1 kHz ~ 20 MHz 高频信号将有大量的衰减，可以实现高频辐射不污染工频电网。电路中电容能滤除不对称杂散干扰和对称杂散干扰电压信号，而电路中的共模电感用于抑制频率相同、相位相反的干扰电流信号。

②采用 SSR（固态继电器）实现弱信号 Vsr 对强电的控制。SSR 在电路中实现"通""断"开关功能，没有电接触点，工作可靠、寿命长，无动作噪声。SSR 中的光耦技术的运用，使其动作灵敏，响应速度快。而通常线圈——簧片触点式继电器（MER）不具备这些特点。

若在 SSR 中晶闸管交流输出电路中加一级零检，将使通断时机限定在正弦交流电压零点交越（±15 V）处开启和关断，从而把通断瞬间的峰值和干扰都降到最低。SSR 过零触发技术的采用，可安全地用在计算机输出接口上，而 MER 对计算机有干扰。

③为确保人身安全，采用负高压供电。荧光屏接零电位，而阴极灯丝接可调负高压，灯丝加热采用低压大电流馈电，为实现灯丝电流可调，除采用可调大功率直流模块供电外，灯丝加热亦可采用交流供电，由低压大电流交流变压器馈电，该变压器要求很高的绝缘强度。为实现灯丝加热可调，该变压器初级接可调交流电压源。

热电子面发射源的供电系统由 4 组独立电源组成，接线示意如图 2.49 所示。

（1）0 ~ 15 000 V，2 mA，负高压。

调节方式：输入 0 ~ 5 V 和手动电位器调节，电压可选。

电压显示：计算机显示或数字表头。

电流显示：数字表头。

电压稳定度：优于 1%。

加过载和短路保护。

（2）0 ~ 200 V，50 mA，正高压，和 0 ~ 15 000 V 同地，用于荧光屏余辉测试。

调节方式：输入 0 ~ 5 V 和手动电位器调节，电压可选。

电压显示：计算机显示或数字表头。

电压稳定度：优于 1%。

加过载和短路保护。

（3）0 ~ 12 V，5 A，一端接 -15 000 V，需隔离变压器，耐压 20 000 V。

调节方式：输入 0 ~ 5 V 和手动电位器调节电流或电流可选。

电流显示：数字表头。

电流稳定度：优于 1%。

加过载和短路保护。

（4）0～10 000 V，2 mA，负高压，和0～15 000 V 同地。

调节方式：手动电位器调节电压。

电压显示：计算机显示和数字表头。

电压稳定度：优于1%。

加过载和短路保护。

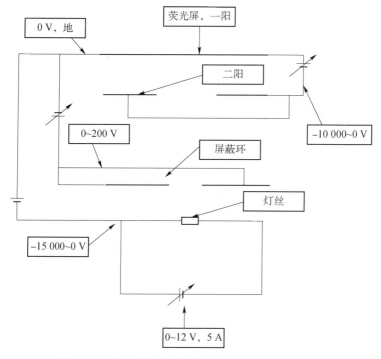

图 2.49　荧光屏测试系统热电子面发射源供电示意

可调负高压电源可调范围为−15～0 kV，及−10～0 kV 共有两组，一组接在阴极处，一组接在第二阳极处。直流负高压调节方式，既可通过输入 0～5 V 手动电位器调节，也可用可调交流输入方式来实现。这里仅以可调交流输入方式来简述其工作原理，图 2.50 为该电源原理框图。

用可调交流输入实现−15～0 kV 直流负高压可调，通过步进式电源或通过控制伺服电机驱动自耦调压器等程控手段来实现交流输入可调。交流输入经整流滤波、主变换电路、推动、控制及保护电路，输出可调直流负高压。

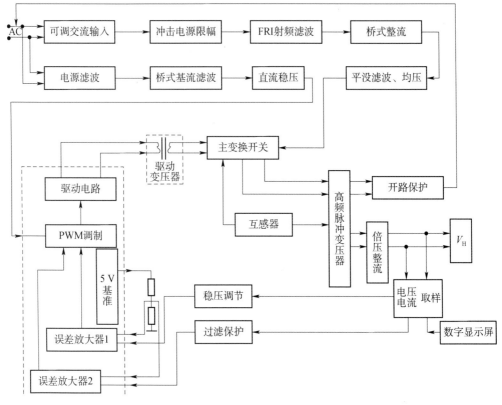

图 2.50　荧光屏参数测试仪高压电源框图

2. 荧光屏测试系统电气控制和计算机系统

荧光屏测试系统电气控制和计算机系统由工控机、数字量接口卡、模拟量接口卡、RS232/485 通信卡、高压电源控制和信号处理模块等组成，图 2.51 为其原理方框图，完成的功能如下：

①提供荧光屏测试所需的高压；

②对收集的荧光屏电流进行放大处理，并通过模拟量接口卡输入计算机；

③通过数字量接口卡和通信卡对真空系统中的阀门和升降机等机构进行控制，通过模拟量接口卡对真空系统中的真空度等信息进行采集；

④通过通信卡对光通量信号进行采集；

⑤通过 USB 接口对成像亮度计的信号进行采集。

工控机采用汇博自动化公司的工控主机，采用研华主板。数字量接口卡、模拟量接口卡、RS232/485 通信卡均选用研华公司产品。

光通量测试组件和成像亮度计采用杭州远方科技信息有限公司的产品，测试余辉时通过电源中的调制极使电子截止，通过测试荧光屏的亮度衰减获得余辉时间，余辉最小分辨时间为 1ms。测试荧光屏均匀性时，通过 USB 口将亮度计中的图像信号数据上传给工控机，工控机对数据进行处理后给出荧光屏均匀性信息。

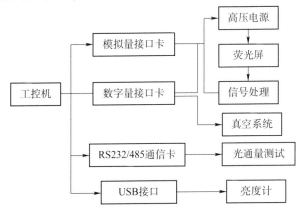

图 2.51　荧光屏测试系统电气控制和计算机系统原理方框图

计算机控制软件采用 VC++6.0，是基于对话框的程序设计，其界面示意图如图 2.52 所示：基于对话框的程序设计软件具有直观、操作方便等特点，但功能不能太复杂。

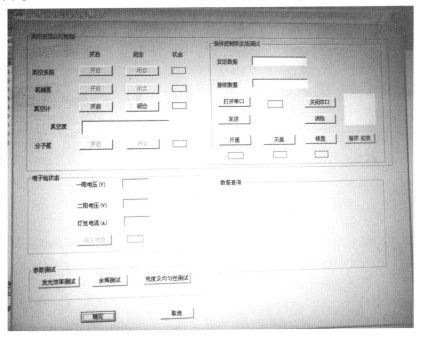

图 2.52　计算机控制系统界面

2.7.3 荧光屏综合参数测试系统性能指标

1. 主要技术指标

①激发电子能量：0～15 keV。

②束电流密度：0～10 mA/cm²。

③真空度：优于 1×10^{-4} Pa。

④亮度探测器：专用成像亮度计，加 $V(\lambda)$ 修正。

⑤余辉测量精度：优于 0.1 ms。

2. 真空装置的性能指标

真空装置提供荧光屏综合参数测试系统所需的真空度：其极限真空度为 1×10^{-5} Pa，时间 6 h；测试荧光屏真空度优于 5×10^{-4} Pa，时间 40 min。

3. 亮度测试系统的性能指标

亮度测试系统测试荧光屏的发光亮度和余辉。

测量范围：0.01 cd/m² ～5 000 cd/m²，被测面积为 φ 15 mm²。

亮度绝对值偏差：<5%；严格的 $V(\lambda)$ 校正，达到 CIE class A 级水平。

响应速度：优于 1 kHz，带同步采样输出，采样速度优于 5 kHz，带 RS232 接口。

测试荧光屏的发光效率，单位为 lm/W。

4. 荧光屏发光亮度均匀性测试系统的性能指标

荧光屏发光亮度均匀性测试系统测试荧光屏发光亮度均匀性。

光学系统严格经 $V(\lambda)$ 校正，使得光电输出真正正比于亮度信号，配备像质优于百万像素的可调焦亮度计专用光学镜头，全 16 位 A/D，USB 接口。进口 CCD 像素为 1 024×1 024，一级 TE 制冷，相对亮度偏差优于 5%。

参考文献

[1] 崔东旭，郑少成，邱亚峰，等. 电子清刷对微通道板增益及输出信噪比的影响 [J]. 光子学报，2012，41（8）：962-966.

[2] 闫金良. 微通道板电子透射膜的工作特性 [J]. 光子学报，2004，33（2）：164-166.

[3] Richard F，Nelson D，Thpmas P. New image intensifier family for military and homeland defense [J]. Proceeding of SPIE，2003，5 071：397-404.

[4] 潘京生. 三代像增强器用微通道板的改进与发展 [J]. 应用光学，2006，27（3）：211-215.

［5］ 徐江涛. 二代微通道板（MCP）放气成分质谱分析［J］. 应用光学，2000，21（5）：1-4.

［6］ Sardella A，Bassan N M. Themal characterization of high strip current microchannel plate photomultipliers［J］. SPIE，1995，2551：162-172.

［7］ Roth P，Fraser G W. Microchannel plate resistance at cryogenic temperatures［J］. Nuclear Instrument and Methods in Physics Research Section A，2000，439（1）：134-137.

［8］ 向世明，倪国强. 光电子成像器件原理［M］. 北京：国防工业出版社，1999.

［9］ 陈凤. 硅基微通道板结构与增益特性研究［D］. 深圳：深圳大学，2015.

［10］ Young J R. Dissipation of energy by 2.5^{-10} keV electrons in Al_2O_3［J］. Journal of Applied Physics，1957，28（2）：524-525.

［11］ Estrera P，Bender E J Giordana A，et al. Long lifetime generation Ⅳ image intensifiers with unfilmed microchannel plate［J］. SPIE，2000，4128：46-53.

［12］ 安仁军，韩秋漪，张善端. 汞蒸气放电紫外光源的现状和前景综述［J］. 中国照明电器，2015（11）：9-14.

［13］《夜视仪器译文集》编译组. 夜视仪器译文集（内部资料），1973.

［14］《夜视技术译文》编译组. 夜视技术译文（内部资料），1978.

［15］ 李蔚，常本康. 夜天光下景物反射光谱特性的研究. 兵工学报. 2000，21（2）：177-179.

第 3 章
像增强器噪声因子测试技术

 3.1　微光像增强器噪声因子理论

像增强器的信噪比被定义：利用一等效带宽光电探测器从荧光屏上测得的输出亮度平均信号值与偏离平均值的均方根噪声值之比，即

$$\left(\frac{S}{N}\right)_{\text{out}} = \frac{S - S_0}{\sqrt{N^2 - N_0^2}} \tag{3.1}$$

式中：$\left(\dfrac{S}{N}\right)_{\text{out}}$ 为像增强器输出信噪比；S 为有光输入时信号直流电压平均值（V）；S_0 为无光输入时信号直流电压平均值（V）；N 为有光输入时噪声交流电压值（V）；N_0 为无光输入时噪声交流电压值（V）。

任何一种微光像增强器都会不同程度地引入附加噪声，使得信噪比下降。信噪比是微光像增强器的重要指标之一，而噪声因子是其输入信噪比与输出信噪比的比值，即

$$N_{\text{f}} = \frac{(S/N)_{\text{in}}}{(S/N)_{\text{out}}} \tag{3.2}$$

式中：N_{f} 是噪声因子；$(S/N)_{\text{in}}$ 为输入信噪比；$(S/N)_{\text{out}}$ 为输出信噪比。

由像增强器的各个组成部件可知：各个部件的真空区域噪声因子为 1，即 $(S/N)_{\text{阴极输出信噪比}} = (S/N)_{\text{MCP输入信噪比}}$，$(S/N)_{\text{MCP输出信噪比}} = (S/N)_{\text{荧光屏输入信噪比}}$，所以可以由式（3.1）推出式（3.2），即

$$N_{\text{f}} = \frac{(S/N)_{\text{阴极输入}}}{(S/N)_{\text{阴极输出}}} \times \frac{(S/N)_{\text{MCP输入}}}{(S/N)_{\text{MCP输出}}} \times \frac{(S/N)_{\text{荧光屏输入}}}{(S/N)_{\text{荧光屏输出}}} \tag{3.3}$$

式中：N_{f} 是像增强器噪声因子；$(S/N)_{\text{阴极输入信噪比}}$ 为光电阴极输入信噪比；$(S/N)_{\text{阴极输出信噪比}}$ 为光电阴极输出信噪比；$(S/N)_{\text{MCP输入信噪比}}$ 为 MCP 输入信噪比；

$(S/N)_{\text{MCP输出信噪比}}$ 为 MCP 输出信噪比；$(S/N)_{\text{荧光屏输入信噪比}}$ 为荧光屏输入信噪比；$(S/N)_{\text{荧光屏输出}}$ 为荧光屏输出信噪比。

由上述可知，器件的总噪声因子等于多个串联元器件噪声因子的乘积。下面将分别推导出各个部件的噪声因子。

1. 输入信噪比

微光下的视觉探测理论最初是由弗里斯（Fries）和罗斯（Rose）在 40 年代初提出后逐步发展起来的。它的概念和模型比较简单，假设眼睛在累积时间内，平均从场景上吸收 N 个光子，则围绕这个平均值的涨落为 $\sqrt{N}$。这时，眼睛探测到 N 值的最小变化量 ΔN 的能力受 $\sqrt{N}$ 的限制，则有

$$\Delta N = K\sqrt{N} \tag{3.4}$$

式中：ΔN 为眼睛所能探测的光子变化量，即探测信号；$\sqrt{N}$ 为光子噪声；K 为信噪比。

按照测试标准规定，光源采用卤钨灯，色温为 2 856 K，通过若干滤光片衰减，使其到达像增强器阴极输入面的照度为 1.08×10^{-4} lx。在面积为 A，时间间隔为 Δt，照度为 E_0，其平均光子通量 $\overline{N}$ 为

$$\overline{N} = E_0 \times A \times \Delta t \times \overline{N}_{\text{P}} \tag{3.5}$$

式中：$\overline{N}$ 为平均光子通量；A 为面积；Δt 为时间间隔；E_0 为照度；$\overline{N}_{\text{P}}$ 为光通量为 1 lm，色温为 2 856 K 的标准光源的平均光子通量。

其均方差涨落噪声值为

$$\delta = \sqrt{\overline{N}} \tag{3.6}$$

由式（3.5）和式（3.6）可以推出输入到像增强器阴极面的光的信噪比，即像增强器输入信噪比为

$$(S/N)_{\text{in}} = \sqrt{E_0 \times A \times \Delta t \times \overline{N}_{\text{P}}} \tag{3.7}$$

按照我国国军标的测试要求：$E_0 = 1.08 \times 10^{-4}$ lx，$A = 3.14 \times 10^{-8}$ m^2；$\Delta t = 0.1$ s；$\overline{N}_{\text{P}} = 1.3 \times 10^{16}$ lm。

由公式（3.7）可以计算得到像增强器的理论输入信噪比：$(S/N)_{\text{in}} = 66.4$。

2. 阴极噪声因子

光电阴极的作用是把输入的光子转化为电子输出，则其输出信号为

$$S_{\text{o}} = \overline{N}_{\text{P}} E_{\text{o}} A \Delta t \eta_{\text{c}} \tag{3.8}$$

式中：S_{o} 为光电阴极的输出信号值；A 为面积；Δt 为时间间隔；η_{c} 为量子效率；E_0 为照度；$\overline{N}_{\text{P}}$ 为光通量为 1 lm，色温为 2 856 K 的标准光源的平均光子通量。

其均方差涨落噪声值为

$$N_o = \sqrt{\overline{N}_P E_0 A \Delta t \eta_c} \tag{3.9}$$

由式（3.8）和（3.9）可以推出阴极输出信噪比为

$$(S/N)_o = \sqrt{\overline{N}_P E_0 A \Delta t \eta_c} \tag{3.10}$$

根据噪声因子的定义，由式（3.7）和（3.10）可以得到阴极噪声因子为

$$N_{f-pho} = \eta_c^{-1/2} \tag{3.11}$$

3. MCP 噪声因子

光电阴极与 MCP 之间为真空区域，其噪声因子应为 1。因此，MCP 的输入量等效来自阴极发射的光电子流，即 MCP 的输入信噪比可用光阴极的输出信噪比表示

$$(S/N)_{MCP-i} = (S/N)_{photocathode-o} = \sqrt{\overline{N}_P E_0 A \Delta t \eta_c} \tag{3.12}$$

MCP 的输出是经过通道内连续二次倍增后的电子流，其输出信号为

$$S_o = \overline{N}_P E_0 A \Delta t \eta_c P_0 \eta G \tag{3.13}$$

式中：S_o 为 MCP 的输出信号值；P_0 为首次电子碰撞概率；η 为探测效率；G 为电子增益。

在这个输出信号上的输出噪声表达式为

$$N_o = \sqrt{\overline{N}_P E_0 A \Delta t \eta_c P_0 \eta \left[1 + \left(\frac{1+b\delta}{\delta} \right) \left(1 + \frac{\delta P}{\delta P - 1} \right) \right]} G \tag{3.14}$$

由式（3.13）和式（3.14）可以推出 MCP 输出信噪比为

$$\left(\frac{S}{N} \right)_o = \frac{\sqrt{\overline{N}_P E_0 A \Delta t \eta_c P_0 \eta}}{\sqrt{\left[1 + \left(\frac{1+b\delta}{\delta} \right) \left(1 + \frac{\delta P}{\delta P - 1} \right) \right]}} \tag{3.15}$$

根据噪声因子的定义，由式（3.12）和（3.15）可以得到 MCP 噪声因子为

$$N_{f-MCP} = \sqrt{\frac{1}{P_0 \eta} \left[1 + \left(\frac{1+b\delta}{\delta} \right) \left(1 + \frac{\delta P}{\delta P - 1} \right) \right]} \tag{3.16}$$

4. 荧光屏噪声因子

荧光屏与 MCP 之间为真空区域，其噪声因子应为 1。因此，荧光屏的输入量等效于来自 MCP 输出的电子流，即荧光屏的输入信噪比可用 MCP 的输出信噪比表示为

$$\left(\frac{S}{N} \right)_{flu-i} = \left(\frac{S}{N} \right)_{MCP-o} = \frac{\sqrt{\overline{N}_P E_0 A \Delta t \eta_c P_0 \eta}}{\sqrt{\left[1 + \left(\frac{1+b\delta}{\delta} \right) \left(1 + \frac{\delta P}{\delta P - 1} \right) \right]}} \tag{3.17}$$

从荧光屏看到的光是由 MCP 输出的电子束轰击荧光屏而产生的，因此荧光屏的输出信号表达式为

$$S_o = \overline{N}_P E_0 A \Delta t \eta_c P_0 \eta G \eta_s \qquad (3.18)$$

式中：S_o 为 MCP 的输出信号值；η_s 为荧光屏的发光效率。

在这个输出信号上的输出噪声表达式为

$$N_o = \sqrt{\overline{N}_P E_0 A \Delta t \eta_c P_0 \eta \left[1 + \left(\frac{1+b\delta}{\delta} \right) \left(1 + \frac{\delta P}{\delta P - 1} \right) \right] \eta_s (\eta_s + 1)} \; G \qquad (3.19)$$

由式（3.18）和（3.19），可以推出荧光屏的输出信噪比为

$$\left(\frac{S}{N} \right)_o = \frac{\sqrt{\overline{N}_P E_0 A \Delta t \eta_c P_0 \eta \eta_s}}{\sqrt{\left[1 + \left(\frac{1+b\delta}{\delta} \right) \left(1 + \frac{\delta P}{\delta P - 1} \right) \right] (\eta_s + 1)}} \qquad (3.20)$$

根据噪声因子的定义，由式（3.17）和（3.20）可以得到荧光屏噪声因子为

$$N_{f-flu} = \sqrt{1 + 1/\eta_s} \qquad (3.21)$$

3.2 噪声特性测试系统总体设计

本测试系统用于测试 MCP 和荧光屏组件的噪声特性，其设计指标如下。

①工作真空度：5×10^{-5} Pa。

②极限真空度：5×10^{-6} Pa。

③电流密度：$0 \sim 1$ μA/cm^2。

④测试带宽：$0 \sim 30$ Hz。

⑤测试重复性：$\pm 10\%$。

根据以上测试要求，设计出一套 MCP 和荧光屏组件的噪声特性测试系统，测试原理如图 3.1 所示。本测试系统由真空系统、光学系统、机械系统、高压电源系统、信号处理系统、数据采集和控制系统、计算机系统和测试软件等组成。真空系统由机械干泵 SC15D、涡轮分子泵 TURBOVAC SL300、真空传感器 ITR90 和真空计等组成，真空系统的极限真空度为 5×10^{-7} Pa，工作真空度为 5×10^{-5} Pa。光学系统由热电子发射模块、观察模块和信号探测模块 3 大部分组成。其中热电子发射模块的主要功能是为测试系统提供测试所需的热电子面发射源，观察模块主要用于检查荧光屏上光点到达光电倍增管时的大小是否符合测试要求。机械系统是测试系统的支撑结构，主要功能是为被测组件提供模拟像增强器工作环境的平台。

机械系统是测试系统的支撑结构，其主要功能是为被测组件提供模拟像增强器工作环境的平台。机械系统由操作台、转盘、大盖（含观察窗）、活开门、MCP 和荧光屏组件夹具、MCP 组件烘烤部件、底盘、信号探测装置，标准机柜以及传动装置等组成。图 3.2 为其装置示意，图 3.3 为其三维效果图，图 3.4 为其实物图。

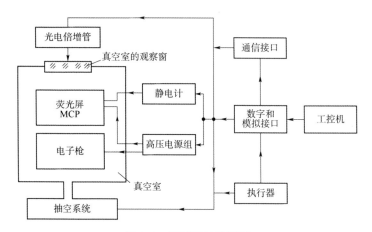

图 3.1　测试系统原理图

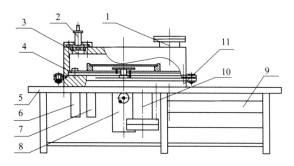

1—活开门；2—信号探测装置；3—大盖（含观察窗）；4—转盘；5—操作台；6—电子枪；
7—烘烤部件；8—传动装置；9—标准机柜；10—抽真空装置；11—底盘。

图 3.2　MCP 与荧光屏组件噪声特性测试装置机械系统示意

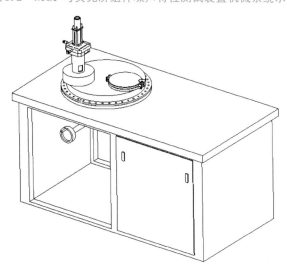

图 3.3　MCP 与荧光屏组件噪声特性测试装置机械系统三维效果图

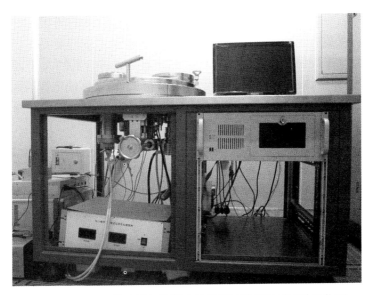

图 3.4　MCP 与荧光屏组件噪声特性测试装置机械系统实物图

 ## 3.3　MCP 与荧光屏组件噪声特性测试原理及方法

对于未封装前的 MCP 与荧光屏组件，由式（3.7）、式（3.15）、式（3.17）和式（3.20）可以推出 MCP 与荧光屏组件的输出信噪比表达式为

$$\left(\frac{S}{N}\right)_{\mathrm{o}} = \frac{\sqrt{\bar{n}A\tau P_0 \eta \eta_{\mathrm{s}}}}{\sqrt{\left[1 + \left(\dfrac{1+b\delta}{\delta}\right)\left(1 + \dfrac{\delta P}{\delta P - 1}\right)\right](\eta_{\mathrm{s}} + 1)}} \tag{3.22}$$

式中：$\left(\dfrac{S}{N}\right)_{\mathrm{o}}$ 为 MCP 与荧光屏组件输出信噪比；$\bar{n}$ 为入射电流密度；A 为像元面积；τ 为有效积分时间；P_0 为首次电子碰撞概率；η 为 MCP 探测效率；δ 为二次电子倍增系数；η_{s} 为荧光屏的发光效率。

由于式（3.22）中很多参数无法通过实验准确测得，在测试 MCP 与荧光屏组件的输出信噪比时采用如下表达式

$$(S/N)_{\mathrm{out}} = \frac{S_{\mathrm{out}} - S_{\mathrm{out0}}}{\sqrt{N_{\mathrm{out}}^2 - N_{\mathrm{out0}}^2}} \tag{3.23}$$

式中：$(S/N)_{\mathrm{out}}$ 为 MCP 与荧光屏组件的输出信噪比；S_{out} 为有电子束入射的荧光屏的平均输出亮度值；S_{out0} 为无电子束入射的荧光屏平均输出亮度值；N_{out} 为有电子束入射时偏离平均值的均方根噪声值；N_{out0} 为无电子束入射时偏离平均值的均方根噪声值。

在测试时，分别给 MCP 和荧光屏施加一定的电压使其正常工作。通过控制电子枪的开关，采集并记录分别在有/无电子束输入的情况下的荧光屏的输出亮度平均信号值与偏离平均值的均方根噪声值，将结果代入式（3.23）中即可得输出信噪比。同时考虑到人眼对高频噪声图像是不敏感的，国军标规定像增强器的测试带宽为 10 Hz，因此测试时应通过硬件滤波器和数字滤波器相结合将高频噪声滤除。

 ### 3.4　MCP 与荧光屏组件噪声特性测试系统调试与结果分析

本章主要在所构建的硬件平台上，结合微光像增强器 MCP 与荧光屏组件的输出信噪比测试的基本原理，通过一系列实验并进行数据分析，将 MCP 与荧光屏组件噪声特性测试系统调节到最佳测试状态，给出它的技术参数。之后对 MCP 与荧光屏组件进行测试，分析测试结果。

▶▶▶ 3.4.1　真空系统测试 ▶▶ ▶

1. 真空系统日常使用测试

设计目标要求真空系统能够从标准大气压下抽真空，使真空度优于 $5×10^{-5}$ Pa，达到测试要求的工作条件。在室温下（20 ℃）抽真空，所采集到的真空系统抽真空的参数如表 3.1 所示。常温下真空度随时间变化如图 3.5 所示。

表 3.1　室温下抽真空时真空度随时间变化数据

序号	时间	真空度/Pa	温度/℃
1	9:22:17	141.333 333 3	室温 20
2	9:24:17	0.023 2	20
3	9:26:17	0.002 326 667	20
4	9:30:17	0.000 82	20
5	9:34:17	0.000 516 667	20
6	9:42:17	0.000 290 667	20
7	9:54:17	0.000 145	20
8	10:14:17	$8.666 67×10^{-5}$	20
9	10:34:17	$6.066 67×10^{-5}$	20
10	11:4:17	$4.333 33×10^{-5}$	20
11	11:24:17	$3.666 67×10^{-5}$	20
12	11:44:17	$3.166 67×10^{-5}$	20
13	12:04:17	0.000 026 4	20

续表

序号	时间	真空度/Pa	温度/℃
14	12:24:17	0.000 022 1	20
15	12:44:17	0.000 018 1	20
16	13:04:17	$1.576\,67 \times 10^{-5}$	20

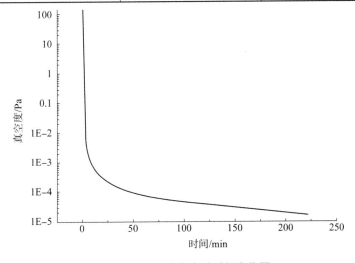

图 3.5 常温下真空度随时间变化图

从图 3.5 中可以很清楚地看出，真空度随时间变化近似按照指数规律下降。真空度在 10^3 到 10^{-2} 之间下降较为迅速，在真空度进入 10^{-3} 量级时，真空度下降趋势较为平缓。真空腔室的真空度从大气压下降到测试所要达到的真空度（5×10^{-5} 以上）大概要 240 min 的时间，可以达到设计要求。

2. 真空系统极限真空性能测试

在抽极限真空时，要用加热带对密闭容器进行约 12 h 的烘烤。在真空系统由大气到低真空的过程中禁止开加热炉烘烤。达到低真空时开始加热烘烤同时抽真空，12 h 后可停止烘烤，当温度降为常温时达到极限真空。所采集到的真空系统抽真空的参数如表 3.2 所示。

表 3.2 抽极限真空时真空度随时间变化数据

序号	时间	真空度/Pa	温度/℃
1	9:00	2.1×10^{-4}	130
2	11:00	1.6×10^{-4}	130
3	17:00	1.3×10^{-4}	120
4	19:19	7×10^{-5}	104

续表

序号	时间	真空度/Pa	温度/℃
5	20:19	4.3×10^{-5}	85
6	21:19	2.6×10^{-5}	71
7	22:09	1.6×10^{-5}	62
8	22:54	1.1×10^{-5}	50
9	23:34	6.9×10^{-6}	38
10	0:13	4.8×10^{-6}	36
11	0:43	3.7×10^{-6}	34
12	1:18	2.7×10^{-6}	32
13	2:08	1.9×10^{-6}	29
14	2:38	1.7×10^{-6}	28
15	9:18	5.8×10^{-7}	20（室温）
16	11:55	5.2×10^{-7}	20
17	15:55	4.9×10^{-7}	20

在停止烘烤后真空度随时间的变化曲线和真空腔室内温度随时间变换曲线如图 3.6 所示。

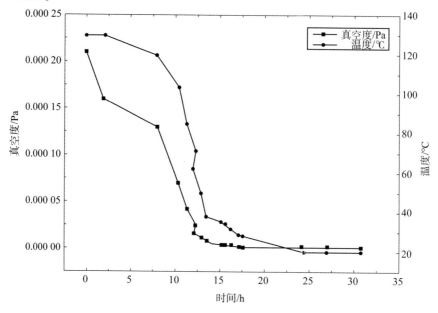

图 3.6　停止烘烤后真空度和温度随时间变化

在烘烤 12 h 后，停止加热真空腔室，再经过 30 h 左右，当真空腔室内温度降为室温时，真空腔室达到极限真空度 4.9×10^{-7} Pa。真空度的变化与真空腔室内温度的变化具有相类似的趋势，在真空腔室真空度为 10^{-4} Pa 以上时，真空度变化较为缓慢，此时温度的变化也较小；在真空度刚进入 10^{-5} Pa 时有一段急速下降的过程，该时刻温度的降幅也比较大；在真空度 10^{-5} Pa 到 10^{-6} Pa 之间呈现类似指数的变化时，温度变化也具有类似趋势；在进入 10^{-7} Pa 时真空度下降平缓，温度趋近于室温状态。当达到室温时真空度达到 4.9×10^{-7} Pa。同时烘烤有助于排除真空室内的水汽及附着在真空腔室内壁的气体，有助于保护器件。综合以上结论，可以看出，该真空系统在抽极限真空时优于最初的设计要求。

▶▶ 3.4.2　MCP 与荧光屏组件噪声特性测试及结果分析 ▶▶▶

1. MCP 与荧光屏组件输出信噪比测试

测试 MCP 与荧光屏组件输出信号时，由电子枪、电子光学系统、灯丝电源和高压系统产生符合入射条件的均匀面电子束入射到 MCP 输入端。测试条件：灯丝电流 2 100 mA，在 MCP 输出端加 800 V 电压，在荧光屏端加 4 000 V 电压。通过测试电子枪电压开闭时的输出电流信号并运算即可得到有电子入射和无电子入射时的 MCP 与荧光屏组件的输出信号均值及噪声值，进而求得 MCP 与 荧光屏组件的输出信噪比。另外，测试信号中会有各种高频干扰信号，国军标要求 MCP 的测试带宽为 10 Hz，所以 S_{out}、S_{out0}、N_{out}、N_{out0} 的计算所用的数据都是对原始数据经过通带截止频率为 10 Hz 的低通滤波器处理后的数据。图 3.7 为原始信号及滤波后信号的波形图。

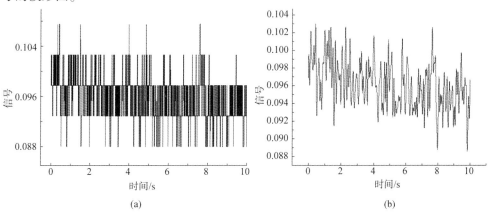

图 3.7　原始信号及滤波后信号的波形图

（a）原始信号波形图；（b）滤波后波形图

运用滤波后的信号值可计算出 S_{out}、S_{out0}、N_{out}、N_{out0} 各项数据，根据输出信噪比公式，进而计算出输出信噪比。在本实验中选取实验样品 A ——三代镀膜微通道板与荧光屏组件；样品 *B* ——未镀膜三代微通道板与荧光屏组件；样品 *C* ——三代镀膜微通道板与荧光屏组件；样品 *D* ——三代镀膜微通道板与荧光屏组件；对其分别进行输出信噪比测试，测试结果如表 3.3 所示。

测试条件：灯丝电流 2 100 mA，MCP 电压 800 V，荧光屏电压 6 000 V，测试小孔直径 0.8 mm，无电子测试时间 20 s，有电子测试时间 60 s。

表 3.3   MCP 与荧光屏组件输出信噪比

样品编号	OSNR
A	25. 215 282
B	43. 637 195
C	29. 936 731
D	29. 683 443

从表 3.3 可知，未镀膜三代微通道板与荧光屏组件的输出信噪比明显比镀膜三代微通道板与荧光屏组件的输出信噪比高，这是由于离子反馈膜的存在，使得有效入射到 MCP 中进行倍增的电子明显减少，导致输出信噪比相对较小。对于含有镀有相同膜层 MCP 的样品 *C* 和样品 *D*，它们的输出信噪比几乎相同。对照样品 *A* 和样品 *C* 可知，所镀离子阻挡膜厚度不同，使不同区域入射电子穿透离子阻挡膜的概率不同，增大了入射电子的随机性，同时撞击离子阻挡膜反弹回来的电子束增加，这类电子束在加速电场作用下再次入射，使得噪声增加，最终导致输出信噪比不同。实验结果符合实际情况。

2. 不同入射电流密度对 MCP 与荧光屏组件输出信噪比的影响

在进行输出信噪比实验时，选取特种镀膜三代 MCP 与荧光屏组件样品 *A* 和未镀膜三代 MCP 与荧光屏组件样品 *B*，分别测试了一组微通道板输入面在输入不同电流密度时，MCP 与荧光屏组件输出信噪比。*A* 组各项测试实验数据如表 3.4 所示，*B* 组各项测试实验数据如表 3.5 所示。

表 3.4   不同输入电子流密度下的镀膜三代 MCP 与荧光屏组件的输出信噪比

灯丝电流/mA	S_{out0}	N_{out0}	S_{out}	N_{out}	OSNR
2 050	2. 937 258	0. 010 033	4. 647 540	0. 148 298	11. 559 222
2 100	2. 221 105	0. 008 096	4. 506 630	0. 152 282	15. 029 760
2 150	1. 660 155	0. 005 778	4. 532 279	0. 150 909	19. 046 124
2 200	1. 121 539	0. 003 726	4. 254 163	0. 124 291	25. 215 282
2 250	0. 838 210	0. 002 986	4. 444 185	0. 120 932	29. 827 297
2 300	0. 583 521	0. 002 724	4. 339 869	0. 098 957	37. 973 786

表 3.5　不同输入电子流密度下的未镀膜三代 MCP 与荧光屏组件的输出信噪比

灯丝电流/mA	S_{out0}	N_{out0}	S_{out}	N_{out}	OSNR
2 050	2. 342 463	0. 008 856	4. 848 441	0. 116 681	21. 539 303
2 100	1. 557 801	0. 006 254	4. 769 989	0. 114 682	28. 051 264
2 150	1. 111 409	0. 005 312	4. 903 521	0. 108 882	34. 869 243
2 200	0. 775 580	0. 004 085	4. 907 146	0. 094 768	43. 637 195
2 250	0. 570 014	0. 003 897	4. 933 099	0. 081 137	53. 836 428
2 300	0. 441 707	0. 004 616	5. 205 340	0. 071 794	66. 488 978

由图 3.8 可知，随着灯丝电流增大，输出信噪比随之逐渐增大，但是从变化的速率上看，随着灯丝电流增加，信号增加速率要大于噪声信号增加速率，因此使得信噪比稳步上升。由于灯丝电流的增加使得电子枪产生的电子流密度增大，这使进入 MCP 输入端后进行倍增的电子个数变多，使得信号倍增速率大幅提高；同时微通道板引入的噪声信号中，只有电子散射噪声随着该电流增大而增大，使得打到 MCP 输入面的非开口部分产生二次倍增发射电子数增多，二次电子进入相邻通道或更远的通道而形成噪声。因此，噪声信号也会有一定幅度的提高，实验结果符合实际情况。

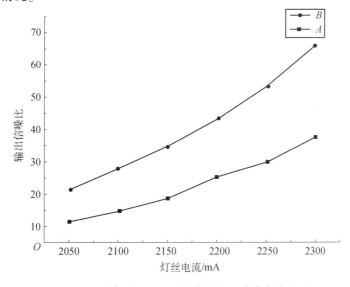

图 3.8　灯丝电流 vs MCP 与荧光屏组件输出信噪比

第 4 章
像增强器信噪比测试技术

 4.1 像增强器信噪比测试原理

像增强器的成像性能参数主要有积分灵敏度、光谱响应、整管亮度增益、等效背景照度、鉴别率和信噪比等参数。信噪比是影响像增强器使用的关键性能参数，生产商在生产像增强器或者外购像增强器时，都有必要对像增强器的信噪比进行测定[1~2]。

▶▶▶ 4.1.1 像增强器信噪比测试理论 ▶▶▶ ▶

像增强器通常工作在夜间微弱光条件下，输入的光信号非常微弱，这就要求像增强器有足够的亮度增益，以便把微弱的光辐射图像增强到人眼可以观察到的程度。同时，像增强器会由于光电阴极热发射及信号感生等因素而造成附加背景噪声，这个附加噪声使荧光屏产生一个背景亮度，从而使图像的对比度恶化，严重的可使目标信号淹没于该噪声中。由此可见，像增强器在进行图像信息的转换和增强时，都伴随着附加噪声。像增强器产生附加噪声的主要因素是：输入光子噪声，光阴极量子转换噪声和暗发射噪声，微通道板的探测效率及二次倍增量子噪声，荧光屏颗粒噪声等。上述因素综合构成了一个随机函数而使输出图像恶化，图像的噪声特性用信噪比来表示。信噪比被定义为像增强器输出亮度的平均信号值与偏离平均值的均方根噪声值之比，其表达式为

$$S/N = \frac{S - S_0}{\sqrt{N^2 - N_0^2}} \tag{4.1}$$

式中：S/N 为像增强器输出信噪比；S 为有光输入时信号直流电压平均值；S_0 为无光

输入时信号直流电压平均值；N 为有光输入时噪声交流电压值；N_0 为无光输入时噪声交流电压值。

要使像增强器正常工作必须保证其有较高的输出信噪比。

由于不同的入射通量，将产生不同的输出信噪比，所以在实际测试时，要统一规定标准的入射通量和带宽，如若偏离规定值，应进行如下修正

$$SNR_{ou} = \frac{S_0 - S_b}{\sqrt{N_0^2 - N_b^2}} \sqrt{\frac{E_0 A_0}{E_x A_x}} \left[\frac{\Delta f}{\Delta f_0}\right]^{1/2} \tag{4.2}$$

式中：E_0、A_0 分别为标准入射照度和面积；E_x、A_x 分别为实际入射照度和面积；Δf_0 为标准系统带宽；Δf 为实际系统带宽。

▶▶▌4.1.2　像增强器信噪比测试标准 ▶▶ ▶

国军标规定，测试像增强器的信噪比时，给像增强器加以正常工作电压，在光电阴极中心区的一个直径为 0.2 mm 的圆面内，输入照度为 1.29×10^{-5} lx 的光（光源为色温 2 856±50 K 的钨丝灯）。在荧光屏上形成一个圆亮斑，该圆斑的直径为输入光斑直径与像增强器放大率的乘积。用低暗电流的光电倍增管探测该圆斑的亮度。光电倍增管的输出信号通过一个低通滤波器输入到测定交流均方根分量和直流分量的测试设备上，在同一圆斑上测定像增强器无输入辐射时的背景亮度的交流分量和直流分量。则信噪比按下式确定

$$S/N = K \times \frac{S_1 - S_2}{\sqrt{N_1^2 - N_2^2}} \sqrt{\frac{1.29 \times 10^{-5}}{E}} \sqrt{\frac{3.14 \times 10^{-8}}{A}} \tag{4.3}$$

式中：S_1 为有光照时光电倍增管输出电流的直流分量（A）；N_1 为有光照时光电倍增管输出电流的交流分量（A）；S_2 为无光照时光电倍增管输出电流的直流分量（A）；N_2 为无光照时光电倍增管输出电流的交流分量（A）；E 为像增强器实际输入照度（lx）；A 为光阴极光斑面积（m²）；K 为修正系数。

当包含像增强器荧光屏在内的系统带宽为 B 时，$K = \sqrt{B/10}$。

▶▶▌4.1.3　微光像增强器的性能参数 ▶▶ ▶

像增强器不仅是辐射探测器件，还是成像器件。作为辐射探测器件，它必须有高的量子效率和信息放大能力，以便给出足够的亮度。为了表征像增强器的性能，通常采用积分灵敏度、光谱响应、整管亮度增益、等效背景照度、鉴别率和信噪比等参数。

（1）积分灵敏度。积分灵敏度是指像增强器中的光电阴极在辐射源的连续辐射的作用下，单位光通量所产生的饱和光电流，单位为 μA/lm，流明（lm）这个

单位是基于人眼视见函数的。测试积分灵敏度时，常采用国际上公认的色温为 2 856 K 的钨丝白炽灯作为标准光源。

积分灵敏度是像增强器的一个非常重要的指标，它简洁、直观地反映了像增强器中光电阴极的总的光电发射能力。

（2）光谱响应。在入射光的某一波长，辐射功率为 1 W 的单色光照射下，光电阴极所产生的光电流称为光电阴极在该波长下的光电灵敏度[3~4] 为

$$S = \frac{I}{\varphi} \tag{4.4}$$

式中：I 为光电流，单位为安培（A）或毫安（mA）；φ 为入射辐射功率，单位为瓦特（W）；S 的单位为安培/瓦特（A/W）或毫安/瓦特（mA/W），通常采用后者。

将功率由瓦特换算成每秒光子数，光电流由安培换算成每秒电子电量，光电灵敏度化作每个入射光子所产生的光电子数，即量子效率（光电子数/入射光子数）。

光电灵敏度或量子效率随入射波长的变化曲线称为光电阴极的光谱灵敏度或光谱响应。前一种表示法指对入射单位能量的响应，所以称为等能量曲线，其横轴用波长来表示，表示光电阴极的性能多采用这种表示法。后者是对一个光子而言，每个光子能量随波长不同而异，所以叫作等量子曲线，横轴用光子能量表示，在研究光电阴极的性能时多采用这一表示法。

光电灵敏度和量子效率之间也可相互转换[5~7] 其转换关系为

$$Y(\lambda) = 1.236 \frac{S}{\lambda} \tag{4.5}$$

式中：λ 为入射光波长，单位为 nm；Y 为在该波长的量子效率；S 为在该波长的光电灵敏度，单位为 mA/W。

光谱响应也是像增强器的一个重要指标，它直接影响夜视仪器的观察效果。在微光工作条件下，要求像增强器在红外波段响应较好。

测试光谱响应时，先选取一个辐射源，然后用单色仪或干涉滤光片获得单色光。辐射源通常采用钨丝白炽灯或卤钨灯，它们在 400 ~ 1 000 nm 具有足够的辐射功率，单色仪可使用平面光栅式单色仪，也可使用分光棱镜式单色仪，如使用干涉滤光片则会受测试点数的限制，而用单色仪可选取足够多的测试点，从而获得平滑、完整的光谱响应曲线。

（3）亮度增益。足够的亮度是观察图像的必要条件。在入射照度一定时，像增强器荧光屏输出亮度的大小由亮度增益决定。

像增强器的亮度增益定义：在标准光源照明和微光像增强器额定工作电压下，荧光屏上的光出射度 M 与光电阴极处输入照度 E_V 之比，即

$$G_L = \frac{M}{E_V} \tag{4.6}$$

由于荧光屏具有朗伯发光体的特性，发光的亮度分布符合余弦分布律，因此荧光屏上的光出射度 M 与亮度 L 之间的关系可表示为

$$M = \pi L \tag{4.7}$$

因此

$$G_L = \frac{\pi L}{E_V} Cd/m^2 Lx \tag{4.8}$$

此时亮度增益为像增强器输出亮度 L 与光电阴极面入射照度 E_V 之比的 π 倍，L 的单位为 Cd/m^2，E_V 的单位为 lx。

（4）等效背景照度。合适的亮度是人眼观察图像的必要条件，但像增强器的输出亮度并不都是有用的。在输出荧光屏的图像上，除了有用的成像亮度外，还存在一种非成像的附加亮度，称为背景。像增强器的背景包括无光照射情况下的暗背景和因入射信号的影响而产生的信号感生背景。暗背景产生的主要原因是光电阴极的热电子发射和管内颗粒引起的场致发射。

为了与来自目标的照度相比较，通常用等效背景照度来表示暗背景。为了使荧光屏亮度等于暗背景亮度值，而需在光阴极面上输入的照度值，就称为等效背景照度。若像增强器的亮度增益为 G_L，在像增强器的光阴极面没有受到照射时，测得荧光屏暗背景亮度为 L_{db}，则等效背景照度[8] 为

$$E_{be} = \frac{\pi L_{db}}{G_L} \tag{4.9}$$

式中：等效背景照度 E_{be} 的单位为 lx；亮度增益 G_L 的单位为 $cd/(m^2 \cdot lx)$；荧光屏暗背景亮度 L_{db} 的单位为 cd/m^2。

（5）信噪比。像增强器作为成像器件，它必须有小的图像几何失真，合适的几何放大率、畸变、对比损失以及调制传递函数。作为成像器件的综合指标，通常用鉴别率及信噪比等参数来描述其成像性能。

像增强器的鉴别率是指把具有一定对比度的标准测试图案聚焦在像增强器的光阴极面上，用目视方法从荧光屏上能分辨得开的黑白相间等宽矩形条纹的最小组数来表示像增强器的鉴别率，通常用线对数表示，即描述为×××lp/mm。

4.2　像增强器信噪比测试仪的总体结构

通过对信噪比测试原理、测试标准的研究，并且参照国外经典的信噪比测试仪的结构，本节所研究的测试仪总体结构由光源、滤光片、光阑、积分球、光学

系统、测试暗盒、光电倍增管、多个电源模块、测试结构件、信号处理模块、计算机及软件等部分组成，图4.1为该测试仪的总体示意[9]。

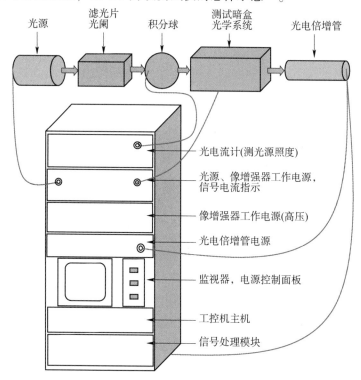

图 4.1　信噪比测试仪的总体示意

▶▶▶ 4.2.1　信噪比测试仪的光学结构分析 ▶▶▶

在对信噪比测试仪进行结构设计之前，本节首先对结构所承载的光学系统的定位、调整的要求进行一个全面的分析。如图4.2所示，以序号9表示的微孔光阑为界，右侧为光点形成系统，左侧为光学传输系统。光学系统的主要作用是将直径0.2 mm的光点投射到像增强器的阴极面上，并形成1.29×10^{-5} lx量级的照度，而像增强器荧光屏上的亮斑又不变地传输到光电倍增管的阴极面上。

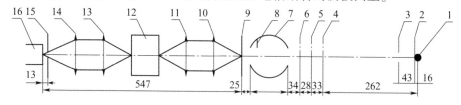

图 4.2　微光像增强器信噪比测试仪光学系统图

序号说明如下。

1——照明灯：卤素灯，6 V，10 W；在 1.74 A 时为 6.0±2 cd，2 850 K。

2——光阑：孔径 ϕ4 mm，限制照明光束约 10°。

3——光阑：孔径 ϕ8 mm，阻挡杂散光。

4——滤光片：对通过光强起衰减作用。

5——光闸：有两档调节，即全通或盲板。

6——可变光阑：ϕ3 mm ~ ϕ20 mm。

7——积分球：ϕ115 mm。

8——硒光电池：Siemens，BPW35，外缘尺寸 10 mm。

9——微孔光阑：ϕ0.2 mm，二维调节精确对中。

10——镜头：像增强器阴极一侧的第一透镜，f = 50 mm，F = 1.4。

11——镜头：像增强器阴极一侧的第二透镜，f = 50 mm，F = 1.4，相对位置可调。

12——像增强器：被测像增强器。

13——镜头：像增强器阳极一侧的第一透镜，f = 50 mm，F = 1.4。

14——镜头：像增强器阳极一侧的第二透镜，f = 50 mm，F = 1.4。

15——光阑：孔径 ϕ0.4 mm，阻挡杂散光。

16——光电倍增管：将光信号再次转变为电信号。

▶▶ 4.2.2　信噪比测试仪的功能要求 ▶▶▶ ▶

通过对以上资料的分析，并且了解一些现成的微光像增强器测试仪的结构，以及该装置需要实现的功能及要求，我们把所要设计的仪器主要分为 4 个部分：底座、光源装置、暗箱以及光电检测装置。

光点形成系统及光学传输系统都有严格要求，又需相应的构件保障实现，它们的合理性及精确性直接关系到测试信噪比的可操作性及可靠性。因此，对装置结构的每一个零部件的位置，尺寸大小都有严格要求。具体来说，应该达到以下 4 点要求：

①整体结构紧凑，各组成部分结构具有相对独立性，功能明确；

②各组成部分装配方便，且可单独调试，通过支架及托板调整可很快完成整体装调；

③通过纵向的粗调和微调，采用相应的夹具，可对不同管型的像增强器进行测试，也可以就同一管型的中心十字架上任意位置进行测试；

④暗箱设计应该巧妙简捷，绝缘性好，操作方便，避光性好，可在有光照环境中使用。

▶▶▎4.2.3 信噪比测试仪的设计实现 ▶▶▶

根据上述要求，设计出了如下的信噪比测试仪，如图4.3所示。单光路信噪比测试仪结构设计、实物分别如图4.4和图4.5所示；双光路信噪比测试仪结构设计、实物分别如图4.6和图4.7所示。

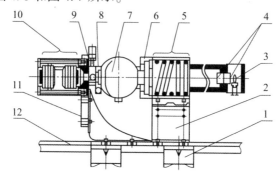

1—托板；2—可调支架A；3—卤素灯；4—光阑；5—光闸与滤光片；6—可变光阑；7—积分球；
8—硒光电池；9—微孔光阑（位置可调）；10—共轭对称透镜；11—可调支架B；12—光学导轨。

图4.3 信噪比测试仪结构图

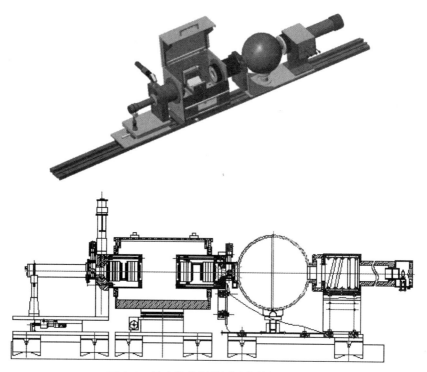

图4.4 单光路信噪比测试仪结构设计图

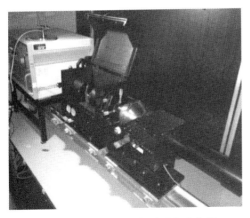

图 4.5　单光路信噪比测试仪实物图

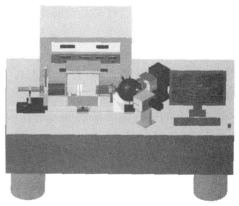

图 4.6　双光路信噪比测试仪结构设计图

图 4.7　双光路信噪比测试仪实物图

 ## 4.3　像增强器信噪比参数测试及分析

在本测试系统上通过系统测试和分析，微通道板工作电压增加，输出信噪比也增加。

如图 4.8 所示，在微通道板电压较低时，其输出信噪比也处在较低的水平，此时的微通道板增益较低。当微通道板电压在 700～1 000 V 之间变化时，微通道板的输出信噪比呈指数增加，此时噪声也在增加，但噪声的增加没有信号平均值的增加来得快，此时输出信噪比呈加速上升的变化趋势；微通道板电压在 1 000～1 200 V 之间变化时，输出信噪比的增加趋于平缓，此时微通道板的增益接近饱和值，增益变化放缓，而噪声仍然呈现加速增长的趋势，导致输出信噪比趋于平缓，为了科学评价 MCP 噪声因子，取 MCP 工作电压 1 000 V 为测试条件，这也与像增强器中 MCP 的电压相吻合。

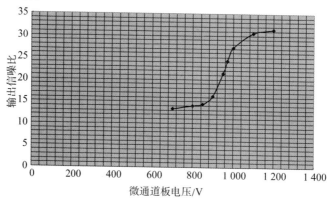

图 4.8　微通道板输出信噪比随 MCP 电压的变化

输入信噪比测试结果如表 4.1 所示

表 4.1　输入信噪比实验值

序号	S_{in0}	N_{in0}	S_{in}	N_{in}	输入信噪比
1	0.162 9	0.000 030 3	0.714 7	0.023 95	23.04
2	0.171 5	0.002 247	0.731 7	0.024 3	23.02
3	0.168	0.002 288	0.89	0.031 6	23.03

测试结果分析：

在测试输入信噪比时，隔离放大电路对输入信号的放大倍数为 10^9 倍，由电子枪发射电子在微通道板输入面上形成的电流应该为 $S_{in} - S_{in0}$，即输入电子信号为 0.722×10^{-9} A。经过多次测试，测得的输入信噪比在 23 左右，如表 4.1 所示。因为输入信噪比为一定值，取平均输入信噪比为 23.03。

在本实验中选取实验样品 A——二代微通道板；样品 B——未镀膜三代微通道板；样品 C——镀膜三代微通道板。对它们分别进行输出信噪比测试，并计算出噪声因子的值，测试数据如表 4.2 所示。

表 4.2　输出信噪比和噪声因子实验值

样品	S_{out0}	N_{out0}	S_{out}	N_{out}	输出信噪比	噪声因子
A	0.45	0.02	2.59	0.15	14.71	1.56
B	0.44	0.02	2.23	0.11	16.59	1.39
C	0.40	0.02	0.79	0.04	11.3	2

从表 4.2 中可以看出未镀膜的三代微通道板样品 B 与二代微通道板样品 A 相比，由于制作工艺的改善，在相类似的情况下，其输出信噪比有比较明显的改善，噪声因子的值也较小。

镀膜三代微通道板样品 C，与其他两个样品比较，由于离子反馈膜的存在，它的噪声因子较大，实验结果符合实际情况。

参考文献

［1］向嵘. 微光像增强器信噪比测试仪的分析与改进研究［D］. 南京：南京理工大学，2001.

［2］Jasper C，Lupo. The Theory and Measurement of the Signal‒to‒noise Ratio of Second Generation Image Intensifiers［J］. Journal of Modern Optics. 1972，19（8）：651‒656.

［3］王华坤，范元勋. 机械设计基础［M］. 北京：兵器工业出版社，2001.

［4］符炜. 机构设计学［M］. 长沙：湖南大学出版社，2001.

［5］向世明，倪国强. 光电子成像器件原理［M］. 北京：国防工业出版社，1999.

［6］方如章，刘玉凤. 光电器件［M］. 北京：国防工业出版社，1988.

［7］王君容，薛召南，等. 光电子器件［M］. 北京：国防工业出版社，1982.

［8］王杨平. 钣金工展开计算［M］. 北京：冶金工业出版社，1994.

［9］向嵘. 微光像增强器信噪比测试仪的分析与改进研究［D］. 南京：南京理工大学，2001.

第5章
像增强器分辨力测试技术

5.1 像增强器分辨力测试原理

分辨力是指成像系统能够将两个相隔极近的目标的像刚好能分辨清的能力，它反映了系统的成像和传像能力，单位是线对/毫米（lp/mm）。在规定的光谱辐照度条件下，将标准分辨率测试靶板图像通过光学系统成像于被测试成像光电系统探测面上。由测试人员利用图像采集装置对成像光电系统输出图像信号进行采集和观测，所能分辨的最小特征线即为该成像光电系统的分辨力。

成像光电系统分辨力测试工作过程：通过辐射强度指示装置，调节均匀光源系统产生规定辐射照度值的均匀光，照射在分辨力靶上；通过成像光学系统，将分辨力靶图像投射在被测成像光电系统探测面上；利用视频采集处理系统对成像光电系统的输出信号进行采集并输入计算机；测试软件对视频信号进行处理计算后，获得相应的分辨力数据。

5.2 靶标选择

一套分辨率靶板是由图形尺寸相同而对比度不同的 4 块分辨率靶板组成。编号为 No. 61 ~ No. 64（No. 61、No. 63 为选购件），如表 5.1 所示。

表 5.1　4 块分辨率靶板

分辨率靶板	对比度值
No. 61	0. 25 ~ 0. 30
No. 62	0. 35 ~ 0. 40
No. 63	0. 55 ~ 0. 60
No. 64	0. 85 ~ 0. 90

本分辨率板图案由6组组成，组号为-2、-1、0、1、2、3，每组由6个单元系列组成，单元号是按递增空间频率的顺序，编号是1、2、3、4、5、6，如图5.1和图5.2所示。

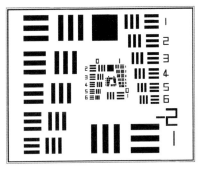

图5.1　标准靶标示意

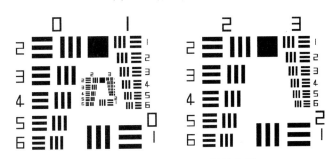

图5.2　标准靶标中心图例放大图

每单元内的图案均由相邻互成90°的水平和垂直等宽的3条平行线条组成，线条间隔等于线条宽度，线条长度等于线条宽度的5倍，如图5.1、5.2所示。

每一单元内的水平线条与垂直线条两相邻图案间的距离等于此单元线对的宽度，单元与单元之间的距离等于单元号数小的线对宽度，如表5.2所示。

表5.2　6组图案的单元号及单元尺寸

组号	单元号	单元尺寸（$a×b$）/mm^2
-2	1	$100.00 × 240.00$
	2	$89.10 × 213.84$
	3	$79.35 × 190.44$
	4	$70.70 × 169.68$
	5	$63.00 × 151.20$
	6	$56.10 × 134.64$

续表

组号	单元号	单元尺寸 ($a×b$)/mm²
−1	1	50.00 × 120.00
	2	44.55 × 106.92
	3	39.70 × 95.28
	4	35.35 × 84.84
	5	31.50 × 75.60
	6	28.05 × 67.32
0	1	25.00 × 60.00
	2	22.5 × 53.40
	3	19.85 × 47.63
	4	17.70 × 42.47
	5	15.75 × 37.80
	6	14.05 × 33.71
1	1	12.50 × 30.00
	2	11.15 × 26.16
	3	9.90 × 23.16
	4	8.85 × 21.24
	5	7.85 × 18.84
	6	7.00 × 16.80
2	1	6.25 × 15.00
	2	5.55 × 13.32
	3	4.95 × 11.88
	4	4.40 × 10.56
	5	3.95 × 9.48
	6	3.50 × 8.40
3	1	3.13 × 7.50
	2	2.80 × 6.12
	3	2.50 × 6.00
	4	2.20 × 5.28
	5	1.95 × 4.68
	6	1.75 × 4.20

相邻组号的单元号相同的图案的线条宽度的公比为2，相邻单元线条宽度的公比为 $\sqrt[6]{2} \approx 1.122462$（相当于 R20 系列）。

0 组的 1 单元空间频率定为 0.1 lp/mm，其他单元按公比递推。微光夜视分辨率测试仪的分辨率如表 5.3 所示。

表 5.3 微光夜视分辨率测试仪的分辨率

分辨率组号和单元号		线条宽度 /mm	成像和传像能力 /(lp·mm⁻¹)	对 f=8.472 m 物镜的张角 /mrad	每线对对应下列距离张角/mrad			对 f=8.472 m 物镜每毫弧线对数	对下列距离每毫弧线对数		
					20 m	25 m	30 m		20 m	25 m	30 m
-2	1	20	0.025	4.72	2.00	1.60	1.33	0.21	0.50	0.62	0.75
	2	17.82	0.028	4.21	1.78	1.43	1.99	0.24	0.56	0.70	0.84
	3	15.87	0.031	3.75	1.59	1.27	1.06	0.27	0.63	0.79	0.95
	4	14.14	0.035	3.34	1.41	1.13	0.94	0.30	0.71	0.38	1.06
	5	12.60	0.040	2.97	1.26	1.01	0.84	0.34	0.79	0.99	1.19
	6	11.22	0.045	2.65	1.12	0.90	0.75	0.35	0.89	1.11	1.34
-1	1	10.00	0.050	2.36	1.00	0.80	0.67	0.42	1.00	1.25	1.50
	2	8.91	0.056	2.10	0.89	0.71	0.59	0.48	1.12	1.40	1.65
	3	7.94	0.063	1.87	0.79	0.64	0.53	0.53	1.26	1.57	1.89
	4	7.07	0.071	1.67	0.71	0.57	0.47	0.60	1.41	1.77	2.12
	5	6.30	0.079	1.49	0.63	0.50	0.42	0.67	1.59	1.95	2.35
	6	5.61	0.089	1.32	0.56	0.45	0.37	0.76	1.78	2.22	2.67
0	1	5.00	0.100	1.18	0.50	0.40	0.33	0.85	2.00	2.50	3.00
	2	4.45	0.112	1.05	0.45	0.36	0.30	0.95	2.25	2.81	3.37
	3	3.97	0.126	0.94	0.40	0.32	0.26	1.07	2.52	3.15	3.75
	4	3.54	0.141	0.84	0.35	0.25	0.24	1.20	2.82	3.53	4.24
	5	3.15	0.159	0.74	0.32	0.25	0.21	1.34	3.17	3.97	4.76
	6	2.81	0.178	0.66	0.28	0.22	0.19	1.51	3.56	4.45	5.34
1	1	2.50	0.200	0.59	0.25	0.20	0.17	1.69	4.00	5.00	6.00
	2	2.23	0.224	0.53	0.22	0.18	0.15	1.90	4.48	5.61	6.73
	3	1.98	0.252	0.47	0.20	0.16	0.13	2.14	5.05	6.31	7.58
	4	1.77	0.283	0.42	0.18	0.14	0.12	2.39	5.65	7.06	8.47
	5	1.57	0.317	0.37	0.16	0.18	0.10	2.70	6.37	7.96	9.55
	6	1.40	0.356	0.33	0.14	0.11	0.09	3.03	7.14	8.92	10.71

续表

分辨率组号和单元号		线条宽度 /mm	成像和传像能力 /(lp·mm⁻¹)	对f'=8.472 m 物镜的张角 /mrad	每线对对应下列距离张角/mrad			对f'=8.472 m 物镜每毫弧线对数	对下列距离每毫弧线对数		
					20 m	25 m	30 m		20 m	25 m	30 m
2	1	1.25	0.400	0.38	0.13	0.10	0.08	3.39	8.00	10.00	12.00
	2	1.11	0.449	0.26	0.11	0.09	0.07	3.82	9.01	11.23	13.51
	3	0.99	0.504	0.23	0.10	0.08	0.067	4.28	10.10	12.65	15.15
	4	0.88	0.566	0.21	0.09	0.07	0.059	4.81	11.36	14.20	17.05
	5	0.79	0.635	0.19	0.08	0.06	0.053	5.36	12.66	15.82	18.99
	6	0.70	0.718	0.17	0.07	0.055	0.047	6.05	14.20	17.86	21.43
3	1	0.625	0.800	0.15	0.063	0.050	0.042	6.78	16.00	20.00	24.00
	2	0.56	0.898	0.13	0.056	0.045	0.037	7.56	17.86	22.32	26.79
	3	0.50	1.008	0.12	0.050	0.040	0.033	8.47	20.00	25.00	30.00
	4	0.44	1.131	0.10	0.044	0.035	0.029	9.63	22.73	28.41	34.00
	5	0.39	1.270	0.09	0.039	0.031	0.026	10.86	25.64	32.05	38.46
	6	0.35	1.425	0.08	0.035	0.028	0.023	12.10	28.57	35.71	42.86

若准直镜调焦于无穷远时，对表5.3中"每线对对应f'=8.472 m物镜的张角α/mrad"数值应该乘以修正系数K，如表5.4所示。

表5.4 不同调焦距离的修正系数

调焦距离 L/m	修正系数 K
100	1.085
200	1.042
300	1.028
400	1.021

准直镜调焦于有限远时，各单元中每对线所对应的分辨角为

$$\alpha = \frac{L + f'}{L} \times \alpha_0 = K\alpha_0 \tag{5.1}$$

式中：K为修正系数（查表5.4中K值）；α_0为准直镜调焦于无穷远时，各单元每线对所对应的分辨角值（查表5.3中的α_0值）。

例如，准直镜调焦于100 m时，-2组1单元中每对线所对应的分辨角为

$$\alpha = 1.085 \times 4.72 \text{ mrad} = 5.12 \text{ mrad}$$

1. 对相纸的要求

①采用无光或半光印相纸或放大纸，面积为 520 mm × 656 mm，厚度大

于0.2 mm。

②对相纸号数的选择如表5.5所示。

表5.5　对相纸号数的选择

分辨率靶板号	相纸号数
No. 61、No. 62、No. 63	2
No. 64	3

③对相纸表面反射率要求大于0.85。

2. 对分辨率靶板的要求

各种分辨率靶板的暗线条宽度公差如表5.6所示，而各种分辨率靶板号的每对线宽度公差都是同一数值，具体靶板号对应的公差如表5.7所示。

表5.6　各种分辨率靶板的暗线条宽度公差

分辨率靶板号	组号	线宽公差（按工称值计算）/%
No. 61、No. 62、No. 63	−2、−1	5
	0、1	10
	2	20
No. 64	−2、−1、0、1	5
	2、3	10

表5.7　各种分辨率靶板号的每对线宽度公差

分辨率靶板号	每对线宽度公差（按工称值计算）/%
−2、−1	2
0、1	4
2、3	8

分辨率靶板暗线条密度均匀性公差如表5.8所示。

表5.8　分辨率靶板暗线条密度均匀性公差

分辨率靶板号	暗线条密度均匀性公差（按平均密度计算)/%
No. 61	8
No. 62	9
No. 63、No. 64	10

3. 分辨率靶板允许疵病

①脏点：0.1~0.2 mm的脏点每单元不允许超过2个。

②线条宽度的局部变动：−2、−1组不大于线条宽度的10%，0、1组不大于线

条宽度的 10%，2、3 组不大于线条宽度的 20%，长度均不大于线条长度的 10%，每单元不多于 3 处。

③线条密度的局部误差，范围不超过线条长度的 10%，每单元不多于 1 处。

检查方法：

用工具显微镜测量暗线条宽度。

用光度计测量靶板对比度及相纸反射率。

用反射式密度计测量线条反射密度均匀性。

计算方法：

分辨率靶板对比度定义为

$$C = \frac{B_1 - B_2}{B_1 + B_2} \tag{5.2}$$

式中：C 为分辨率靶板对比度；B_1 为白背景亮度；B_2 为暗线条亮度。

若分辨率靶板以毫弧表示则为

$$\alpha = \frac{2a}{l} \tag{5.3}$$

式中：α 为分辨角值，单位毫弧度；a 为线条宽度，单位为 mm；l 为当靶板置于准直镜焦面上时的准直镜焦距；当不用准直镜时，l 为分辨率靶板离夜视仪的距离，单位为 m。

若分辨率以 lp/mrad 表示为

$$\delta_N = \frac{l}{2a} \tag{5.4}$$

式中：δ_N 为分辨率，单位为 lp/mrad；a 为线条宽度，单位为 mm；l 为当靶板置于准直镜焦面上时的准直镜焦距；当不用准直镜时，l 为分辨率靶板离夜视仪的距离，单位为 m。

若分辨率以每毫米的线对数表示，其示意图如图 5.3 所示，即分辨率靶板置于准直镜焦平面上，其成像于微光物镜焦平面上，则有关系式为

$$\frac{N}{N_Z} = \frac{f_Z}{f_W} \tag{5.5}$$

式中：N_Z 为分辨率靶板某单元的每毫米线对数；N 为该单元成像后的每毫米线对数；f_Z 为准直物镜焦距；f_W 为被测夜视仪微光物镜焦距。

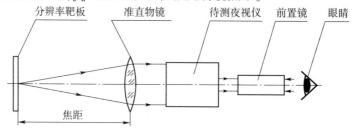

图 5.3　主要光路示意

4. 准直物镜

准直物镜如图 5.3 所示，焦距：$f = 8.472$ m。有效通光口径：$D0 = 250$ mm。相对孔径：$A = 1/34$。视场：$2W = 5.4°$。调焦范围：100 m $\sim \infty$。低照度标准光源：灯源为 6 V/15 W 的白炽灯，色温为 2 859 K。

照度等级共分为 9 级，如表 5.9 所示。

表 5.9　照度等级

照度等级	1	2	3	4	5	6	7	8	9
光照度/lx	$1×10^{-1}$	$3×10^{-2}$	$1×10^{-2}$	$3×10^{-3}$	$1×10^{-3}$	$3×10^{-4}$	$1×10^{-4}$	$3×10^{-5}$	$1×10^{-5}$

以上各级照度值由按一定比例关系的 9 个限光束孔栏实现，光源离分辨率靶板 7.8 米，调节灯源至球型光源的入瞳距离，标定靶面上一级照度 $1×10^{-1}$ lx 的值，其他等级的照度值均可获得，各级照度值误差为 $±10\%$ lx，限光束孔栏为选购件。

以分辨率靶板中心照度为基准，靶面照度均匀性公差为 $±10\%$。

光源出瞳面法线与准直镜光轴夹角为 5°，如图 5.4 所示。

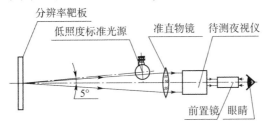

图 5.4　光学系统俯视示意

5. 全套性

分辨率靶板：No. 62 和 No. 64 各 1 块。低照度标准光源：照度等级 $1×10^{-1}$ lx；$1×10^{-3}$ lx；$1×10^{-4}$ lx，长焦距准直镜。

同时，由于一般待检测的设备都有望远特性，即经常是用来观察远距离的目标，对于过近的目标可能不一定看得清楚，因此需要在本设备上模拟实现光线是从无穷远处发射，在这里使用了离轴反射镜，小反射镜是普通的平面反射镜，把光源中的光线反射出来，而进行二次反射的大反射镜就是离轴反射镜，小反射镜反射过来的光线总是位于大反射镜的抛物面的轴面上，这样就使得光线在被大反射镜反射后总可以成为平行于轴线的平行光，就可以近似认为光线是从无穷远处发射过来的，从而就可以对仪器进行检测。

设计的靶板类型如图 5.5、图 5.6、图 5.7、图 5.8、图 5.9 所示。

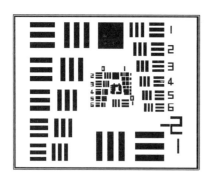

图 5.5 反射式 1591 靶

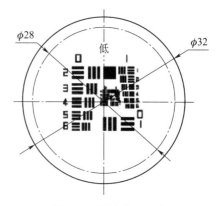

图 5.6 透射式 1591 靶

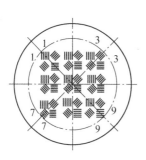

图 5.7 国军标靶

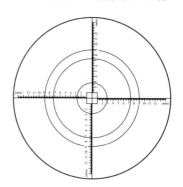

图 5.8 十字靶

图 5.9 靶标实物图

5.3 分辨力测试设计

红外靶标仪是用来测试红外光线接收器分辨率以及其他参数的重要仪器，在这里主要是用来测试红外微光夜视仪是否合格，对微光夜视仪器进行可靠性检测。

红外靶标仪的特点：它的核心部件是光源，靶盘以及反射镜，光线由光源发射出来后经过靶盘，而靶盘上镂刻着各种各样的供观察的形状，称为靶标，这些靶标形状由透射出来的光线反映，光线经过两次反射后由观测孔到达待检测仪器，由仪器所能清晰地看出的靶盘靶标来确定是否合格以及精度等级。靶盘上有3组靶标，通过转动靶盘来实现靶标形状的更换。红外靶标仪主要提供标准测试靶标，使用时将设备对准观测孔，观测靶标形状，以及清晰程度，以此来确定设备是否可以正常工作，是野外检验微光器件的重要仪器之一。由前面讲到的微光夜视仪的发展过程可以知道，红外靶标仪主要针对第三代的微光夜视设备。

1. 工作原理

光源发射出的光线经过靶盘上的靶标后形成靶标的形状，经过大小两个反射镜反射后到达待检测仪器，把靶标的形状反映在仪器的成像装置中，从而使检测人员对仪器设备的可靠性做出正确的判断，可以通过转动靶盘侧面的与靶盘通过链轮链条啮合的手轮带动靶盘的转动，从而实现靶标的更换。工作原理如图5.10所示。

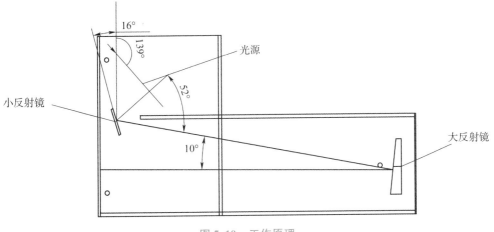

图 5.10 工作原理

2. 部件组成

红外靶标仪主要由光源、靶盘靶标、光源衰减器、测试暗盒、光电倍增管、光线反射装置、支撑定位装置以及靶盘更换装置等组成，其实体如图 5.11 所示。

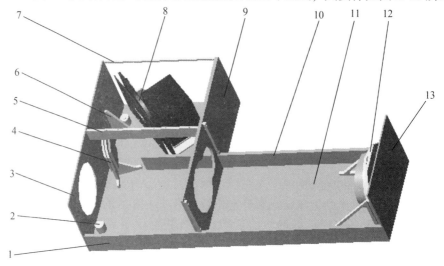

1—前面板；2—支撑座；3—左面板；4—小反射镜组件；5—固定板；6—肋板；7—后面板支撑；
8—光源组件；9—左中面板；10—前中面板；11—底板；12—大反射镜组件；13—右面板。

图 5.11　红外靶标仪实体

▶▶▶ 5.3.2　紫外分辨力测试设计 ▶▶▶

紫外像增强器分辨率测试仪的工作原理主要是由一个发光装置产生光线，光源的光线通过滤光片过滤掉其余的光线，仅让紫外线通过，从靶盘上的光栅透出，经过反射后由观测孔中发射出去，待检测的设备放置于观测孔外，观察所看到的光栅形状。光栅可以分为不同的精度等级，根据所能看清光栅条纹的级别，来判断待检测设备是否满足合格指标要求，光栅条纹采用不同倾斜角度，可以检测紫外像增强器感光面各方向的分辨力能力是否符合要求，保证测试结果的正确性。

1. 成像原理

紫外探测系统的成像原理和组成部分示意如图 5.12 所示。

像增强器分别通过两个环节实现图像的光-电-光转换和亮度增强，分别为由光阴极将通过紫外滤光片的微弱光图像转换成电子图像，通过电子光学系统将电子图像聚焦成像，使能量增强和数量增多；通过微通道板将增强后的电子图像转换为可见的光学图像并在荧光屏上显示出来。其中由光阴极进行的图像转换过程具体为：当具有一定能量 hv 的辐射光子入射到光电发射体内时，会与体内的电子之间产生非弹性的碰撞从而达到交换能量的目的。所以产生的自由电子受到散射的概率也就很小，因而只能在迁移过程中与晶格互相作用产生声子。

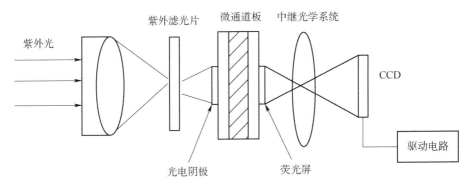

图 5.12　紫外成像系统的工作原理示意

紫外成像系统一般在天文和军事探测技术上有所应用，由于探测目标如火箭、飞机等的尾焰紫外辐射强度大于太阳的紫外辐射，所以就可以利用该紫外辐射对目标进行探测。由于紫外线传播过程中会不断地衰弱，所以实际情况下不可能达到真空传播条件。由于对探测精度有所要求，所以需要考虑紫外线在大气中传播的衰弱系数。

裸管、整管紫外分辨率测试仪的作用就是测试裸管或整管使入射光线中紫外光部分形成的微弱的光学图像增强成高亮度的可见光图像能力的强弱，以判断被测试的裸管或整管是否符合指标要求。

紫外分辨率测试仪的光路传播过程：发光装置（光源）产生光线，该光线进入光阑调节圈后从光路连接管中通过，然后滤光片对光线进行滤光，滤光后只留下特定波长的紫外线从紫外靶导管透出，光线再进入共轭物镜，然后平行光线到达像增强器的阴极面，发射光光子在像增强器内部的通道内发生碰撞，每一次碰撞光子数都会翻倍，在连续撞击多次后，数量就能够大大增多，从而就有足够的光电子撞击像增强器中荧光屏的荧光粉，达到形成清晰图像的目的。

根据对仪器的设计要求，以及要实现的功能等，可将测试仪器分为 5 大功能部分，如图 5.13 所示。

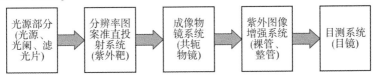

图 5.13　测试仪 5 大功能部分示意

其中在成像物镜系统中，物镜将收集到的反射出的微弱光汇集在像增强器的阴极面上，产生光电子，再经过 MCP 产生更多的光电子，就可在荧光屏上形成光像。在目测系统中，可通过调节反射镜的位置进行直接目测，或输入视频系统，再进行观测。

测试光路传播示意如图 5.14 所示，平行光线从光路传播管中传播至紫外靶，然后被滤光片滤去不需要的波长的光，再通过共轭物镜缩短光路传播路线，减少紫外光在传播过程中的衰减，光线从共轭物镜中传播出来时仍为平行的光束，再到达像增强器的阴极面，然后在像增强器中的通道内与通道壁撞击后光子的数量即加倍，如此反复，最后到达荧光屏的光子数量就是到达光阴极面时光子数量的好多倍，就有足够的光子撞击荧光屏上的荧光粉以形成图像。像增强器阴极面与荧光屏间需加上高压，以使光子能量达到可撞击荧光粉的程度。

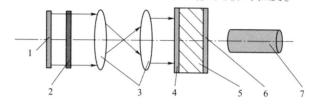

1—紫外靶；2—滤光片；3—共轭物镜；4—像增强器阴极面；5—MCP 通道；6—荧光屏；7—目镜。

图 5.14　测试光路传播示意

2. 设计原理

光路设计原理如图 5.15、图 5.16、图 5.17 所示。

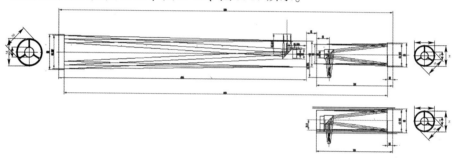

图 5.15　光路原理图一

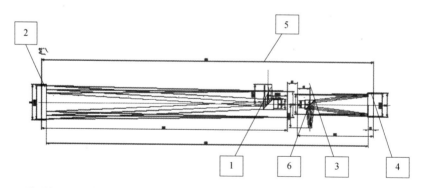

1—平面镜 1；2—球面镜 1；3—平面镜 2；4—球面镜 2；5—紫外光射入；6—目测观察点。

图 5.16　光路原理图二

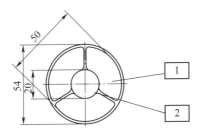

1—镂空部分；2—平面镜。

图 5.17　平面镜反射镜架中间部分

该紫外像增强器分辨率测试仪的实验原理即光路传播原理是由光源发出光经滤光片后剩下特定波长的紫外光，紫外线经过靶盘形成靶标的形状。靶标形状的紫外光经平面镜 1 反射射向球面镜 1，在球面镜 1 镜面反射后从平面镜 1 和平面镜 2 的镂空部分穿过并在球面镜 2 镜面发生反射，反射光在平面镜 2 表面发生反射并射向目镜成像供观察。

3. 分辨力测试设计

相对于红外线和激光探测，紫外探测不会受到自然或人为的电磁的干扰，所以紫外探测技术的应用越来越广，且主要应用在军事和天文上，如紫外光制导、紫外光通讯、紫外告警等。由于探测到的紫外光图像都比较微弱，需通过成像器件来达到使图像增强成可见图像的目的，成像器件是微光夜视器材性能和价格的决定性因素，而分辨率是成像器件成像效果的重要综合指标之一，所以对其分辨率的测试尤为重要。光学仪器的分辨率是指其屏幕上形成图像的精密度，也即显示器的像素的数量。显示器能够显示的像素越多，说明其性能越好。像增强器的分辨率则是指将一定对比度的标准测试图案在成像器件的光电阴极面上聚焦时，从荧光屏上的每毫米单位区间内可以分辨得到的等宽度的黑白相间的矩形条纹的对数，即 lp/mm，lp 表示条纹对数，每一对条纹包括一条亮线与一条暗线。

紫外成像光电系统分辨力测试装置，包括控制柜（与信噪比测试共用）、工控机（与信噪比测试共用）、光学平台（与信噪比测试共用）、X 型导轨、观察目镜、测试暗箱、平行光管、靶板盒、滤光片调节盒和紫外光源（氙灯），具体布局如图 5.18 所示，整台设备放置在光学平台信噪比测试对面的一侧。

目镜也是显微镜的主要组成部分，它的主要作用是将由物镜放大所得的实像再次放大，从而在明视距离处形成一个清晰的虚像；因此它的质量将最后影响到物像的质量。在显微照相时，在毛玻璃处形成的是实像。某些目镜（如补偿目镜）除了有放大作用外，还能将物镜造像过程中产生的残余像差予以校正。目镜的构造比物镜简单得多。因为通过目镜的光束接近平行状态，所以球面像差及纵向（轴向）色差不严重，设计时只考虑横向色差（放大色差）。目镜由两部分组成，位于上端的透镜称目透镜，起放大作用；下端透镜称会聚透镜或场透镜，使映像亮度均匀。在上下透镜的中间或下透镜下端，设有一光阑，测微计、十字玻璃、指针等附件均安装于此。目镜的孔径角很小，故其本身的分辨率甚低，但对物镜的初步映像进行放大已经足够。常用的目镜放大倍数有 8×、10×、12.5×、16×等多种。目镜装在镜筒的上端，通常备有 2~3 个，上面刻有 5×、10×或 15×符号以表示其放大倍数，一般装的是 10×的目镜。观察目镜如图 5.19 所示。

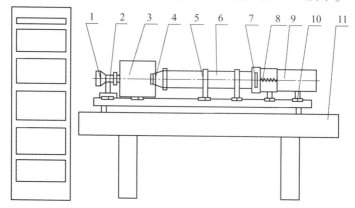

1—观察目镜；2—三维调节器；3—测试暗箱；4—成像物镜；5—平行光管支撑架；6—平行光管；
7—靶板盒；8—滤光片调节盒；9—紫外光源；10—X 型导轨及托板；11—光学平台。

图 5.18　分辨力测试系统布局图

物镜是显微镜最重要的光学部件，利用光线使被检物体第一次成像，因而直接关系和影响成像的质量和各项光学技术参数，是衡量一台显微镜质量的首要标准。物镜的结构复杂，制作精密，通常都由透镜组组合而成，各镜片间彼此相隔一定的距离，以减少像差。每组透镜都由不同材料、不同参数的一块或数块透镜胶合而成。物镜有许多具体的要求，如合轴、齐焦。物镜如图 5.20 所示。

图 5.19　观察目镜

图 5.20　物镜

现代显微物镜已达到高度完善，其数值孔径已接近极限，视场中心的分辨率与理论值的区别已微乎其微。但继续增大显微物镜视场与提高视场边缘成像质量的可能性仍然存在，这种研究工作，至今仍在进行。

齐焦即是在镜检时，当用某一倍率的物镜观察图像清晰后，在转换另一倍率的物镜时，其成像亦应基本清晰，而且像的中心偏离也应该在一定的范围内，也就是合轴程度。齐焦性能的优劣和合轴程度的高低是显微镜质量的一个重要标志，它是与物镜的本身质量和物镜转换器的精度有关。

与宽光束有关的像差是球差、彗差以及位置色差；与视场有关的像差是像散、场曲、畸变以及倍率色差。

显微物镜与目镜在参与成像这点上是有区别的。物镜是显微镜最复杂和最重要的部分，在宽光束中工作（孔径大），但这些光束与光轴的倾角较小（视场小）；目镜在窄光束中工作，但其倾角大（视场大），物镜与目镜在消除像差上有很大差别。

显微物镜是消球差系统，这意味着：就轴上的一对共轭点而言，消除了球差并且实现了正弦条件时，每一物镜仅有两个这种消球差点。因此，物体与像的计算位置的任何改变均导致像差变大。

设计的紫外像增强器分辨力测试仪实物如图5.21所示。

图 5.21 紫外像增强器分辨力测试仪实物

▶▶▶ 5.3.3 微光分辨力理论研究 ▶▶ ▶

1. 原理

微光夜视技术是在黑夜或暗处条件，实现光电图像信息相互转换、增强、处理和显示等物理过程的技术，微光像增强器（夜视仪）是具有代表性的技术产品。

三代微光像增强器[1] 由光电阴极、微通道板（Microchannel Plate，MCP）和荧光屏组成，其质量好坏主要取决于总体极限分辨力，故分辨力理论计算模型的精确性很大程度上影响其生产效率、质量及优化方向。在微光像增强器各个部件中，对于 GaAs 负电子亲和势（Negative Electron Affnity，NEA）光电阴极的研究比较深入，目前研究对象主要为均匀掺杂和变掺杂 NEA GaAs 阴极，已有不少文献对这两种阴极的电子发射特性做了研究[2~7]。从研究结果来看，无论是均匀掺杂还是变掺杂其极限分辨力都在 800 lp/mm 以上[8~10]，远大于现有的微光像增强器的极限分辨力，可知阴极并不是影响微光像增强器分辨力的主要部件，需要将其各部分联系进行整体研究。YAN Lei 等[11] 提出一种使用蒙特卡洛方法来计算微光像增强器调制传递函数[12,13]（Modulation Transfer Function，MTF）的研究成果，其采取的方法是计算出各个部分的 MTF 再将其依次相乘来计算出总的 MTF，而阴极 MTF 一般取为 1，所得结果没有考虑阴极的影响，且由于阴极内部电子运动情况复杂，之前的研究普遍将阴极电子出射角度按照朗伯体分布处理[14,15]，导致结果会损失一部分精度，误差率在 10% 以上。WU Mei-juan 等提出基于蒙特卡洛方法的模型[16]，但其同样将阴极电子出射角度按照朗伯体分布处理，虽然模拟结果与实验结果相差较小，但实验数据[17] 的精度并不高，故其模型可靠性无法得到保证。

本文考虑了阴极的影响，基于电子在阴极内部运动模型仿真得出的出射分布，建立电子从阴极面发射到荧光屏的运动模型，包括前、后近贴及 MCP 通道运输模型。通过仿真得到电子运输轨迹及荧光屏上的落点圆斑，最后用蒙特卡洛方法得出 MTF 及其对应的微光像增强器极限分辨力。本文研究对微光像增强器系统设计具有指导意义，其工作原理示意如图 5.22 所示。

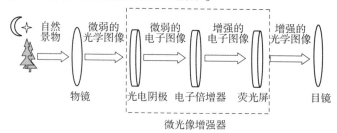

图 5.22　工作原理示意

2. 阴极体内电子运输模型

电子运输模型包括电子在阴极内，前、后近贴及微通道板通道内的运输模型。首先研究 GaAs 阴极体内的运输模型[10~18]。

考虑到强电场作用、声子散射以及势垒表面反射等各种因素的作用，电子在阴极内部的传输较为复杂。本研究略去了次要因素，只考虑影响电子阴极出射分布的两个主要因素：一个是弹性散射；另一个是晶格振动造成的能量损失，其设置为与电子移动的轨迹距离呈线性关系。

设 GaAs 材料掺杂 Be 原子，Ga0.5N-1 As0.5NBe 为均匀掺杂光电阴极的基本结构单元，其中 N 为基本结构单元中 Ga 原子和 As 原子浓度与掺杂原子 Be 的浓度之比，利用卢瑟福散射理论来模拟光电阴极体内光电子散射，得出其散射公式为

$$\tan\frac{\varphi}{2}=\frac{0.1093}{E_0 b_e} \tag{5.6}$$

式中：E_0 是光电子散射前的能量，单位为 eV；b_e 是 Be 原子到光电子运动路径延长线的垂直距离，单位为 nm。

根据电子在均匀掺杂 GaAs 阴极的运动散射理论公式，建立电子在阴极体内的运动仿真模型。考虑不同波段（400~900 nm）的光所激发的光电子数量在阴极不同位置有所差异，根据不同波段激发的光电子数与吸收位置的关系，通过模拟阴极体内光电子的运输过程，仿真得出电子的出射角度。取光电阴极发射层厚度为 2.3 μm，窗口材料 GaAlAs 厚度为 1.5 μm，光电阴极 Be 掺杂浓度为 $1.2×10^{19}$ cm^{-3}，得出光电阴极电子出射角度分布，与朗伯体分布对比，如图 5.23 所示。其中电子出射角度 α 从 -90° 到 90° 以步长 3° 变化，n/N 为出射角度 α 的电子数与总电子数比值。

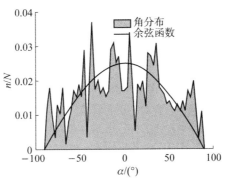

图 5.23　阴极电子出射角分布

图 5.23 表明电子出射角分布与朗伯体分布接近，但仍存有较大的浮动差异，将其分布数据保存，作为理论模型的阴极电子出射分布函数处理。

GaAs 光电阴极电子的出射能量分布模型目前较为流行的有 Beta 分布模型[14]及 Maxwell 分布模型[19]。但由于在像增强器近贴系统中 Maxwell 分布模型表现较差，故本模型选用较符合实际的 Beta 分布[20]，即

$$\beta_{m,\,n}=\frac{(m+n+1)!}{m!\,n!}\left(\frac{\varepsilon}{\varepsilon_m}\right)m\left(1-\frac{\varepsilon}{\varepsilon_m}\right)n \tag{5.7}$$

对于均匀掺杂 GaAs 阴极来说，取 $m=1$，$n=8$ 时比较符合实际情况。

3. 阴极体外电子运输模型

（1）微通道板内电子运输模型。

与电子在阴极内部的运输模型类似，微通道板内电子的运输过程也较为复杂，不仅要考虑管壁材料电子发射特性，还需考虑末端电极、管壁电荷[21]对电子轨迹的影响，为了方便建模，本文只考虑非异常工作情况下的主要因素。光电子运输到 MCP 发射材料表面与其有一定的入射角 γ，其次级发射电子能量 E_n 可表示为

$$E_n = E_m \sin \gamma \tag{5.8}$$

式中：E_m 为次级发射电子的最大能量。

MCP 通道内壁中次级电子发射前几乎各向同性，基本可认为不同发射角度对应的光电子数服从余弦分布。通道壁发射的次级电子数目表示为

$$N(E_n, \varepsilon) = N(E_n) \cos \varepsilon \tag{5.9}$$

式中：$N(E_n, \varepsilon)$ 为不同发射能量的光电子数目[22]。

（2）近贴系统电子运输模型。

近贴系统适用于阴极与 MCP 入射端及 MCP 出射端与荧光屏之间，可以近似看成由纵向均匀电场构成，由于在运动过程中只在纵向受力，期间形成抛物线轨迹，易求得落点速度及位置物理信息。当电子以初速度 v_0 与法线夹角 θ_0 射出并纵向位移 L 距离时，其在 z、r 方向的速度与位移可表示为

$$\begin{cases} v_z = v_0 \sin\theta_0 + a \dfrac{L}{v_0 \sin\theta_0} \\ v_r = v_0 \cos\theta_0 \\ z = L \\ r = \dfrac{L}{\tan\theta_0} + \dfrac{a}{2}\left(\dfrac{L}{v_0 \sin\theta_0}\right)^2 \end{cases} \tag{5.10}$$

式（5.10）可以确定电子在荧光屏上落点分布情况，由此计算调制传递函数[23]，即

$$\begin{cases} L(x) = \int_- P(x, y)\, \mathrm{d}y \\ M_C = \dfrac{\int_- L(x) \cos(2\pi f x)\, \mathrm{d}x}{\int_- L(x)\, \mathrm{d}x} \\ M_S = \dfrac{\int_- L(x) \sin(2\pi f x)\, \mathrm{d}x}{\int_- L(x)\, \mathrm{d}x} \\ \mathrm{MTF} = M(f) = (M_C^2 + M_S^2)^{1/2} \end{cases} \tag{5.11}$$

式中：$P(x, y)$ 是荧光屏像面上的光强度；$L(x)$ 为线扩散函数。

对线扩散函数做离散傅里叶变换，计算得到调制传递函数。

4. 仿真结果

为了便于对比，设置与文献［16］相同的参数。设前近贴距离 $D_1 = 150$ μm、MCP 长度距离 $D_2 = 254$ μm、第二近贴距离 $D_3 = 400$ μm、前近贴电压 $V_1 = 800$ V、微通道板两端电压 $V_2 = 1\ 000$ V、后近贴电压 $V_3 = 5\ 000$ V，微通道板通道直径 d 由 6 μm 变化到 12 μm，步长为 2 μm。模拟光电阴极受激出射电子，光电子的角度变化范围为 $-89° \sim 89°$，步长为 2°，能量变化范围为 0.2 ~ 1.0 eV，步长 0.03 eV，得到电子运动轨迹如图 5.24 所示。

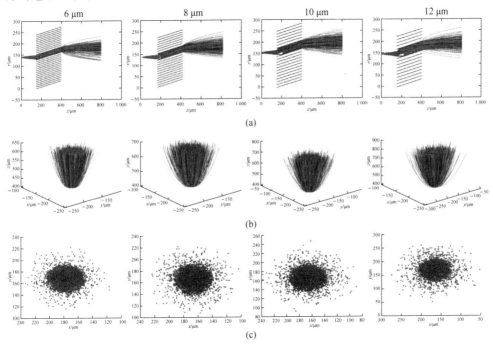

图 5.24 不同 MCP 管径的电子运输轨迹仿真

（a）二维电子轨迹；（b）后近贴三维电子轨迹；（c）荧光屏电子分布

图 5.24（a）以二维方式展示了阴极某点出射电子在前、后近贴及 MCP 管壁中的运动，直到荧光屏处消失；随着 MCP 通道直径的增加，其通道出口处的电子束会趋于发散，如图 5.24（b）所示；最终其在荧光屏形成的电子圆斑也会依次增大，如图 5.24（c）所示。由荧光屏上电子圆斑的分布情况，计算每种像增强器对应的 MTF 曲线，如图 5.25 所示，显然在相同的 MTF 下，微通道板通道直径越小，其所对应的空间频率越大，取 MTF=0.3 即可求得对应极限分辨力。

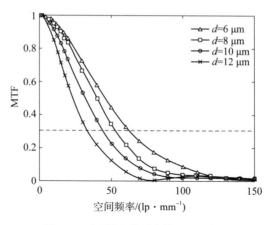

图 5.25　不同参数对应的 MTF 曲线

5. 实验及结果对比

如图 5.26 所示，用实验来对理论模型进行验证，仪器包括光源、平行光管、USAF1951 靶、像增强器和 CCD 相机，实验使用的是 RES-1 分辨率测试靶（部分透明），由 NEWPORT 公司提供。卤素钨灯发出白光束，经过中性滤光片及可变光阑后才到达平行光管（$F = 1\,000$），在穿过平行光管后，光束以 2 933 K 的色温穿过测试靶并将分辨力靶图案投射在被测像增强器的阴极入射面上，最后通过观察 CCD 相机（2 416 万像素）上线对的数量，在靶标分辨力查找表找到对应的分辨力。

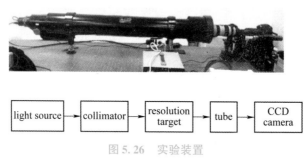

图 5.26　实验装置

光束的光强为 $1 \times 10^{-4} \sim 1 \times 10^{-3}$ lx，且有效光照区域的光强不均匀度不超过 1.5%，可以保证结果的有效性。测试了 4 组不同型号的像增强器（北方夜视公司提供），其 MCP 的通道直径从 6 μm 到 12 μm 以 2 μm 步长依次增加，其他参数如阴极参数、电压、距离和 MCP 长度参数与仿真所用参数保持一致，观测结果如图 5.27 所示。

随着通道直径的增加，可识别的线对数量不断减少，在通道直径达到 12 μm 时不能区分第 7 单元的任何线对。而在通道直径减小至 6 μm 时，已经能辨认第 7 单元的所有线对。通过靶标分辨力查找表，得到了 4 个像增强器的极限分辨力，与本文模拟结果进行对比，如表 5.10 所示。

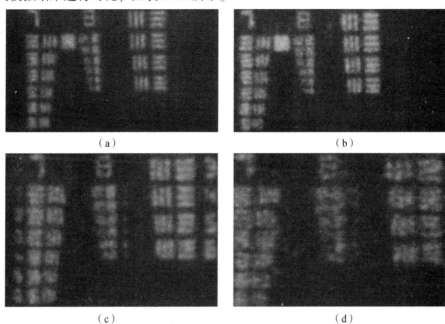

(a) (b)

(c) (d)

图 5.27　像增强器能清晰辨认的对线数图片

(a) 识别对线数 (6 μm)；(b) 识别对线数 (8 μm)；

(c) 识别对线数 (10 μm)；(d) 识别对线数 (12 μm)

表 5.10　仿真结果与实验结果

编号	$d/\mu m$	$D/\mu m$	分辨力（仿真）/ $(lp \cdot mm^{-1})$	分辨力（实验）/ $(lp \cdot mm^{-1})$	误差/%
1	6	8	64.5	61.4	5.0
2	8	10	54.0	53.2	1.5
3	10	12.5	43.4	44.3	2.0
4	12	14	32.3	33.2	2.7

　　由表 5.10 可知分辨力测量结果与实验结果的误差非常小，最大误差仅为 5.0%，远小于已有模型结果的 10% 以上的误差。将参考文献 [16] 中的结果与本文实验结果进行比对并计算误差，与模拟结果比较如图 5.28 所示。

　　图 5.28 分别用"（1）"和"（2）"指代本文模型与参考文献 [16] 模型，横坐标为像增强器型号。图 5.28（a）结果显示本文模拟结果较参考文献 [16] 更贴近测量结果，参考文献 [16] 中的模拟结果与本文实验结果对比其最大误差可达 10.7%，如图 5.28（b）所示。且本文模型随着 MCP 管径参数的改变，所得分辨力的大小变化一致，证明该模型拥有精确性和较好的泛化能力。

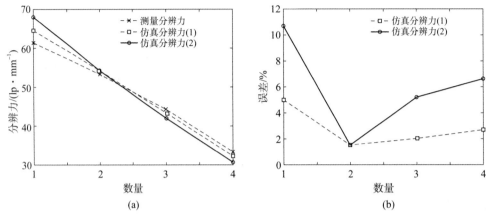

图 5.28　仿真和实验分辨力结果

（a）仿真和实验分辨力；（b）仿真分辨力误差

▶▶| 5.3.4　微光分辨力测试设计 ▶▶ ▶

1. 设备功能用途

分辨力是表征成像器件成像质量的一个重要参数，本测试仪器用于微光像增强器单管和整管的分辨力测试。

2. 设备组成及工作流程

超二代分辨力测试仪由均匀光源、衰减滤光片组、分辨力靶、靶标投影光学系统、调节机械结构、像增强器专用夹具、像增强器专用高压电源、单目显微镜系统等组成，图 5.29 为超二代分辨力测试仪的原理框图。其工作原理为，在符合要求的照度的均匀光条件下，将符合 USAF1951 标准的分辨力测试靶板置于靶标投影光学系统的物方焦平面上，通过光学系统将分辨力测试靶投影在微光像增强器的阴极面上，由观察者利用单目显微镜系统直接观察像增强器荧光屏的分辨力测试靶标图像，所能分辨的最小特征线对即为该微光像增强器的极限分辨力，整个测试过程需要一套可以灵活调节的机械结构控制，满足测试调节和电气接口要求。

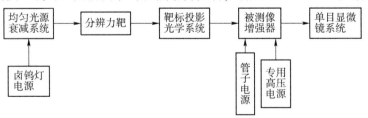

图 5.29　超二代分辨力测试仪原理框图

3. 设备主要组成部件

设备主要组成部件如表 5.11 所示。

表 5.11 超二代分辨力测试仪主要组成部件表

组成部件		型号规格	功能和技术指标	供应商	数量（件/套）
超二代分辨力测试仪调节、投影、显微观察系统及像增强器夹具系统	均匀光源衰减系统及卤钨灯	OSRAM 卤钨灯	进口白光片、衰减片，OSRAM 卤钨灯 6 V、10 W，电压分辨率 0.01 V，电流分辨率 1 mA，均匀衰减器、滤光非标设计光源箱	OSRAM 南京理工大学	1 套
	鉴别率靶和结构件	USAF1951 靶标准	USAF1951 靶标准，1 ~ 7 组，靶标夹具	南京理工大学	1 套
	靶标投影光学系统	Melles Griot 10/0.25 160/0.17	投影物镜 10/0.25 160/0.17 物镜固定筒，非标	Melles Griot 南京理工大学	1 套
	机械结构及观察显微系统	LiNOS，G038 251 000 NEWPORT，M-5X	LiNOS，G038 251 000，10×，f 250，Φ23.2 NEWPORT，M-5X，0.10 NA 非标机械结构连接件	LiNOS NEWPORT 南京理工大学	1 套
	专用测试夹具、遮光罩	非标	包括单管和整管	南京理工大学	1 套
	专用光学导轨、靶标投影系统二维调节装置、单目显微镜三维调节装置、滑块等	M-CXL95-120 进口滑块，2 块（M-UMR8.51，2 个；M-UMR8.25，1 个；M-UMR5.5，1 个；M-436，2 个）进口调节导轨（X95-0.75，BEX95D，BCX95D）进口导轨及支架 1 套（BM17.25，DM-13）进口探测微头 2 个 EQ50-E 进口直角支架 1 个	所有进口零部件均选用美国 NEWPORT 公司产品，进口 NEWPORT 调节装置，调节精度优于 0.005 mm，分辨率优于 0.01 mm。所有调节零件之间连接件为非标件，由南京理工大学研制	NEWPORT 南京理工大学	1 套

续表

组成部件		型号规格	功能和技术指标	供应商	数量（件/套）
超二代分辨力测试仪电源系统	光源电源	非标	精密稳压电源（电压分辨率0.01 V，电流分辨率1 mA）	南京理工大学	1 台
	整管工作电源	非标	高精密稳压电源（电压分辨率0.01 V，电流分辨率1 mA）	南京理工大学	1 套
	特制软启动专用高压电源和附件	非标	进口主要部件，三路高压，满足单管测试要求，有软启动功能，LEMO 专用插头插座	南京理工大学	1 套

4. 主要技术指标

①测试对象：1XZ18/18WHS 系列超二代微光像增强器单管和整管。

②测试方式：目视判断。

③观察显微系统：单目、放大率50 倍、分辨率不小于 400 lp/mm；物镜 NEWPORT，M-5X，0.10；目镜 LiNOS 10×。

④投影系统分辨率不小于 400 lp/mm：

投影物镜 MELLES GRIOT，160/0.17，10/0.25。

ND0.5、ND1、ND2、ND3 中性密度衰减滤光片各一片，根据照度需要插入其中一片；乳白玻璃一片。

⑤卤钨灯：6 V，10 W，德国 OSRAM，系列号 64 223。

⑥精密稳压直流电源：数量 2 台，0 ~ 10 VDC 连续可调，最大电流不小于 3 A，电压分辨率为 0.01 V，电流分辨率 1 mA。

⑦专用软启动高压电源：阴极高压 -1 000 ~ 0 V 可调，稳定度 ±5‰；MCP 高压 0 ~ 2 000 V 可调，稳定度 ±5‰；阳极高压 0 ~ 7 000 V 可调，稳定度 ±5‰；MCP 输出接地，各路高压输出应有输出短路自保护功能，各路高压调节具备软启动功能，总的由一个单圈高精度电位器控制。高压显示要求：三路高压显示精度 1 V，显示单位 V，显示阳极电压绝对值，显示 MCP 输入电压绝对值，显示阴极电压相对值（阴极电压悬浮在 MCP 输入上）。4 个 LEMO 专用插座设置在专用软启动高压电源箱的前面板上。

⑧靶标：USAF1951 标准，Φ34，0 ~ 7 组，黑底亮线，线条长度与宽度与引进设备靶标一致。

⑨导轨、二维及三维调节装置：品牌为 NEWPORT，调节精度优于 0.005 mm。其中，单目显微镜前后移动对焦平移台调节范围不小于 50 mm，靶标投影系统

前后移动对焦平移台调节范围不小于 50 mm。

⑩光学系统按引进设备原型制造，各光学主要部件（显微物镜、显微目镜、投影镜头、导轨、平移台等）采用引进设备品牌及型号。

⑪要求提供显微目镜及物镜实际的放大率、透过率、分辨率测试报告；投影物镜实际的放大率、透过率、分辨率测试报告。

⑫与现有引进设备实测像增强器分辨力值进行对比，差异范围不能超过半组。

5. 超二代微光像增强器分辨力测试仪设计

超二代像增强器分辨力测试仪设计如图 5.30 所示，超二代像增强器分辨力测试仪如图 5.31 所示，像增强器分辨力的数字化测试仪如图 5.32 所示。

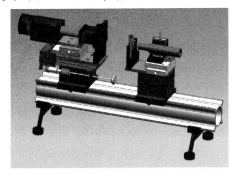
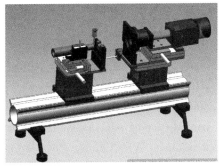

图 5.30　超二代像增强器分辨力测试仪设计

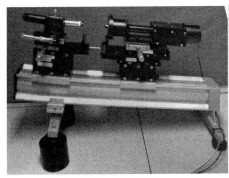

图 5.31　超二代像增强器分辨力测试仪

图 5.32　像增强器分辨力的数字化测试仪

参考文献

［1］艾克聪．微光夜视技术的进展与展望［J］．应用光学，2006，27（4）：303-307.

［2］ZHU Sha-lu, CHEN Liang, QIAN Yun-sheng, et al. Characteristic research of u-niform-doping and exponential-doping Ga1-xAlxAs/GaAs photocathode with femto-second laser illumination［J］. Optik, 2019, 183: 629-634.

［3］NIU Jun, ZHANG Yi-jun, CHANG Ben-kang, et al. Influence of exponential do-ping structure on the performance of GaAs photocathodes［J］. Applied Optics, 2009, 48（29）: 5445-5450.

［4］WANG Xiao-hui, CHANG Ben-kang, QIAN Yun-sheng. Comparison between gradient-doping and uniform-doping GaN photocathodes［J］. Acta Physica Sinca, 2011, 60（4）: 722-727.

［5］ZHANG Yi-jun, ZHAO Jing, ZOU Ji-jun. The high quantum efficiency of expo-nential-doping AlGaAs/GaAs photocathodes grown by metalorganic chemical vapor deposition［J］. Chinese Physics Letters, 2013, 30（4）: 204-205.

［6］ZHANG Yi-jun, NIU Jun, ZHAO Jing. Improvement of photoemission performance of a gradient-doping transmission-mode GaAs photocathode［J］. Chinese Physics B, 2011, 20（11）: 118-125.

［7］郝广辉，韩攀阳，李兴辉，等．真空沟道 GaAs 光电阴极电子发射特性［J］．物理学报，2020，69（10）：266-272.

［8］DENG Wen-juan, ZHANG Dao-lin, ZOU Ji-jun, et al. Resolution characteristics of graded band-gap reflection-mode AlGaAs/GaAs photocathodes［J］. Optics Communications, 2015, 356（1）: 278-281.

［9］WANG Hong-gang, QIAN Yun-sheng, DU Yu-jie, et al. Resolution properties ofreflection-mode exponential-doping GaAs photocathodes［J］. Materials Science in Semiconductor Processing, 2014, 24: 215-219.

［10］REN Ling, CHANG Ben-kang. Modulation transfer function characteristic of uniform-doping transmission-mode GaAs/GaAlAs photocathode［J］. Chinese Physics B, 2011, 20（8）: 087308.

［11］YAN Lei, SHI Feng, CHENG Hong-chang, et al. Monte Carlo simulation of e-lectron transport in low-light-level image intensifier［J］. Optik, 2015, 126（2）: 219-222.

［12］ORTIZ S, OTADUY D, DORRONSORO C. Optimum parameters in image intensi-fier MTF measurements［C］. SPIE, 2004, 5612: 382-391.

［13］ ZHU Hong-quan，WANG Kui-lu，XIANG Shi-ming，et al. Dynamic modulation transfer function measurement of image intensifiers using a narrow slit［J］. Review Scientific Instruments，2008，79（2）：023708.

［14］ REN Ling，SHI Feng，GUO Hui，et al. Numerical calculation method of modulation transfer function for preproximity focusing electron-optical system［J］. Applied Optics，2013，52（8）：1641-1645.

［15］ 陶禹，金伟其，王瑶，等. 高性能近贴式像增强器的调制传递函数分析［J］. 光子学报，2016，45（6）：168-173.

［16］ 武梅娟，任玲，常本康，等. 运用蒙特卡罗方法分析像增强器分辨率［J］. 真空科学与技术学报，2012，32（9）：798-801.

［17］ FU Wen-hong. Research on the theory，experiment and test technology of MCP flare process［D］. Nanjing：Nanjing University of Science and Technology，2006：67-68.

［18］ 傅文红. MCP 扩口工艺的理论、实验与测试技术研究［D］. 南京：南京理工大学，2006：67-68.

［19］ 赵静，张益军，常本康，等. 高性能透射式 GaAs 光电阴极量子效率拟合与结构研究［J］. 物理学报，2011，60（10）：679-685.

［20］ 顾礼，李翔，周军兰，等. 光电阴极光电子发射特性的蒙特卡洛方法研究［J］. 量子电子学报，2018，35（5）：539-543.

［21］ 沈庆垓. 摄像管理论基础［M］. 北京：科学出版社，1984.

［22］ XIE Yun-tao，ZHANG Yu-jun，SUN Xiao-quan. Monte-Carlo simulation of output electron cloud from a microchannel plate in a saturation mode［J］. Acta Photonica Sinica，2017，46（11）：1125001.

［23］ 薛增泉，吴全德. 电子发射与电子能谱［M］. 北京：北京大学出版社，1993.

［24］ 冯炽焘. 像管的设计与分析［M］. 北京：国防工业出版社，1990：184-192.

第6章
像增强器亮度增益测试技术

 6.1　像增强器亮度增益测试原理

▶▶▶ 6.1.1　亮度增益的测试原理 ▶▶ ▶

　　像增强器的亮度增益定义：在标准光源照明和微光像增强器额定工作电压下，荧光屏的输出亮度 L 与光电阴极处输入照度 E_V 之比，即

$$G_L = \frac{L}{E_V} \tag{6.1}$$

　　荧光屏的输出亮度的单位为 cd/m^2，输入照度的单位为 lx。由于荧光屏具有朗伯发光体的特性，发光的亮度分布符合余弦分布律，因此亮度增益也可以通过测试阴极面入射光通量和荧光屏输出光通量之比获得。像增强器亮度增益和等效背景测试结构示意如图 6.1 所示。

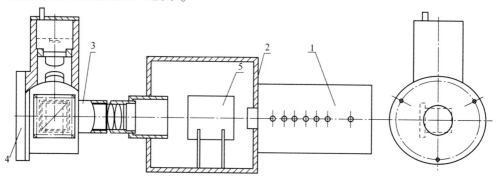

1—光源及组合滤光片；2—测试盒；3—光学部件；4—光电倍增管接口；5—像增强器及模拟器件。

图6.1　像增强器亮度增益和等效背景测试结构示意

如图 6.1 所示，测试部件由光源、滤光片、测试盒、光学部件及相应的机械结构组成。光源为卤素灯，卤素灯前有一个小孔光阑，在光阑前面有 5 块滤光片和一块遮光片，通过它们不同的组合可以产生各种照度的入射光。测试时首先将模拟器件放入测试盒，模拟器件中有一块毛玻璃，使之具有朗伯发光体的特性，通过模拟器件可以测出入射光通量 φ_i 为

$$\varphi_i = \frac{I_0}{d_0^2} \cdot T_i \cdot \frac{\pi}{4} \cdot D_0^2 \cdot T_m \tag{6.2}$$

式中：I_0 为光源强度，单位为 cd；d_0 为光源到模拟器件中毛玻璃的距离，单位为 m；T_i 为测试时光路中滤光片的总透过率；D_0 为毛玻璃的直径，单位为 m；T_m 为毛玻璃的校正系数，主要取决于毛玻璃的透过率。

模拟测试入射光通量后，将像增强器放入测试盒，在测试标准规定的测试照度下测出像增强器的荧光屏输出光通量 φ_o 为

$$\varphi_o = \frac{I_0}{d_k^2} \cdot T_o \cdot \frac{\pi}{4} \cdot D_k^2 \cdot G_L \cdot \pi \tag{6.3}$$

式中：I_0 为光源强度，单位为 cd；d_k 为光源到像增强器阴极面的距离，单位为 m；T_o 为测试时光路中滤光片的总透过率；D_k 为像增强器阴极面被照明的区域的直径，单位为 m；G_L 为像增强器的亮度增益，单位为 $cd \cdot m^{-2} \cdot lx^{-1}$。

根据式（6.2）和式（6.3）可以得到亮度增益的表达式为

$$G_L = \frac{\varphi_o}{\varphi_i} \cdot \frac{d_k^2}{d_0^2} \cdot \frac{D_0^2}{D_k^2} \cdot \frac{T_i \cdot T_m}{T_o \cdot \pi} \tag{6.4}$$

式（6.4）中的各个参数均可以测试获得，根据式（6.4）可以通过测试光通量之比的方法获得亮度增益。

▶▶▶ 6.1.2　等效背景的测试原理 ▶▶▶ ▶

为了与来自目标的照度相比较，通常用等效背景照度来表示暗背景。为了使荧光屏亮度等于暗背景亮度值，需要在光阴极面上输入的照度值，就称为等效背景照度。测试时首先测试像增强器无照射时的荧光屏亮度，该亮度通常用光电倍增管转化成电流值，设为 I_a；然后以一定的照度（测试标准规定为 $1.5 \times 10^{-7} \sim 3.0 \times 10^{-7} lx$）入射像增强器阴极面，再测出此时的荧光屏亮度，设该亮度对应的光电倍增管的输出电流为 I_b，此时的阴极面入射照度为 E_b，则等效背景照度 E_{be} 为

$$E_{be} = E_b \cdot \frac{I_a}{(I_b - I_a)} \tag{6.5}$$

式中：等效背景照度 E_{be} 的单位为 lx。

6.2 亮度增益测试系统设计

增益测试子系统的微光光源采用 6 V/10W 的卤钨灯白光光源，恒流供电，固定直径 8 mm 出光，卤钨灯实物如图 6.2 所示。

图 6.2　卤钨灯光源实物图

增益测试子系统的紫外光源采用北京赛凡光电仪器有限公司生产的 7ILD30 型氙灯光源及其配套稳流电源 7IPD30。7ILD30 型氙灯光源光谱范围为 200 ~ 400 nm，灯泡寿命为 2 000 h，最小光斑直径可达 3 mm。7IPD30 氙灯电源额定功率为 30 W，输出电流漂移为 ±0.05%/h。氙灯光源实物如图 6.3 所示。

图 6.3　氙灯光源实物

滤光片采用了由美国 THORLABS 公司的紫外熔融石英基底的反射中性密度滤光片，光密度从 0.1 到 4.0 的 10 片滤光片。滤光片都会吸收某些波长，因此不同的滤光片能够不同程度地衰减光的强度，改变不同的光谱成分，在一定范围内可用来调准中心波长。在实验过程中，通过插入单个或者多个滤光片来调节光强和光谱成分，获得最佳实验效果。滤光片实物如图 6.4 所示。

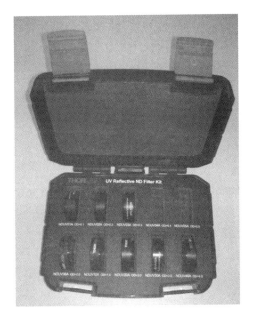

图 6.4　滤光片实物

　　增益测试子系统积分球采用特殊定制的 Sphere-200 mm 的全铝积分球，用以建立一个均匀辐射的光源。该积分球有两个入光孔和出光孔，在入光孔处分别放置氙灯光源和钨灯光源，光源发出的光经球内积分在出光孔处形成均匀的光，出光尺寸为 30 mm，均匀度可达 99.8% 以上。积分球如图 6.5 所示。

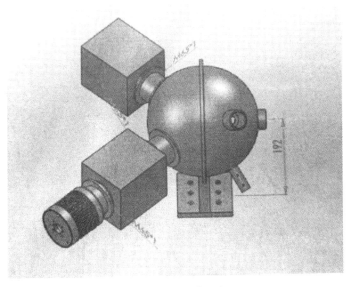

图 6.5　积分球示意

光度计主要是用来测量像增强器荧光屏亮度，是一种用来测量光度的计量仪器。本系统中使用光度计为 Photo Research 公司生产的 PR-880 型全自动化滤光片式光度计。其技术指标及性能参数如下，PR-880 型光度计实物如图 6.6 所示。亮度增益测试仪实物如图 6.7 所示。

①A/D 分辨率：14 bits。

②视野范围：8.5°。

③测定角度：自动 3°、1°、1/2°、1/4°、2°、1/8°（可选）。

④滤光片转台：2 个 6 位置转台。

⑤标准滤光片：Photopic、Red、Blue、Open、ND-1 to ND-4。

⑥测定内容：亮度、光度、光强度、三色激励测色法、色度、相关色温。

⑦测量精度：亮度±2%，标准 A 光源。

图 6.6　PR-880 型光度计实物

图 6.7　亮度增益测试仪实物

　　增益测试子系统软件由辐射亮度增益与等效背景辐射照度测试模块和数据库模块两部分组成，用以实现像增强器荧光屏亮度的测量、阴极面入射辐射照度的测量、光度计的控制、电源开关的控制等功能，并且可以将测试信息保存到数据库中。

　　辐射亮度增益与等效背景辐射照度测试模块用以实现入射辐射照度、荧光屏亮度、荧光屏暗背景和辐射亮度增益等参数的测量与计算，测试模块界面如图6.8所示。

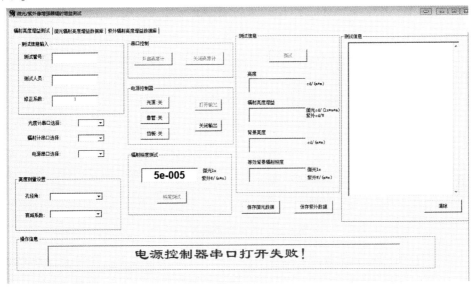

图 6.8　辐射亮度增益与等效背景辐射照度测试模块界面

　　像增强器辐射亮度增益和等效背景辐射照度测试操作步骤如下所示：

　　启动软件→软件默认配置→重新选择串口或测量设置（可选）→输入测试管号和人员以及修正系数→开启 PR-880 远程模式→打开电源控制器的输出，打开光源和电子挡板→辐射照度测试（或直接输入照度值）→单击"测试"按钮实现荧光屏亮度、亮度增益、背景亮度、等效背景辐射照度测试→保存数据。

　　①软件默认配置：程序启动后将读取安装文件夹内数据库文件，根据最近一次的操作，打开相应串口，并对亮度测量设置进行默认配置。

　　②重新选择串口或测量设置：程序启动后，可根据需要重新选择串口或对测量参数，如孔径角等进行设置。软件将保存这一操作，在下一次程序开启时，将按最近的串口选择和测量设置进行软件默认配置，串口设置界面如图6.9所示。

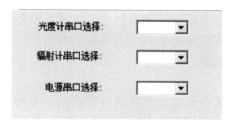

图 6.9　串口设置界面

亮度测量设置界面可以进行孔径角的选择以及衰减系数的选择，其中孔径角有 1/8°、1/4°、1/2°、1°、2°和 3°共 6 个选项，衰减系数有自动、10 倍衰减、100 倍衰减、1 000 倍衰减和 100 000 倍衰减共 5 个选项。亮度测量设置界面如图 6.10 所示。

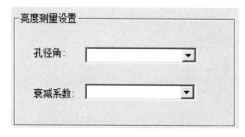

图 6.10　亮度测量设置界面

③开启 PR-880 远程模式：在串口连接打开正确的情况下，开启 PR-880 远程模式，实现光度计的远程控制。PR-880 控制模块界面如图 6.11 所示。

图 6.11　PR-880 控制模块界面

单击"开启远程模式"按钮后，软件将通过串口给 PR-880 光度计发送指令，使光度计处于远程控制状态，操作信息框中将出现如图 6.12 所示的提示信息。

图 6.12　远程模式开启信息提示界面

远程模式开启成功后，操作信息框中将出现如图 6.13 所示的提示信息。

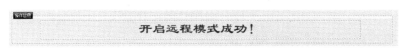

图 6.13 远程模式开启成功信息提示界面

若串口连接出错或光度计出错，则将无法成功开启光度计远程控制模式，此时，需检查光度计串口连接或重启光度计。远程模式开启失败提示信息如图 6.14 所示。

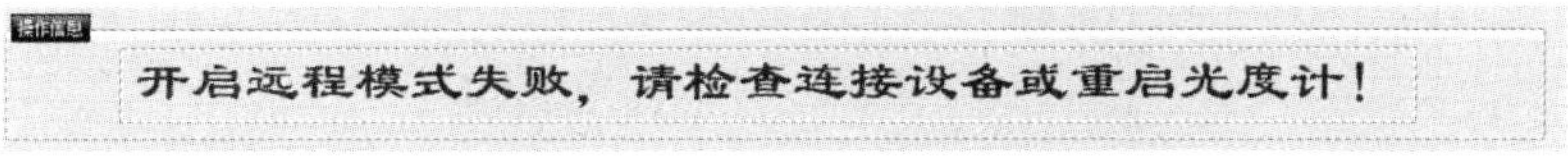

图 6.14 远程模式开启失败信息提示界面

当测试完成，关闭系统前或需手动操作光度计时，应先关闭光度计远程模式，远程模式关闭成功后，将出现如图 6.15 所示的提示信息。

图 6.15 远程模式关闭信息提示界面

④打开电源控制器电源输出：在串口连接正确的前提下，可以做到对电源的纯软件控制，如图 6.16 所示。

图 6.16 电源控制器显示界面

⑤辐射照度测试：利用 PH-16 型宽动态范围照度/辐射计，获取当前阴极面入射辐射照度。在实验环境不变的前提下，手动输入当前照度值，如图 6.17 所示。

图 6.17 辐射照度测试显示界面

⑥亮度测试：利用 PR-880 光度计获取像增强器在相应入射辐射照度下荧光屏的亮度。亮度测试模块界面如图 6.18 所示。

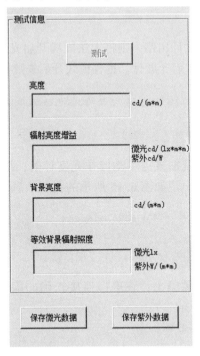

图 6.18　亮度测试模块界面

当单击"测试"按钮后，计算机将给光度计发送指令，启动亮度测量，光度计测量完成后，将测试亮度数据发送回计算机，计算机对该数据进行显示，并利用先前所测辐射照度，计算得到辐射亮度增益。

接着再发送指令给电子挡板，关闭电子挡板，从而再次利用 PR-880 光度计获取像增强器在无入射辐射下荧光屏的背景亮度。计算机获取荧光屏背景亮度后，利用先前测试获得的辐射亮度增益计算得到像增强器等效背景辐射照度。

⑦保存数据：将测试数据保存在数据库中。

数据库模块完成对测试信息的保存和查询。包括测试管号、辐射亮度增益、荧光屏亮度、入射辐射照度、等效背景辐射照度等相关信息。通过 VS2012 连接 Access 数据库，可以对数据进行删除、添加、修改和查询。辐射亮度增益数据库模块分成微光与紫外两个数据库来分别存储数据，界面如图 6.19 所示。

在辐射亮度增益数据库模块界面中，表单界面模块用以显示全部测试记录，其界面如图 6.20 所示。

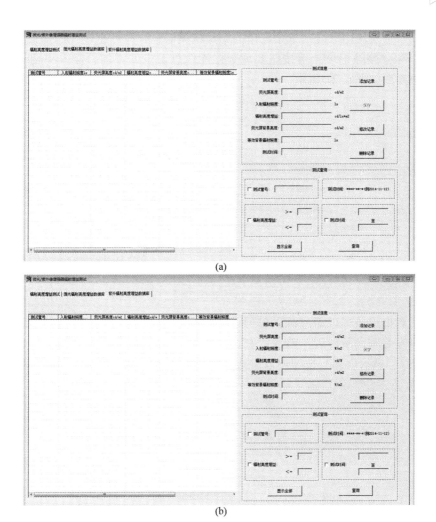

图 6.19 数据库模块界面

(a) 微光辐射亮度增益数据库；(b) 紫外辐射亮度增益数据库

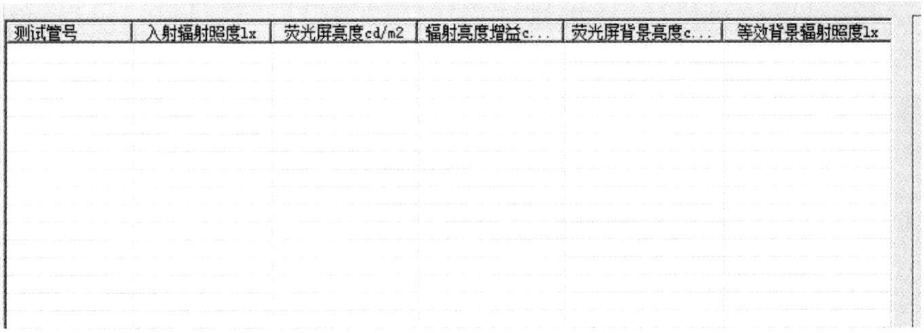

图 6.20 数据库模块表单界面

测试信息模块用以显示单条记录的完整相关信息，并可通过"添加记录""修改记录"和"删除记录"等按钮实现数据库信息记录的添加、修改和删除。测试信息模块界面如图6.21所示。

图 6.21　测试信息模块界面

测试查询模块可以通过测试管号、辐射亮度增益和测试时间组合实现条件查询，当设定好查询条件后，单击"查询"按钮，表单界面将显示符合查询条件的测试记录，"显示全部"按钮用以重新显示所有测试记录，测试查询模块界面如图6.22所示。

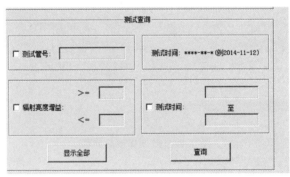

图 6.22　测试查询模块界面

6.3　亮度增益测试结果分析

利用所研制的亮度增益和等效背景照度测试仪对进口的 XX1509/J 型和 XX2052/Q 型等多种型号的像增强器进行了测试。表 6.1 给出了 XX1509/J 型和 XX2052/Q 型两个样管在不同入射照度下的亮度增益测试结果，表中还将测试结果和国外提供的数据进行了对比；表 6.2 给出了 XX2052/Q 型样管的亮度增益测试稳定性的实验结果，其 4 次测试结果为对同一个样管不同时间的测试结果，每次测试都间隔一天；表6.3给出了两个样管的等效背景测试结果，其3次测试结果为在像增强器通电的情况下每次间隔10 min的测试结果，表中同样将测试结果和国外提供的数据进行了对比。

表6.1　不同测试条件下的亮度增益

测试条件：测试温度10°，信号采集时间15 s

样管型号	入射照度为 $1.5×10^{-4}$ lx 的测试结果 $/(\text{cd} \cdot \text{m}^{-1} \cdot \text{lx}^{-1})$	入射照度为 $4.8×10^{-5}$ lx 的测试结果 $/(\text{cd} \cdot \text{m}^{-1} \cdot \text{lx}^{-1})$	入射照度为 $1×10^{-6}$ lx 的测试结果 $/(\text{cd} \cdot \text{m}^{-1} \cdot \text{lx}^{-1})$	国外的测试数据，入射照度为 $5×10^{-5}$ lx $/(\text{cd} \cdot \text{m}^{-1} \cdot \text{lx}^{-1})$
XX1509/J	$1.332×10^4$	$1.375×10^4$	$1.370×10^4$	$1.38×10^4$
XX2052/Q	$1.763×10^4$	$1.960×10^4$	$1.952×10^4$	$1.98×10^4$

表6.2　亮度增益测试稳定性数据

测试条件：入射照度 $4.8×10^{-5}$ lx，测试温度10°，信号采集时间15 s

样管型号	第一次测试结果 $/(\text{cd} \cdot \text{m}^{-1} \cdot \text{lx}^{-1})$	第二次测试结果 $/(\text{cd} \cdot \text{m}^{-1} \cdot \text{lx}^{-1})$	第三次测试结果 $/(\text{cd} \cdot \text{m}^{-1} \cdot \text{lx}^{-1})$	第四次测试结果 $/(\text{cd} \cdot \text{m}^{-1} \cdot \text{lx}^{-1})$
XX2052/Q	$1.993×10^4$	$1.960×10^4$	$1.935×10^4$	$1.922×10^4$

表6.3　等效背景照度的测试数据

测试条件：测试温度20°，阴极面入射照度：$1.77×10^{-7}$ lx

样管型号	第一次测试结果/μlx	第二次测试结果/μlx	第三次测试结果/μlx	国外的测试结果/μlx
XX1509/J	0.075	0.079	0.082	0.08
XX2052/Q	0 057	0.062	0.065	0.06

对XX1509/J型和XX2052/Q型两种样管的测试结果表明，本测试仪的测试结果正确、可靠，其测试结果和国外的测试结果比较一致，误差在5%以内。亮度增益的测试稳定性结果表明，测试仪的稳定性也较好，说明仪器的研制是成功的，结构设计是合理有效的。

表6.1的测试结果表明，像增强器的亮度增益随入射阴极面的光照度的变化而有所变化，在某个照度值下达到最大值（该值通常为 $10^{-5} \sim 10^{-4}$ lx量级），在低于该照度的光照射下，增益在较大的范围内保持基本不变或略有下降，在高于该照度的光照射下，增益将明显下降。同时，表6.2测试数据表明，测试仪对同一个像增强器的不同次测试结果还是有一些偏差，和国外提供的测试数据也存在一定的偏差，主要有以下原因。

①亮度增益和等效背景照度都是反映像增强器工作过程的参量，本身并没有一个绝对的量值，其值会随各种外界因素和像增强器的本身工作状态而有所变化。

因此，在一定范围的偏差是正常现象，多次的实验已证实了这点。

②测试条件有所不同。主要表现在测试时阴极面的入射照度、环境温度和湿度等条件的不同，如果相差较小，影响可以忽略，如果相差较大，结果还是有所差别的。

③测试仪本身的误差。测试过程中，光源的不稳定性、像增强器在测试盒中位置的变化、各种电磁干扰和光电倍增管的非线性等因素均会导致测试误差。

表6.3的测试数据表明，像增强器的工作状态对等效背景照度测量有很大的影响，在对同一个像增强器进行多次测量时应让像增强器停止工作一段时间再进行下一次测量，等效背景照度在像增强器通电 15 min 以内测试是合适的。而且，多次的实验表明，相对于亮度增益，环境条件对等效背景照度有更大的影响，尤其是温度，温度越低，背景越小，该参数的测试必须保持恒温、恒湿。

6.4 像增强器综合参数测试仪研制

▶▶▶ 6.4.1 微光像增强器信噪比测试子系统 ▶▶▶

1. 系统组成

微光像增强器信噪比测试子系统由光源、滤光片、光阑、积分球、光学系统、测试暗盒、光电倍增管、多个电源模块、测试结构件、信号处理模块、工控计算机及测试软件等部分组成，图6.23为微光像增强器信噪比测试子系统的原理图。

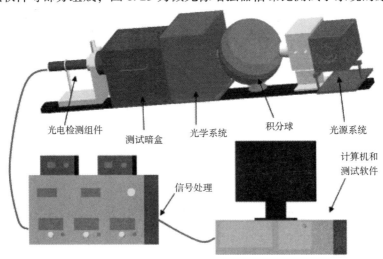

图 6.23 信噪比测试子系统的原理图

工作原理：由光学系统产生一个直径为 0.2 mm，输入照度为 1.08×10^{-4} lx（对

二代管为 1.29×10^{-5} lx）的光点投影到像增强器的阴极面，像增强器在荧光屏上产生一个亮度增强的光点，该光点通过共轭透镜系统传递到光电倍增管的输入阴极面，通过信号处理器对光电倍增管的输出信号进行放大处理，工控计算机和数据采集系统对信号处理器的输出信号进行数字化和采集，测试软件对采集的信号进行分析、计算、显示和数字处理给出信噪比值。

2. 性能指标

系统的性能指标如下。

①测试对象：二代、超二代和三代像增强器。

②测试照度：1.08×10^{-4} lx 和 1.29×10^{-5} lx 可选，可以实时指示。

③测试光点直径：0.2 mm。

④测试带宽：10 Hz。

⑤光电倍增管：50～800 V 可调。

⑥计算机系统：研华工控机。

⑦软件平台：Windows 7 系统。

⑧测试软件：Visual C++或 Labwindows 语言编写，可以实现数据的采集、显示、分析、处理、存储和打印。

⑨系统供电：1 kW，220 V，50 Hz。

⑩测试重复性：优于±5%。

6.4.2 微光像增强器亮度增益测试子系统

1. 系统组成

本项目组研制的微光像增强器亮度测试子系统用于测试装有一代、二代、超二代或三代像增强器的亮度增益参数。它由光源、组合滤光片、光阑、测试暗盒、光亮度计、电源模块和测试结构等部分组成，其结构如图 6.24 所示。

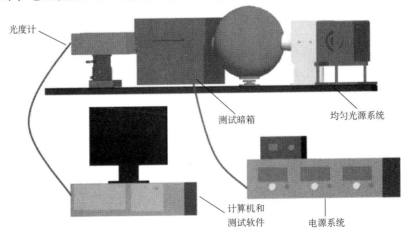

光度计

测试暗箱

均匀光源系统

计算机和测试软件

电源系统

图 6.24 微光像增强器亮度增益测试子系统结构

2. 性能指标

系统的性能指标如下。

①测试对象：一代、二代、超二代和三代像增强器。

②测试照度：$5.0×10^{-5}$ lx，可以实时照度指示。

③系统供电：1 kW，220 V，50 Hz。

④亮度计：美国 PR880，最低亮度探测阈值为 $3×10^{-4}$ cd/m^2。

⑤增益测试范围：$0 \sim 50\ 000$ cd·m^{-2}·lm^{-1}。

⑥测试重复性：优于±8%。

▶▶▶ 6.4.3　微光像增强器鉴别率测试子系统 ▶▶ ▶

1. 系统组成

测试系统由光源、电源、鉴别率卡、平行光管、物镜、测试暗盒、光学系统、目镜等组成。

2. 性能指标

系统的性能指标如下。

①测试对象：一代、二代、超二代和三代像增强器。

②测试照度：可选。

③测试分划板：USFA1951 标准。

④分辨率测试范围：$0 \sim 100$ lp/mm。

⑤系统供电：1 kW，220 V，50 Hz。

⑥测试重复性：优于±5%。

▶▶▶ 6.4.4　研制结果 ▶▶▶ ▶

微光像增强器综合测试仪采用一体化设计，在一套仪器上实现微光像增强器的信噪比、亮度增益、分辨率等 3 个技术指标的测试，因此其系统结构均有别于常规的信噪比测试仪、亮度增益测试仪和分辨率测试仪，光机结构、信号处理、测试软件均要能够兼顾上述 3 个指标的测试要求。

1. 微光像增强器综合测试仪组成

三代微光像增强器亮度增益校准装置主要由光源组件、暗箱、光度计、光电倍增管、信号处理模块、主控计算机和电源等部分组成，其组成结构如图 6.25 所示。

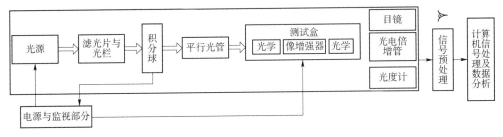

图 6.25　微光像增强器综合测试仪组成结构

①光源组件包括灯、滤光片、光阑和积分球等。微光像增强器参数测量中，均匀漫射弱照度光源是它的关键部件之一，由于亮度增益大小与光阴极灵敏度成正比，而阴极灵敏度又与光源光谱成分相关，因此发光光源采用色温为 2 856 K 的标准 A 光源，并由高精度高稳定度恒流源提供电源。灯光经积分球后形成均匀漫射源，再经中性滤光片减光，获得光照度范围在 $10^{-5} \sim 10^{-1}$ lx 之间的均匀漫射弱照度光源，其光的不均匀性小于 1 %。

②高精度高稳定度恒流恒压电源。高精度高稳定度恒流恒压源的作用是消除或削弱电源电流、负载电阻和环境温度变化对输出电流的影响。通常情况下，电流变化 0.05 % 或电压变化 0.1 %，辐射通量变化约 0.4 %，色温变化约 1 K。

③光学系统。光学系统包括平行光管、共轭透镜、物镜、目镜、光阑等。亮度增益和信噪比测试本身不需要平行光管，它是为了兼容分辨率测试而增加的。分辨率测试时，平行光管焦面上放置标准鉴别率板，信噪比测试和亮度增益测试时放置毛玻璃。物镜和目镜用于分辨率测试，共轭透镜用于信噪比测试。

为了使投射到微光像增强器阴极面上的光点为 $\Phi0.2$ mm，在装置研制中采用针孔光阑实现。针孔光阑由 $\Phi0.2$ mm 的小孔和二维精度调节机构组成，它将来自积分球的光只限于处在中心线上的 $\Phi0.2$ mm 的小孔通过；二维精度调节范围为径向±4 mm，最小刻度为 0.01 mm，分辨率为 0.002 mm。

④光度计。光度计用于亮度增益测试，光度计具有照度和亮度测量两种功能，即可测量像增强器光阴极面的照度，也可测量像增强器荧光屏的亮度，还带有计算机接口，通过数据采集卡采集数据，由计算机进行数据处理，获得微光像增强器的亮度增益。

⑤光电倍增管、信号处理与采集电路。微光像增强器荧光屏上的小孔像通过共轭透镜成像在光电倍增管的光阴极上。光电倍增管将其输入信号进行放大，经低通滤波器滤掉 10 Hz 以上的高频成分，采用低噪声放大器、滤波器、精确信号采集电路和数字信号处理技术相结合的方法对光电倍增管产生的光电流信号进行处理，提高信号处理的科学性和正确性，实现输入照度为 10^{-4} lx 和 10^{-5} lx 量级下像增强器信噪比的测量。

⑥测试暗箱。测试暗箱是放置被测微光像增强器的地方，是测量像增强器信

噪比参数时所必须提供的避光环境。由于测试信噪比时，由光源装置给出的信号光斑照度为 10^{-4} lx，因此暗箱的避光性能应该足够好，即封盖时暗箱内照度应为 10^{-5} lx。测试暗箱由箱底、曲板、箱盖、底座组成，前后两块曲板开有窗口，底座是支撑箱底的可调装置，可以在高低及横向进行调节。在箱体内装有被测像增强器的工具，并保证像增强器的中心高度不变。

2. 测试与数据分析软件

测试与数据分析软件用于对微光像增强器综合测试仪进行全局的控制，显示系统的状态；运行和管理各种测试软件，存储、显示和打印输出各种测试参数。控制与数据分析系统软件包括空间分辨率测试软件、信噪比测试软件、亮度增益测试软件。软件设计采用 C++ 程序设计技术和 SDK 平台提供的 API 函数开发编写，软件界面如图 6.26 所示。

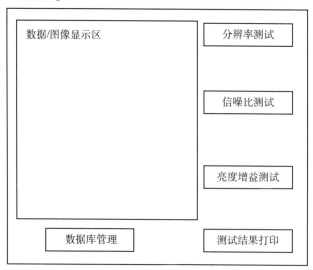

图 6.26　软件界面

测试与数据分析软件的开发在完成测试的前提下具备以下功能。

①数据存储功能：其可以立即保存采集到的图像数据，并记录产品名称、测试时间、测试项目等。

②数据库管理功能：其可以将被测产品的测试数据存储在数据库中，以便存档和管理。

③测试报告打印功能：被测产品的测试结果可以打印输出。

3. 系统技术指标

（1）增益测试。

测试对象：二代、超二代和三代像增强器。

测试照度：5×10^{-5} lx，可以实时指示。

增益测试范围：$0 \sim 30\,000\ \mathrm{cd \cdot m^{-2} \cdot lm^{-1}}$。

测试重复性：优于±8%。

（2）信噪比测试。

测试对象：二代、超二代和三代像增强器。

测试照度：可以调节，可以实时指示。

信噪比测试范围：$0 \sim 40\ \mathrm{dB}$。

测试重复性：优于±5%。

（3）分辨力测试。

测试对象：二代、超二代和三代像增强器。

测试照度：可选。

测试分划板：USAF1951 标准。

分辨率测试范围：$0 \sim 100\ \mathrm{lp/mm}$。

测试重复性：优于±5%。

计算机系统：研华工控机。

软件平台：Windows 7 系统。

测试软件：Visual C++或 Labwindows 语言编写。

基于技术指标，研制的综合测试系统组成如图 6.27 所示。

图 6.27　微光像增强器综合测试系统

第7章
像增强器发光均匀性测试技术

7.1 均匀性测试仪系统设计的理论研究

要对微光像增强器成像均匀性进行测试，要熟悉微光像增强器，要研究确保测试精确性的方法，要研究如何为所测试的微光像增强器提供均匀光源的理论，为测试仪系统的设计做理论基础，进而实现均匀性的可靠检测。所以要进行相关的理论研究，为多型号微光像增强器成像均匀性测试仪的设计提供理论支撑[1~3]。

微光像增强器主要由3部分组成，分别为光阴极、微通道板和荧光屏[4~5]。光阴极具有将微弱的光学图像转化为微弱的电子图像的作用，微通道板具有将微弱的电子图像进行增强的作用，荧光屏具有将增强的电子图像转化为光学图像的作用。微光像增强器的实物如图7.1所示。

1—荧光屏；2—导电接头；3—定位槽；4—阴极面；5—微光像增强器裸管封装壳。

图7.1 微光像增强器的实物

微光像增强器裸管封装在塑料壳体中，封装好的微光像增强器上具有两个导电接头，通过这两个导电接头可以为微光像增强器提供工作电压。微光像增强器裸管的实物如图7.2所示。

1—荧光屏；2—微通道板；3—阴极面；4—通电导线

图7.2　微光像增强器裸管的实物

微光像增强器的工作电压是 3 V，在光线微弱的黑暗环境下，微光像增强器通电后便可以工作，将微弱光线下的人眼无法看清的物体呈现在微光像增强器的荧光屏上，从而使人眼能够清晰识别，起到微光夜视的效果。如果微光像增强器工作在日光环境或亮度大的环境下，微光像增强器则会被破坏。

 ## 7.2　多型号微光像增强器成像均匀性测试仪系统设计

多型号微光像增强器成像均匀性测试仪设计与研究的课题是基于具体科研项目的，根据科研项目实际技术指标要求，对多型号微光像增强器成像均匀性测试仪进行设计与分析。任务是研发一套多型号微光像增强器成像均匀性测试仪，并且能有效地对阴极面直径为 ϕ18 mm、ϕ25 mm、ϕ40 mm、ϕ50 mm 型号的微光像增强器成像均匀性进行测试，判断相应型号微光像增强器成像均匀的优劣。

▶▶▶ 7.2.1　均匀性测试仪技术指标要求 ▶▶▶

多型号微光像增强器成像均匀性测试仪要能够为所测试的微光像增强器成像提供照度为 10^{-3} ~ 50 lx 的均匀光源，光辐射至阴极面点亮微光像增强器，使微光像增强器的荧光屏成像，采集成像图像，并检测采集到的各数字图像的均匀性，判别各型号的微光像增强器的成像性能优劣。

均匀性测试仪的总体技术性能指标如下：

①测试仪所用均匀光源照度在 10^{-3} ~ 50 lx 量级范围可调；

②测试仪所用积分球直径定为 300 mm；

③测试仪机械系统要具有足够的强度和刚度，保证测试的精确性；

④测试仪能够实现均匀光源照度的实时监测与显示；

⑤测试仪能够对阴极面直径分别为 ϕ18 mm、ϕ25 mm、ϕ40 mm 和 ϕ50 mm 型号的微光像增强器成像均匀性进行测试，高度依次为 10 mm、100 mm、200 mm、300 mm；

⑥作用于各种型号微光像增强器阴极面的光源均匀性≥97%；

⑦微光像增强器成像均匀性测试软件具备人性化，操作简便，能测试并显示各型号微光像增强器成像的均匀性；

⑧采集图像中坏点判定条件，比成像正常区域亮度高 30% 的坏点定义为亮点，比成像正常区域亮度低 30% 的坏点定义为暗点；

⑨当采集的微光像增强器成像的数字图像存在亮点或暗点时，应该对这些亮点或暗点作相应处理，再计算均匀性，以避免由于个别亮点或暗点的存在影响荧光屏总体均匀性的客观评价；

⑩均匀性定义为 $U = \dfrac{G_{\max}}{G_{\min}}$，非均匀性定义为 $U_{N} = \dfrac{G_{\max} - G_{\min}}{(G_{\max} + G_{\min})/2} \times 100\%$。

式中：$G_{\max}$ 为微光像增强器成像图像的最高灰度值，$G_{\min}$ 为微光像增强器成像图像的最低灰度值。

均匀性 U 值越接近 1，就代表微光像增强器的性能相对越好。

▶▶▶ 7.2.2　均匀性测试仪总体设计方案 ▶▶ ▶

根据技术指标要求，设计出一套精确可靠的均匀性测试仪。多型号微光像增强器成像均匀性测试仪是一套光机电一体化的测试设备，由机械系统、测试控制系统和软件系统 3 部分组成。根据微光像增强器成像均匀性及其测试方法的理论研究，对多型号微光像增强器成像均匀性测试仪进行了设计。多型号微光像增强器成像均匀性测试仪工作示意如图 7.3 所示。

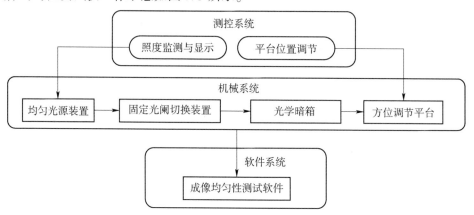

图 7.3　多型号微光像增强器成像均匀性测试仪工作示意

多型号微光像增强器成像均匀性测试仪机械系统包括方位调节平台、固定光阑切换装置、均匀光源装置和光学暗箱 4 部分。多型号微光像增强器成像均匀性测试仪如图 7.4 所示。

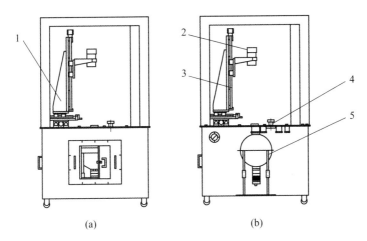

(a)　　　　　　　(b)

1—光学暗箱；2—7D MARK II 单反相机；3—方位调节平台；4—固定光阑切换装置；5—均匀光源装置

图 7.4　多型号微光像增强器成像均匀性测试仪

多型号微光像增强器成像均匀性测试仪机械系统各部分的作用如下。

①光学暗箱：光学暗箱分为光学暗箱上箱体和光学暗箱下箱体，目的是实现整个检测过程不受外部可见光的影响。

②7D MARK II 单反相机：采集各型号微光像增强器成像的数字图像。

③方位调节平台：对单反相机的位置进行调节，x 和 y 轴手动调节，z 轴通过步进电机进行自动调节。

④固定光阑切换装置：防止积分球出光孔漏光，通过手动调节，使得积分球出光孔的均匀光线辐射至各个型号的微光像增强器的阴极面。

⑤均匀光源装置：为多型号微光像增强器成像均匀性测试仪提供均匀光源，均匀光源装置的设计与研制是多型号微光像增强器成像均匀性测试仪的设计与研制最重要的环节。

多型号微光像增强器成像均匀性测试仪测试控制系统包括 PH-4 型智能照度/辐射计、三星 S24C300H 24 寸液晶显示器、研华 IPC-610L 原装工控机、固纬 GPS-1830D 恒压电源、KZ400B 步进电机驱动控制器、打印机。多型号微光像增强器成像均匀性测试仪测试机柜示意如图 7.5 所示。

多型号微光像增强器成像均匀性测试仪测试机柜中各仪器的作用如下。

①PH-4 型智能照度/辐射计：配合硅光电池照度探测器对均匀光源装置中的积分球出光孔的照度进行实时的监测与显示。

②液晶显示器：微光像增强器成像均匀性测试软件、步进电机控制软件以及单反相机控制软件的显示窗口。

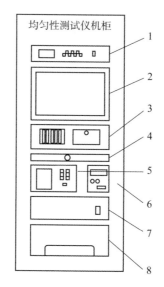

均匀性测试仪机柜

1—PH-4 型智能照度/辐射计；2—液晶显示器；3—研华 IPC-610L 原装工控机；

4—键盘鼠标；5—FLS7150 精密程控恒流电源；6—固纬 GPS-1830D 恒压电源；

7—KZ400B 步进电机驱动控制器；8—打印机。

图 7.5　多型号微光像增强器成像均匀性测试仪测试机柜示意

③研华 IPC-610L 原装工控机：多型号微光像增强器成像均匀性测试仪的工作主机，搭配 Windows 8 操作系统。

④键盘鼠标：多型号微光像增强器成像均匀性测试仪数据信息的输入终端。

⑤FLS7150 精密程控恒流电源：其为多型号微光像增强器成像均匀性测试仪中的均匀光源装置中的卤钨灯提供恒定电流。

⑥固纬 GPS-1830D 恒压电源：为多型号微光像增强器成像均匀性测试仪测试的各个型号的微光像增强器提供 3 V 的工作电压值。

⑦KZ400B 步进电机驱动控制器：多型号微光像增强器成像均匀性测试仪中方位调节平台中的步进电机的驱动控制器。

⑧打印机：对微光像增强器成像均匀性测试软件测试的均匀性相关图像与数据进行打印输出。

 7.3　多型号微光像增强器成像均匀性测试仪实验验证与分析

在均匀性测试仪的设计与研制之后，验证测试仪性能相关实验是必不可少的。根据测试仪总体技术指标要求，可进行 3 个测试实验，包括积分球出光孔照度标定实验、积分球出光孔照度衰减干扰因子验证实验和测试仪标定及产品测试试验。

▶▶| 7.3.1 积分球出光孔照度标定实验 ▶▶ ▶

1. 积分球出光孔照度标定实验目的

积分球出光孔的照度要进行实时的监测与显示，需要用到 PH-4 型智能照度/辐射计和硅光电池照度探测器。照度探测器在受到积分球出光孔均匀光线照射会产生一个电流值 I，该实验的目的就是将这个电流值 I 转化为积分球出光孔的照度值 E，并且将这个电流值 I 和照度值 E 显示在 PH-4 型智能照度/辐射计上，实现测试仪对积分球出光孔照度实时监测与显示的功能。

2. 积分球出光孔照度标定实验方案设计

PH-4 型智能照度/辐射计要能通过硅光电池照度探测器产生的电信号，对照度的数值进行显示，前提是要有一个照度标定表，该标定表显示的是积分球出光孔照度 E 和硅光电池照度探测器产生的电流值 I 的对应关系。由积分球出光孔照度标定方法的研究可知，照度 E 和电流值 I 存在线性的关系，所以通过差值运算就可以从照度标定表中计算出任意一个硅光电池短路电流 I_i 所对应的照度值 E_i。通过测量一组照度 E 和电流 I 的对应数值，从而制作一份照度标定表，然后将照度标定表数据输入 PH-4 型智能照度/辐射计中，进而实现积分球出光孔的照度实时监测与显示的功能。

积分球出光孔照度标定实验平台与使用仪器如图7.6所示。

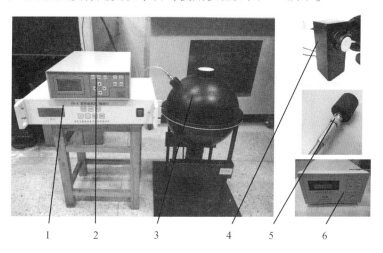

1—PH-4 型智能照度/辐射计；2—宽量程微照度计系统；3—均匀光源装置；
4—标准照度计；5—硅光电池照度探测器；6—FLS7150 精密程控恒流电源。

图7.6 积分球出光孔照度标定实验平台与使用仪器

PH-4 型智能照度/辐射计的作用是显示硅光电池照度探测器的短路电流和标

定之后的照度值；宽量程微照度计系统显示标准照度计测试到的积分球出光孔的照度值；FLS7150 精密程控恒流电源为均匀光源装置中的积分球提供工作电流。

3. 积分球出光孔照度标定实验实施

将标准照度计放在积分球出光孔，标准照度计的导线连接在宽量程微照度计系统上，硅电池照度探测器放在积分球照度探测孔里，硅光电池照度探测器的导线连接在 PH-4 型智能照度/辐射计上。在黑暗环境下，用恒流电源将均匀光源装置中的卤钨灯点亮，然后通过不断调节均匀光学装置中的双光阑和更换弱光靶，采集一组照度 E 和电流 I 的对应数值，照度 E 的范围要比测试仪的总体技术性能指标中要求的照度可调范围 $1 \times 10^{-3} \sim 50$ lx 略大，该实验测得的照度标定表数据如表 7.1 所示。

表 7.1　实验测得的照度标定表数据

照度 E/lx	电流值 I/mA	照度 E/lx	电流值 I/mA	照度 E/lx	电流值 I/mA
53.1	205	8.45×10^{-1}	3.34	2.15×10^{-2}	8.06×10^{-2}
20.8	75.1	5.29×10^{-1}	2.07	1.09×10^{-2}	4.06×10^{-2}
10.9	42.1	2.08×10^{-1}	1.05	5.63×10^{-3}	2.05×10^{-2}
4.87	18.1	1.12×10^{-1}	4.34×10^{-1}	2.19×10^{-3}	7.93×10^{-3}
2.37	9.40	1.01×10^{-1}	3.57×10^{-1}	1.04×10^{-3}	4.09×10^{-3}
1.25	5.02	5.32×10^{-2}	1.98×10^{-1}	8.10×10^{-4}	3.25×10^{-3}

该实验测得的照度标定表数据曲线如图 7.7 所示。

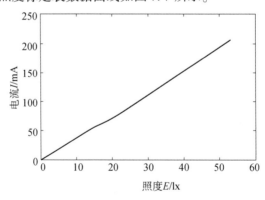

图 7.7　照度标定表数据曲线

由图 7.7 可知，硅光电池探测器产生的电流值与积分球出光孔的照度呈线性关系。积分球出光孔照度标定实验测得照度标定表数据之后，通过照度标定软件，将照度标定表中的各组数据导入 PH-4 型智能照度/辐射计，然后 PH-4 型智能照度/辐射计便可以通过照度探测器的电流值计算出对应的照度值。

通过该实验，所研制的测试仪就能够实时地对积分球出光孔照度进行监测与显示，满足了测试仪的总体技术性能指标要求。

▶▶|7.3.2　积分球出光孔照度衰减干扰因子验证实验 ▶▶ ▶

1. 积分球出光孔照度衰减干扰因子验证实验目的

均匀性测试仪设计过程中，提出了积分球出光孔照度衰减干扰因子 F_R 的概念，可用于对均匀光源装置中积分球机械结构的孔径进行优化，该实验基于多型号微光像增强器成像均匀性测试仪系统，对积分球出光孔照度衰减干扰因子 F_R 的概念进行实验验证，验证其正确性与实际情况下的可行性。

2. 积分球出光孔照度衰减干扰因子验证实验测试方法方案设计

测试方法采用均匀性测试仪中的单反相机对积分球出光孔照度进行图像采集。单反相机拍得的积分球出光孔照度的图像是 RGB 彩色图像，将相机采集到的 RGB 彩色图像通过设计的 MATLAB 程序转换成灰度图像，通过得到的灰度图像计算出实际的积分球出光孔照度均匀比值 F_A。采集到的积分球出光孔 RGB 彩色图像如图 7.8 所示，转换后的积分球出光孔灰度图像如图 7.9 所示，图像中光斑水平直径方向上像素的灰度值曲线如图 7.10 所示。

图 7.8　积分球出光孔 RGB 彩色图像　　　图 7.9　转换后的积分球出光孔灰度图像

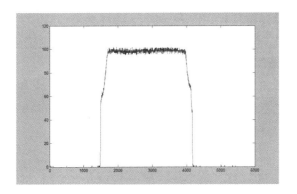

图 7.10　光斑水平直径方向上像素的灰度值曲线

积分球出光孔照度衰减实验测试方法的方案设计如下：

基于均匀性测试仪系统，通过切换微光像增强器固定光阑，改变积分球出光孔的大小，然后通过方位调节平台中的单反相机对直径 $\phi18\ mm$、$\phi25\ mm$、$\phi40\ mm$ 和 $\phi50\ mm$ 的出光孔的照度进行图像采样。由于积分球出光孔形状都是圆形，所以可以将整个积分球出光孔照度强弱的研究转化成积分球出光孔直径方向上照度情况的研究，通过编写的 MATLAB 程序对转换后的灰度图像光斑水平直径方向上的像素点的灰度值进行采集并统计，通过设定阈值来判断光斑水平直径方向上各像素的灰度值是否正常。用图像光斑水平直径方向上的正常灰度值的像素点数 N_1 与光斑水平直径方向上的像素点总数 N 的比值，即通过转换得到的灰度图像计算出实际的积分球出光孔照度均匀比值 F_A 的值为

$$F_A = \frac{N_1}{N} \tag{7.1}$$

式中：N_1 为光斑水平直径方向上的正常灰度值像素点数；N 为光斑水平直径方向上的像素点总数。

通过积分球出光孔照度均匀比值 F_A 验证积分球出光孔照度衰减干扰因子 F_R 的正确性。

3. 积分球出光孔照度衰减干扰因子实验验证

（1）积分球出光孔照度衰减干扰因子 F_R 值。

因为实验所用积分球内壁漫反射涂层为硫酸钡，硫酸钡的光谱反射比接近中性，化学性能稳定，反射比 ρ 约为 0.85，在 $0.84 \sim 0.86$ 范围内变化。各实验均采用同一光源。实际积分球直径 $R = 300\ mm$，由计算得到的照度衰减干扰因子 F_R 随积分球出光孔直径 R 变化如表 7.2 所示。

表 7.2　积分球出光孔照度衰减干扰因子 F_R 值

出光孔直径 d/mm	18	25	40	50
F_R	$0.8392 \sim 0.8592$	$0.8385 \sim 0.8585$	$0.8362 \sim 0.8562$	$0.8341 \sim 0.8540$

（2）实验所得积分球出光孔照度均匀比值 F_A 的值。

实际积分球直径 $R = 300\ mm$，积分球不同尺寸的出光孔 RGB 彩色图像、灰度图像和灰度图像的光斑水平直径方向像素灰度值曲线如图 7.11 所示。

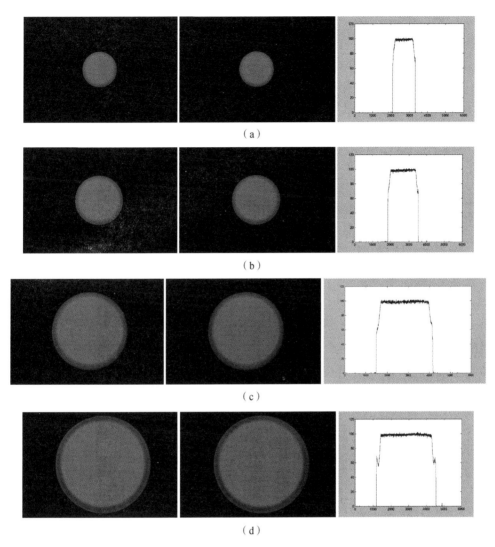

图 7.11　实验 RGB 彩色图像、灰度图像和光斑水平直径方向像素灰度值曲线

(a) 出光孔直径 d 为 18 mm；(b) 出光孔直径 d 为 25 mm；

(c) 出光孔直径 d 为 40 mm；(d) 出光孔直径 d 为 50 mm

实验根据所得灰度图像的光斑水平直径方向像素灰度值曲线，可得出积分球不同尺寸出光孔照度均匀比值 F_A 的值变化如表 7.3 所示。

表 7.3　积分球出光孔照度均匀比值 F_A 的值

出光孔直径 d/mm	18	25	40	50
F_A	0.849 5	0.848 6	0.846 1	0.844 3

由表 7.2 和表 7.3 可知，积分球不同尺寸直径的出光孔实验测得的积分球出光孔照度均匀比值 F_A 的值均在积分球出光孔照度衰减干扰因子 F_R 值的取值范围的中间区域，从而验证了照度衰减干扰因子 F_R 的正确性。

▶▶▶ 7.3.3 微光像增强器成像均匀性测试仪标定及产品测试实验 ▶▶▶

1. 均匀性测试仪标定及产品测试实验目的

该实验主要目的就是对国外购买的标准的 $\phi18$ mm、$\phi25$ mm、$\phi40$ mm 和 $\phi50$ mm 型号的微光像增强器成像图像目标区域进行测试，测得国外标准各型号的微光像增强器的均匀性和非均匀性数值，将这些数值与标准微光像增强器的标准数值作比较，标定多型号微光像增强器成像均匀性测试仪的工作性能的可靠性。

2. 均匀性测试仪标定及产品测试实验方案设计

实验以均匀性测试仪以及测试机柜为实验平台，通过均匀性测试软件，分别对技术指标中要求的国外购买的 $\phi18$ mm、$\phi25$ mm、$\phi40$ mm 和 $\phi50$ mm 型号标准微光像增强器均匀性进行测试，得出各型号成像均匀性数值。对公司自主研制的微光像增强器进行测试，得出均匀性的数据，通过两组数据对比，对自主研制的微光像增强器均匀性进行评定。均匀性测试仪标定及产品测试实验平台如图 7.12 所示。

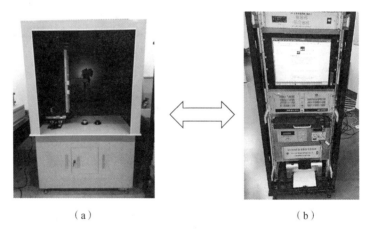

（a）　　　　　　　　　　　　（b）

图 7.12　均匀性测试仪标定及产品测试实验平台

（a）整体；（b）细节

国外购买的标准 $\phi18$ mm、$\phi25$ mm、$\phi40$ mm 和 $\phi50$ mm 型号的微光像增强器成像的标准均匀性和标准非均匀性值如表 7.4 所示。

表 7.4 各个型号标准微光像增强器成像标准均匀性和非均匀性

标准微光像增强器型号	标准均匀性	标准非均匀性
$\phi18$ mm	1.08±0.03	9.94% ~10.06%
$\phi25$ mm	1.10±0.03	9.98% ~10.10%
$\phi40$ mm	1.13±0.03	10.02% ~10.14%
$\phi50$ mm	1.15±0.03	10.06% ~10.18%

由表 7.4 的数据可知各个型号的标准微光像增强器成像的标准均匀性和非均匀性的数值范围。实验测试值越接近该标准值说明均匀性越好，测得的均匀性与非均匀性的数值越大，说明所测试微光像增强器的成像均匀性性能越不好。

3. 均匀性测试仪标定及产品测试实验验证

对 $\phi25$ mm 型号的标准微光像增强器成像图像进行采集，在不同截取测试模式下截取目标区域，并对目标区域进行均匀性测试，得出标准的目标区域均匀性值与不均匀性值以及对应可视化图表，用作判断同型号微光像增强器的均匀性和非均匀性的标准。

在进行微光像增强器成像均匀性测试实验时，所有实验中图像坏点判定条件均为比成像正常区域亮度高 30% 或低 30% 的像素点，积分球出光孔照度保持在 9×10^{-3} lx。

标准 $\phi25$ mm 型号微光像增强器在不同截取测试模式下的均匀性测试实验分别如下。

①在圆形截取测试模式下进行均匀性测试实验，得到均匀性 3D 图表，如图 7.13 所示。

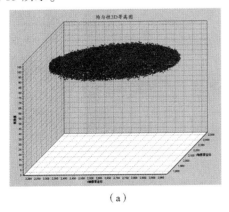
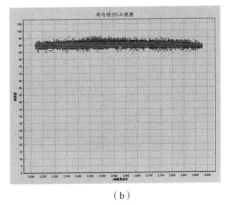

(a)　　　　　　　　　　　　　　　　(b)

图 7.13 圆形截取测试模式下均匀性 3D 图表

(a) 均匀性 3D 等高图；(b) 均匀性 3D 正视图

在圆形截取测试模式下进行均匀性测试实验，得到均匀性和非均匀性数值，如表 7.5 所示。

表 7.5　圆形截取测试模式下均匀性与非均匀性数值

均匀性	非均匀性
1.11	10.08%

②在矩形截取测试模式下进行均匀性测试实验，得到均匀性 3D 图表，如图 7.14 所示。

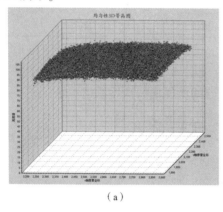
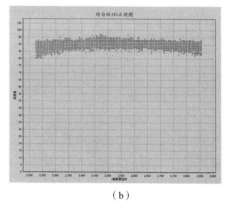

（a）　　　　　　　　　　　　（b）

图 7.14　矩形截取测试模式下均匀性 3D 图表

（a）均匀性 3D 等高图；（b）均匀性 3D 正视图

在矩形截取测试模式下进行均匀性测试实验，得到均匀性和非均匀性的数值，如表 7.6 所示。

表 7.6　矩形截取测试模式下均匀性与非均匀性数值

均匀性	非均匀性
1.11	10.07%

③在直线截取测试模式下进行均匀性测试实验，得到均匀性 2D 图表，如图 7.15 所示。

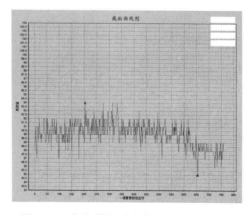

图 7.15　直线截取测试模式下均匀性曲线

在直线截取测试模式下进行均匀性测试实验，得到均匀性和非均匀性数值，如表 7.7 所示。

表 7.7　直线截取测试模式下均匀性与非均匀性数值

均匀性	非均匀性
1.09	10.01%

④在米字线截取测试模式下进行均匀性测试实验，得到均匀性 2D 图表，如图 7.16 所示。

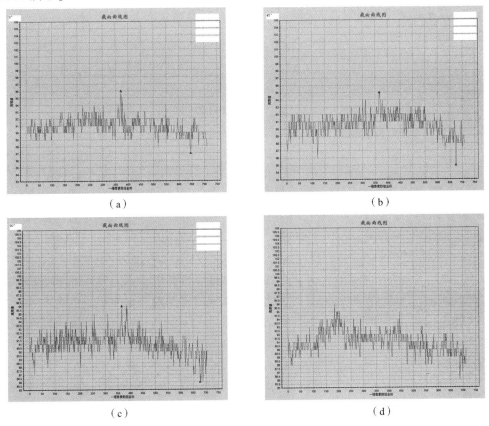

图 7.16　米字线截取测试模式下均匀性 2D 图表
(a) 0°均匀性曲线；(b) 45°均匀性曲线；(c) 90°均匀性曲线；(d) 135°均匀性曲线

在米字线截取测试模式下进行均匀性测试实验，得到均匀性与非均匀性数值，如表 7.8 所示。

表 7.8　米字线截取测试模式下均匀性与非均匀性数值

米字线角度	均匀性	非均匀性
0°	1.09	10.01%

米字线角度	均匀性	非均匀性
45°	1.10	10.03%
90°	1.10	10.05%
135°	1.10	10.06%

同理分别测出标准 $\phi18$ mm、$\phi40$ mm 和 $\phi50$ mm 型号的微光像增强器的标准均匀性和非均匀性数值。标准 $\phi18$ mm 型号微光像增强器数值如表 7.9 所示，标准 $\phi40$ mm 型号微光像增强器数值如表 7.10 所示，标准 $\phi50$ mm 型号微光像增强器数值如表 7.11 所示。

表 7.9 标准 $\phi18$ mm 型号微光像增强器不同模式下标准数值

截取模式	均匀性	非均匀性
圆	1.10	10.01%
矩形	1.10	10.02%
直线	1.08	9.99%
米字线0°	1.07	9.98%
米字线45°	1.07	9.99%
米字线90°	1.08	10.00%
米字线135°	1.08	10.00%

表 7.10 标准 $\phi40$ mm 型号微光像增强器不同模式下标准数值

截取模式	均匀性	非均匀性
圆	1.14	10.10%
矩形	1.14	10.09%
直线	1.12	10.07%
米字线0°	1.13	10.07%
米字线45°	1.13	10.08%
米字线90°	1.14	10.10%
米字线135°	1.12	10.06%

表 7.11 标准 $\phi50$ mm 型号微光像增强器不同模式下标准数值

截取模式	均匀性	非均匀性
圆	1.17	11.14%
矩形	1.16	11.14%

续表

截取模式	均匀性	非均匀性
直线	1.14	11.10%
米字线 0°	1.15	11.11%
米字线 45°	1.15	11.13%
米字线 90°	1.14	11.11%
米字线 135°	1.15	11.12%

对阴极面直径 $\phi18\,\mathrm{mm}$、$\phi25\,\mathrm{mm}$、$\phi40\,\mathrm{mm}$ 和 $\phi50\,\mathrm{mm}$ 型号的标准微光像增强器成像均匀性进行实验，得出了各型号微光像增强器成像的均匀性和非均匀性数值，且这些数值均在标准微光像增强器成像标准均匀性与标准非均匀性数值范围内，所以可以标定出所设计的多型号微光像增强器成像均匀性测试仪具有可靠的测试能力。

同一实验条件下，对阴极面直径为 $\phi25\,\mathrm{mm}$ 型号的一个自主研制的微光像增强器成像图像进行采集，在不同截取测试模式下截取目标区域，并对目标区域进行微光像增强器成像均匀性测试，得出各个目标区域均匀性值与不均匀性值以及可视化 2D/3D 图表。

选取的一个自主研制的 $\phi25\,\mathrm{mm}$ 型号微光像增强器在不同截取测试模式下的均匀性测试实验分别如下。

①在圆形截取测试模式下进行均匀性测试实验，得到均匀性 3D 图表，如图 7.17 所示。

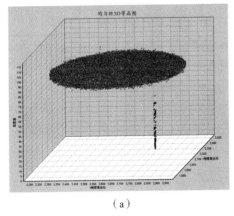
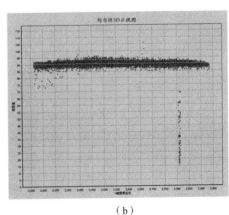

（a） （b）

图 7.17 圆形截取测试模式下均匀性 3D 图表

（a）均匀性 3D 等高图；（b）均匀性 3D 正视图

在圆形截取测试模式下进行均匀性测试实验，得到均匀性和非均匀性数值，如表 7.12 所示。

表 7.12　圆形截取测试模式下均匀性与非均匀性数值

均匀性	非均匀性
1.73	53.49%

②在矩形截取测试模式下进行均匀性测试实验，得到均匀性 3D 图表，如图 7.18 所示。

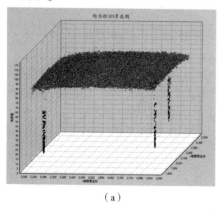

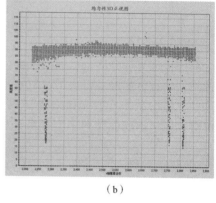

（a）　　　　　　　　　　　　（b）

图 7.18　矩形截取测试模式下均匀性 3D 图表
（a）均匀性 3D 等高图；（b）均匀性 3D 正视图

在矩形截取测试模式下进行均匀性测试实验，得到均匀性和非均匀性数值，如表 7.13 所示。

表 7.13　矩形截取测试模式下均匀性与非均匀性数值

均匀性	非均匀性
1.73	53.49%

③在直线截取测试模式下进行均匀性测试实验，得到均匀性 2D 图表，如图 7.19 所示。

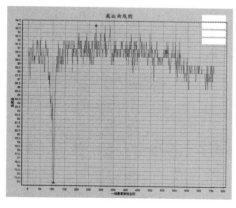

图 7.19　直线截取测试模式下均匀性曲线

在直线截取测试模式下进行均匀性测试实验，得到均匀性和非均匀性数值，如表 7.14 所示。

表 7.14　直线截取测试模式下均匀性与非均匀性数值

均匀性	非均匀性
1.48	38.99%

④在米字线截取测试模式下进行均匀性测试实验，得到均匀性 2D 图表，如图 7.20 所示。

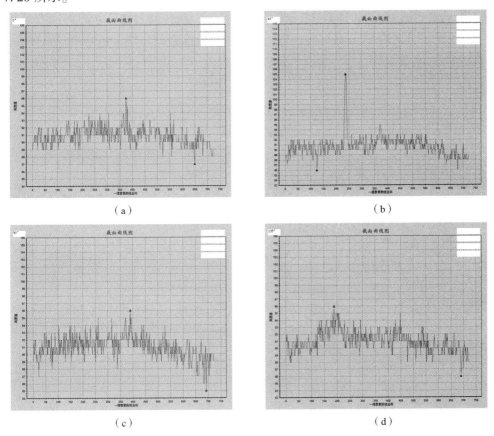

（a）　　　　　　　　　　　　　　（b）

（c）　　　　　　　　　　　　　　（d）

图 7.20　米字线截取测试模式下均匀性 2D 图表

（a）0°均匀性曲线；（b）45°均匀性曲线；（c）90°均匀性曲线；（d）135°均匀性曲线

在米字线截取测试模式下进行均匀性测试实验，得到均匀性和非均匀性数值，如表 7.15 所示。

表 7.15　米字线截取测试模式下均匀性与非均匀性数值

米字线角度	均匀性	非均匀性
0°	1.10	9.84%
45°	1.22	19.90%
90°	1.13	12.15%
135°	1.12	10.99%

　　通过对这个自主研制的 φ25 mm 型号微光像增强器成像均匀性的测试，得到其在不同截取测试模式下的均匀性与非均匀性数值，这些均匀性和非均匀性数值与表 7.4 中的标准均匀性和非均匀性相比均偏高，而且从图 7.18 中发现有坏点存在，说明该微光像增强器的均匀性是偏低的，实验对比结果再次验证了多型号微光像增强器成像均匀性测试仪具有可靠的均匀性测试能力。

参考文献

［1］任玲.GaAs 光电阴极像增强器的分辨力研究［D］.南京：南京理工大学，2013.

［2］Scheer J J. GaAs-Cs：A new type of photoemitter［J］. Solid State Communications，1965，3（8）：189-193.

［3］刘宇.微光成像探测优化理论与高性能系统技术研究［D］.南京：南京理工大学，2009.

［4］Waxman A M，Fay D A. Color night vision：fusion of intensified visible and thermal IR imagery［C］. International Society for Optics and Photonics，1995：58-68.

［5］Maruyama T，Brachmann A，Clendenin J E，et al. A very high charge，high polarization gradient-doped strained GaAs photocathode［J］. Nuclear Instruments and Methods in Physics Research Section A，2002（1）.

第8章
紫外成像光电系统性能测试装置

8.1 研究目标

本项目要求研究一套实现对紫外探测与成像光电系统的性能检测，检测紫外探测与成像光电系统的信噪比、分辨力、极限探测能力等参数，检测紫外光学系统的焦距和透射比等参数，对紫外探测与成像光电系统进行综合性能评估的测试装置。测试装置组成实物如图8.1所示。

图 8.1　测试装置组成实物

8.2　系统要求

▶▶ 8.2.1　功能要求 ▶▶ ▶

①准确高效测试检测紫外探测与成像光电系统的信噪比、分辨力、动态范围、极限探测能力等参数。

②信噪比和极限探测能力对成像和探测系统都适用，分辨力适用于成像系统。

③检测紫外光学系统的焦距和透射比等参数。

▶▶ 8.2.2　性能指标 ▶▶ ▶

①测试参数：信噪比、极限探测能力、动态范围、分辨力（成像系统）、焦距（紫外光学系统）、透射比（紫外光学系统）。

②测试光谱范围：$0.2 \sim 0.4 \ \mu m$。

③极限探测最小辐射强度（积分球出口处辐射强度）：$1 \times 10^{-12} \ W/cm^2$。

④动态范围测试（积分球出口处辐射强度）：$1 \times 10^{-12} \sim 1 \times 10^{-3} \ W/cm^2$。

⑤信噪比测试范围：$0 \sim 75 \ dB$。

⑥分辨力测量范围：$1 \sim 70 \ lp/mm$。

⑦信噪比测试重复性：$\leqslant 6\%$。

⑧分辨力测试重复性：$\leqslant 3\%$。

⑨紫外光学系统焦距测试范围：$0 \sim 1\ 000 \ mm$。

⑩紫外光学系统透射比测试范围：$0.1\% \sim 100\%$。

8.3　紫外器件综合性能测试仪

紫外成像光电系统性能测试装置主要用以对紫外探测与成像光电系统信噪比、分辨力、机械探测能力等参数以及紫外光学系统透射比和焦距等参数实现准确和高效的测试检测，其主要由紫外器件综合性能测试仪、紫外光学系统焦距测量仪和紫外光学系统透射比测试仪3部分组成。

紫外器件综合性能测试仪用以对紫外成像系统和探测系统信噪比、分辨力、动态范围、极限探测能力等参数进行检测，其主要由紫外均匀光源系统、靶标、紫外成像光学系统、测试暗箱、光电信号处理器、视频采集处理系统和测试软件等组成，如图8.2所示。

图 8.2 紫外器件综合性能测试仪

▶▶▶ 8.3.1 紫外器件性能参数测试原理 ▶▶▶ ▶

1. 信噪比和动态范围

紫外探测与成像光电系统信噪比是指系统输出信号平均值和暗背景下的均方根噪声值之比,用分贝 (dB) 表示。测试时,通过紫外均匀光源系统将入射紫外光电系统探测面的辐射照度调节到测试条件规定的照度,对紫外探测和成像光电系统输出光电信号和视频图像信号进行采集。首先在有紫外辐射入射情况下对信号进行采集处理,获得其信号平均值 S;然后对无紫外辐射入射情况下背景信号进行采集处理,获得其暗背景下的均方根噪声值 N,紫外探测与成像光电系统的信噪比为

$$SNR = 20\lg(\frac{S}{N}) \text{,单位为 dB} \tag{8.1}$$

紫外探测与成像光电系统的动态范围由最低工作照度和最大工作照度决定,最低工作照度为信噪比降低为某一规定值时 (通常可以取为 1) 的紫外探测与成像光电系统的输入照度,最大工作照度为紫外探测与成像光电系统饱和时的输入照度。最低工作照度通过降低输入照度测试信噪比获得,最大工作照度通过增加输入光照度测试紫外探测与成像光电系统的饱和特性决定。

2. 分辨力

分辨力是指成像系统能够将两个相隔极近的目标的像刚好分辨清的能力,它

201 ◢

反映了系统的成像和传像能力，单位是线对/毫米（lp/mm）。紫外成像光电系统分辨力测试原理为在规定的紫外光谱辐照度条件下，将标准分辨率测试靶板图像通过紫外光学系统成像于被测试紫外成像光电系统探测面上。由测试人员利用图像采集装置对紫外成像光电系统输出图像信号进行采集和观测，所能分辨的最小特征线对即为该紫外成像光电系统的分辨力。

3. 极限探测能力

当入射紫外辐射较弱时，紫外探测与成像光电系统所产生光电信号或图像信号等于噪声时，信号被淹没在噪声之中，而不能分辨信号。此时该入射紫外辐射功率为该紫外光电系统探测器所能探测到的最小辐射功率，又称为噪声等效功率，即极限探测照度。

▶▶▌8.3.2　紫外器件综合性能测试仪具体设计方案 ▶▶ ▶

1. 紫外均匀光源系统设计

紫外均匀光源系统用以为紫外探测与成像光电系统综合性能测试提供所需紫外辐射信号，要求输出单色波长可选、辐射强度可调、辐射强度均匀、具有较高动态范围的单色紫外均匀光斑，且具备辐射强度指示装置，可对系统出光口光强度进行实时监测，并提供数据接口与计算机进行通信。所设计的紫外均匀光源系统的光谱范围为 200～400 nm，单色紫外辐射波长为 254 nm、260 nm 和 280 nm 可选。紫外均匀光源系统基本结构包括紫外光源、光源电源、单色滤光片、中性衰减片、可调光阑、挡板、积分球、辐射强度指示装置等。紫外均匀光源系统构成示意如图 8.3 所示。

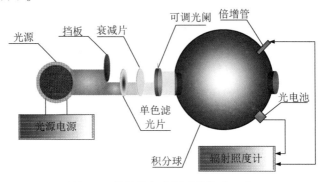

图 8.3　紫外均匀光源系统构成示意

光源和积分球之间设置有连接结构，连接结构内设计 4 个插槽槽位，用以放置挡板、衰减片、单色滤光片等辐射强度调节部件。紫外均匀光源系统利用紫外光源产生近紫外波段复合紫外光，通过单色滤光片将复合紫外光变为单色紫外光；通过切换中性衰减片和调节可调光阑对输入进积分球的辐射强度进行粗调和微调，以达到紫外均匀光源系统输出辐射强度调节的目的；积分球用以对单色紫外辐射进一步衰减并对其均匀化，以在光源系统出光口输出单色紫外均匀光斑；辐射强度指示装置由探测器和信号检测装置组成，用以对系统输出单色紫外辐射强度进行实时监测，并可与计算机进行通信，传输辐射强度数据。

（1）光源及其供电电源。

本方案氘灯光源采用北京赛凡光电仪器有限公司生产的 7ILD30 型氘灯光源，该光源采用优质透紫外石英双透镜，在 200 ~ 400 nm 透过率高，能量利用充分，可以在大范围内调节焦距以满足不同焦点位置需求，具有发射强度高、稳定性好、寿命长等优点。光源电源采用北京赛凡光电仪器有限公司生产的 7IPD30 氘灯电源，其具有输出电流漂移小、电流稳定度高等优点。7ILD30 型氘灯光源及其配套电源如图 8.4 所示。

图 8.4   7ILD30 氘灯光源及其配套电源

（2）挡板。

紫外均匀光源系统中，挡板用以阻挡光源发出的光入射到积分球中，使得光源系统无紫外辐射输出，以检测紫外探测与成像光电系统相关背景性能参数。本方案中，在光源和积分球之间设计有插槽结构，可用于放置挡板及滤光片组件。插槽结构和挡板材质均使用铝材，采用线切割技术，确保加工精度，并且不出现漏光问题。挡板和插槽结构内加工完成后均采用黑色消光漆进行喷涂，防止光反射、散射等现象。

（3）滤光片。

紫外均匀光源系统中，使用单色滤光片用以实现光源系统单色紫外辐射输出，使用中性衰减滤光片对光源输出辐射强度进行调节，实现大动态范围辐射强度调节。按照设计要求，拟购置美国 Andover 公司生产的中心波长分别为 254 nm、260 nm 和 280 nm 的带通紫外单色滤光片，以及美国 Thorlabs 公司生产的紫外熔融石英反射型中性密度滤光片组，衰减系数从 0.1 直至 4.0，满足紫外均匀光源系统大动态辐射强度调节需求。根据拟购置的单色滤光片及衰减片，设计滤光片专用夹具，用以安装滤光片，并将其放置于插槽结构内，方便实现紫外光源输出辐射波长及强度切换。插槽结构、滤光片专用夹具分别如图 8.5 和图 8.6 所示。

图 8.5　插槽结构

图 8.6　滤光片专用夹具

（4）可调光阑。

紫外辐射均匀光源系统中，可调光阑用以对光源输出辐射强度进行精密调节。本方案中，采用可变孔径光阑，通过转动手轮改变通光孔径控制输入至积分球的辐射强度，从而对光源系统输出辐射强度进行精密调节。

（5）积分球及辐射强度指示装置设计。

紫外均匀光源系统中，积分球用以对单色紫外辐射进一步衰减并对其均匀化，以在光源系统出光口输出单色紫外均匀光斑。积分球设计的主要参数包括积分球尺寸设计、挡板设计、积分球涂层选择 3 个方面。

积分球直径设计为 200 mm，光入口直径设计为 50 mm，积分球开口直径设计为 50 mm；同时，在积分球出口偏上方及偏下方分别设置一个监测孔，直径分别为 10 mm 和 25 mm，用以放置光电倍增管和硅光电池组件。可变孔径光阑、积分球外形结构分别如图 8.7 和图 8.8 所示。

图 8.7　可变孔径光阑

图 8.8　积分球外形结构

　　积分球挡板主要作用是阻挡未经积分球表面至少两次反射的光束直接出射积分球外,从而改善积分球出口的均匀性。本设计方案中,设计了方形挡板,采用钢板制作,并焊接在积分球靠近光口侧,挡板表面进行均匀喷涂。

　　积分球内壁涂层采用美国蓝菲光学公司生产的 Spectralon 反射材料,作为积分球内壁涂层。Spectralon 材料在 250~2 500nm 波长范围内具有高朗伯特性,反射比大于 95%。

　　为实现对光源输出大动态范围辐射强度实时检测,积分球出光口侧设计有两个检测孔,用以安装硅光电池组件和光电倍增管,分别用以检测强光辐射照度和弱光辐射照度。硅光电池响应范围为 200~1 100 nm,满足装置紫外辐射照度监测需求,光电倍增管拟采用日本滨松公司生产的 H3695-10 型光电倍增管组件。该光电倍增管光电阴极为双碱光电阴极,响应范围为 160~650 nm,工作电压为 1 250 V时,阴极积分灵敏度为 108 μA/lm,阳极积分灵敏度为 184 A/lm,阳极暗电流为 0.66 nA,满足对极微弱紫外辐射照度探测需求。

　　2. 靶标设计

　　在紫外均匀光源系统和紫外光学成像系统之间设计有插槽结构,用以连接光源系统和成像系统,同时提供紫外成像光电系统信噪比和分辨力性能参数测试过程中所需靶标。插槽结构示意如图 8.9 所示。

图 8.9　插槽结构示意

　　插槽连接件插槽处于紫外光学成像系统焦面上,通过切换槽位内靶标,即可实现紫外成像光电系统性能参数切换测试。紫外成像光电系统信噪比测试过程中需对同一帧图像背景和信号进行检测,计算获得器件信噪比参数,因此信噪比测试靶标设计为半月靶结构,利用紫外光学成像系统将半月靶图像投射于被测紫外成像光电系统探测面上,通过视频采集处理系统对系统输出图像信号进行采集,获得同一帧图像背景和信号,计算获得紫外成像光电系统信噪比参数。半月靶如图 8.10 所示。

图 8.10　半月靶示意

　　分辨力靶是紫外成像光电系统分辨力测试的关键部件，本方案中，分辨力靶图像采用 USAF1951 分辨力靶标准，缩放比例为 1∶1。分辨力靶及相关夹具由南京理工大学自行设计，委托南京百花光电公司采用石英玻璃光刻加工完成，分辨力靶及其配套夹具示意如图 8.11 所示。

图 8.11　分辨力靶及其配套夹具示意

　　3. 紫外光学成像系统

　　本设计方案中，紫外光学成像系统采用透射式结构，选用同轴共轭透镜作为紫外光学成像系统。拟选用 4 只光损小、杂散光小及高保真传递，焦距为 50 mm，光圈 3.5 的优质标准镜头，配合精密机械结构和遮光筒，组成一个共轭透镜组件，以实现紫外光学成像。紫外光学成像系统结构示意如图 8.12 所示。

图 8.12 紫外光学成像系统结构示意

4. 测试暗箱及测试夹具设计

测试暗箱为紫外探测与成像光电系统性能参数测试提供了所必需的暗室环境，可降低对测试装置所处实验室环境的照度要求。测试暗箱与三维调节机构协调作用，确保在测试过程中，校准装置光轴一致。本方案所设计的测试暗箱实物如图8.13 所示。

图 8.13 测试暗箱实物

测试暗箱箱体由箱底、曲板和箱盖组成，箱盖与曲板采用铰链连接；一侧曲板开有直径为 100 mm 的窗口，用以连接紫外光学成像系统；设计有三维调节底座用以支撑测试暗箱箱底，调节底座可以在高低及横向三维方向调节；三维调节底座下部设计有拖板结构，用以将整个调节机构及箱体架设于导轨上方。

测试夹具用于固定被测紫外探测与成像光电系统，以确保在测试过程中被测器件位置不发生移动，同时具备接线装置，以方便测试过程中器件供电连接及信号输出。本方案所设计的紫外探测与光电成像系统夹具实物如图 8.14 所示。

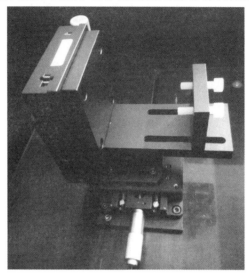

图 8.14 紫外探测与光电成像系统夹具实物

5. 供电电源

本方案中选用美国 Keysight 公司生产的 E3633A 型稳压直流电源为紫外探测与成像光电系统提供正常工作所需电压，其具体指标如下。E3633A 型稳压直流电源如图 8.15 所示。

①额定输出量程：8 V/20 A、20 V/10（可选）。

②电压输出精度：0.05% +10 mV。

③电流输出精度：0.2% +10 mA。

④常模电压：<350 μVrms/2 mVpp。

⑤常模电流：<2 mArms。

⑥共模电流：<1.5 μArms。

⑦提供 RS232 接口，RS232 与可编程仪器标准兼容。

图 8.15 E3633A 型稳压恒流源

6. 光电信号处理器

光电信号处理器用以对紫外探测光电系统信噪比测试过程中所产生的光电信号进行放大滤波，并对处理后的信号进行数字化处理和计算，需满足测试过程中测试带宽和灵敏度的要求。光电信号处理器由南京理工大学自主研制。信噪比测试光电信号处理器原理框图如图 8.16 所示。

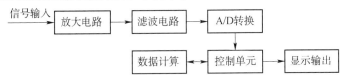

图 8.16　信噪比测试光电信号处理器原理框图

信噪比测试光电信号处理器功能主要依靠以 ARM 处理器为核心的控制单元完成；控制单元通过不同时序信号，控制 A/D 转换模块对经放大和滤波的光电信号进行采集，并将其传输至数据计算模块进行数据计算；完成数据计算后，利用显示输出模块将计算结果显示在光电信号处理器显示屏上，并通过串口通信，将相关数据输入计算机。

7. 视频采集处理系统设计

视频采集处理系统用以对紫外成像光电系统输出图像信号进行采集、计算和存储。鉴于目前成像光电系统输出格式多采用以 PAL 制为代表的模拟信号格式输出和以 CameraLink 为代表的高清数字信号格式输出，所设计的视频采集处理系统需实现对 PAL 制模拟图像信号和 CameraLink 高清数字信号同时采集。由于目前还没有视频采集卡可以对模拟信号和数字信号格式视频同时进行采集，视频采集处理系统中，拟采用两块视频采集卡分别对 PAL 模拟视频信号和 CameraLink 数字视频信号进行采集。所设计的视频采集处理系统模拟采样精度为 14 bit，最高采样速率为 100 MB/s，系统带宽为 7 GB/s。视频采集处理系统构成框图如图 8.17 所示。

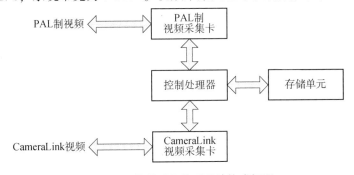

图 8.17　视频采集处理系统构成框图

由于紫外成像光电系统信噪比测试技术指标要求，PAL 制视频采集卡必须要有高度测试采样精度，通常模拟视频采集卡的采样精度仅为 10 bit，无法满足测试要求；经过市场调研，选用美国国家仪器（NI）公司生产的 PXIe-5122 高分辨率数字化仪，其具有 x4 PXI Express 模块，14 位分辨率的双同步采样通道，能够以最高速率 100 MB/s 的采样速率从双采样通道中获取数据传送至磁盘；含有多种触发方式，能进行边沿、窗口、视频和数字触发。

CameraLink 视频采集卡选用 NI 公司生产的 PXIe-1435 数字采集卡，可作为扩展配置、完全配置、中等配置和基本配置 CameraLink 摄像头的帧接收器，采用 20 ~ 85 MHz 像素时钟频率，并且支持 10 抽头、80 位采集，2 条 CameraLink 电缆上具有 850 MB/s 带宽。NI PXIe-1435 图像采集卡是各种工业和生化领域图像应用的理想选择。

控制处理器用以实时读取视频采集卡所采集的图像信号，同时进行计算分析，获得紫外成像光电系统性能参数指标，需具备多 PXIe 插槽、高系统带宽、高运行速率等特点。经过调研，选用 NI 公司生产的 PXIe-1082 系列 8 槽通用交流供电 PXI 3U 机箱，其配有高带宽背板，每个插槽中都能够接受 PXI Express 模块，每个插槽具有 1 GB/s 的专用带宽和 7 GB/s 的系统带宽，背板系统带宽高达 4 GB/s，完全能够满足紫外 ICCD 性能测试软件系统的需求。

存储单元用以对采集的图像信号进行存储，需满足存储量大、存储速度快等特性。选用 NI 公司生产的 NI8260 型高速数据储存模块。该模块配有板载 PCI Express SATA 控制器，可轻松纳入 PXI Express 机箱，在提供 3 TB 存储空间的同时，仅占用 3 个 PXI 插槽。HDD 选项包含 4 750 GB 2.5 英寸笔记本计算机 SATA II 硬盘，总存储容量高达 3 TB。SSD 选项包含 4 个 300 GB 高性能 SSD，总存储容量可达 1.2 TB。它支持两类配置：JBOD 和 RAID-0。RAID-0 可提供读写硬盘数据时的最高性能。NI 8260 高速储存模块不仅适合高速数据流盘，还能够轻松移动多项测试设置之间的数据或增加 PXI 系统控制器的存储容量。利用 NI8260 可满足紫外 ICCD 性能参数测试过程中的存储容量和存储速度需求。

8. 测试软件设计

采用 Windows 7 操作系统下的 LabView 软件开发平台进行测试软件开发，测试软件将可实现紫外探测光电系统输出光电信号数据采集、紫外成像光电系统输出图像信号采集、被测器件探测面入射辐射照度的测量、性能参数计算等功能，并且可以将测试信息保存到数据库中。测试软件划分为 3 个主要模块：紫外探测光电系统测试模块、紫外成像光电系统测试模块和数据库模块。紫外探测光电系统测试模块用以实现探测器件输出光电信号采集、探测面入射辐射照度测量、信噪比、动态范围和极限探测能力参数计算等功能；紫外成像光电系统测试模块用以实现紫外成像光电系统输出图像信号采集、被测器件探测面入射辐射照度测量、成像光电系统分辨力、信噪比、动态范围和极限探测能力参数计算等功能；数据库模块完成对测试信息的保存和查询。测试信息主要包括测试管号、信噪比、分辨力、动态范围、入射辐射照度等相关信息，通过连接 Access 数据库，可以对数据进行删除、添加、修改和查询等。紫外器件综合性能测试仪设备明细和功能如表8.1所示。

表8.1 紫外器件综合性能测试仪设备明细表和功能

序号	设备名称	规格型号	功能和技术指标	供应商	数量
1	紫外成像测试用均匀光源系统	非标	为紫外探测与成像光电系统综合性能测试提供所需紫外辐射信号； 单色紫外波长：254 nm、260 nm、280 nm（可选）； 辐射功率：$1\times10^{-12} \sim 1\times10^{-3}$ W/cm²	南京理工大学	1套
2	紫外成像测试用测试靶标（包括分辨率和信噪比测试靶）	非标	为紫外探测与成像光电系统信噪比及分辨力测试提供所需目标图案； 分辨力靶：USAF1951标准	南京理工大学	1套
3	紫外成像测试用投影系统	非标	将分辨力图像投影于被测器件及系统探测面上	南京理工大学	1套
4	探测器件测试专用信号处理器	非标	对紫外探测光电系统测试过程中所产生的光电信号进行处理和采集	南京理工大学	1套
5	视频采集处理系统	PXIe系列	8槽通用机箱；14数字化仪；20～85 MHz像素时钟频率数字采集卡；可对模拟视频信号和数字视频信号进行采集显示	美国国家仪器	1套
6	紫外成像测试机械结构	非标	保证光轴平行；提供各种调节机构、暗测试环境、测试夹具等	南京理工大学	2套
7	供电电源	E3633A	为被测紫外探测与光电系统提供所需工作电压或电流	美国Keysight	1套
8	综合性能测试软件	非标	实现紫外探测光电系统输出光电信号数据采集、紫外成像光电系统输出图像信号采集、被测器件探测面入射辐射照度的测量、性能参数计算等功能	南京理工大学	1套
9	光学平台	精密阻尼隔震系列2.4 m×1.2 m	保证整套系统的光轴一致和安装固定；2.4 m×1.2 m	国产	1套

8.4 紫外光学系统焦距测量仪

紫外光学系统焦距测量仪用以对紫外光学系统焦距参数进行测量，其主要由紫外光源系统、分划板、紫外平行光管、靶像测量装置等组成，靶像测量装置包括紫外像增强器、显微读数系统等，可对被测紫外光学系统所有形成的分划板像尺寸进行检测。焦距测量仪实物如图 8.18 所示。

被测
镜头

平行
光管

像增强器

三维调节
机构

靶标机构

氙灯
光源

图 8.18　焦距测量仪实物

8.4.1 紫外光学系统焦距测量原理

焦距是光学系统的重要参数之一，其测量方法较多，但一般只适用于可见光波段，无法应用于紫外光学系统焦距测量。本测量仪采用基于光路可逆原理的放大率法对紫外光学系统焦距进行测量。其原理：y 为位于平行光管物方焦平面的分划板上的一对刻线之间的距离，在被测紫外光学系统的像面上可得到分划板像，并获得像刻线间距离 y'，若平行光管的焦距为 f，则紫外光学系统焦距 f' 为 $f' = f\dfrac{y'}{y}$。

8.4.2 紫外光学系统焦距测量仪功能组成及设计方案

紫外光学系统焦距测量仪用以对紫外光学系统焦距参数进行测量，其主要由紫外光源系统、分划板、紫外平行光管、靶像测量装置等组成，靶像测量装置包括紫外像增强器、供电电源、显微读数系统、三维调节机构等，可对被测紫外光学系统所形成的分划板像尺寸进行检测。

测量仪工作过程：通过光强调节机构，紫外光源系统将所需强度紫外辐射输入透射式分划板，分划板处于紫外平行光管焦平面位置；紫外辐射通过紫外平行光管和被测紫外光学系统后，将在紫外像增强器阴极面形成分划板紫外辐射图像，并显示在荧光屏上，其中紫外像增强器荧光屏所显示图像与阴极面入射紫外辐射图像比例为 1:1；利用显微读数系统对紫外像增强器荧光屏所形成的分划板图像进行观测，获得分划板像尺寸 y'，而分划板实际尺寸 y 和紫外平行光管焦距 f 均为已知量，利用公式 $f' = f\dfrac{y'}{y}$ 可获得被测紫外光学系统焦距 f'。

1. 紫外光源系统

紫外光源系统用以为紫外光学系统焦距测量提供所需强度紫外辐射，其应具有输出紫外辐射强度稳定、可调等特点。紫外光学系统焦距测量仪紫外光源系统由南京理工大学设计加工完成。所设计的紫外光源系统主要由紫外光源、光源电源和光强调节机构组成。

（1）紫外光源及其供电电源。

所设计的紫外光源系统采用氘灯作为紫外光源。氘灯发射的是连续光谱，在 200～400 nm 波长范围内光谱输出较高，发射特性稳定，能够满足紫外光学系统焦距测试需求。本测量仪采用北京赛凡光电仪器有限公司生产的 7ILD30 型氘灯光源，该光源采用优质透紫外石英双透镜，在 200～400 nm 透过率高，能量利用充分，可以在大范围内调节焦距以满足不同焦点位置需求，具有发射强度高、稳定性好、寿命长等优点。光源电源采用北京赛凡光电仪器有限公司生产的 7IPD30 型氘灯电源，其具有输出电流漂移小、电流稳定度高等优点。7ILD30 型氘灯光源及其配套电源如图 8.19 所示。

（2）光强调节机构。

所设计的紫外光源系统光强调节机构用以对氘灯发出的紫外辐射强度进行调节，以可调光阑和中性衰减滤光片作为主要调节手段，其中中性衰减滤光片安装于专用滤光片盒内，可调光阑安装于滤光片盒与氘灯连接处。所设计的滤光片调节箱实物如图 8.20 所示。

滤光片调节箱内有多片滤光片，滤光片两端分别用两个压片夹紧，加以上下两根圆柱形导杆以小角度倾斜放置，通过箱体外与滤光片相连的推杆调节滤光片的位置。中性衰减滤光片选用美国 THORLABS 公司生产的型号为 NEK01S 的紫外熔融石英反射型中性密度滤光片组，衰减系数从 0.1 直至 4.0，满足紫外光学系统焦距测量的辐射强度调节需求。在实验过程中，推进滤光片在通光窗口挡住光源，从而达到迅速衰减光功率的目的；通过调整不同倍数的滤光片来调节光强度，以满足实验需求。

图 8.19　7ILD30 型氘灯光源及其配套电源 　　　图 8.20　滤光片调节箱实物

　　紫外光源系统中，可调光阑用以对光源输出辐射强度进行精密调节。本设计中，采用可变孔径光阑，通过转动手轮改变通光孔径控制输入至分划板的辐射强度，从而对光源系统输出辐射强度进行精密调节。可调光阑实物如图 8.21 所示。

2. 分划板设计

　　分划板用以为紫外光学系统焦距测量提供所需刻线图案，应具备刻线清晰、尺寸明确、高等特点。分划板由南京理工大学研发设计，同时委托南京百花光电有限公司采用石英玻璃光刻加工完成。所设计的分划板采用玻罗板图案，共设计有间距为 1 mm、2 mm、4 mm、10 mm 和 20 mm 的 5 组线对。所设计的分划板实物如图 8.22 所示。

图 8.21　可调光阑实物 　　　　　　　　图 8.22　分划板实物

3. 紫外平行光管设计

紫外平行光管用以为紫外光学系统焦距测量提供所需的无穷远处紫外目标图案，通常有透射式和反射式两种设计方式，可见光平行光管通常采用透射式结构。但适用于紫外波段透过式的光学材料普遍存在透过率低、加工困难、价格昂贵等问题，因此紫外光学系统焦距测量仪紫外平行光管采用反射式结构，并由南京理工大学自行设计加工完成。所设计的紫外平行光管主要由平面反射镜、离轴抛物面反射镜和遮光筒等组成，其光路示意如图 8.23 所示。

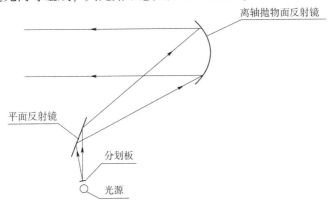

图 8.23　反射式紫外平行光管光路示意

离轴抛物面反射镜口径为 100 mm，焦距为 1 000 mm，此即为所设计的紫外平行光管焦距，配合所设计的分划板和靶像测量装置，可以满足紫外光学系统焦距测量需求。

4. 靶像测量装置

不同于可见光波段光学系统焦距测量，紫外波段无法为人眼直接观测，需采用成像装置将分划板所形成的紫外图像转变为可见光图像，再由人眼进行观测。紫外光学系统焦距测量仪靶像测量装置主要由紫外像增强器、供电电源、显微读数系统、三维调节机构等组成。

紫外像增强器为变像管，可将人眼不可见的紫外辐射图像转化为可见光图像，其主要由紫外光电阴极、微通道板和荧光屏组成。其中紫外光电阴极用以将紫外辐射图像转化为电子图像，微通道板可实现电子图像增强；增强后的电子图像在电场作用下加速运动轰击荧光屏，产生可见图像。靶像测量装置中，紫外像增强器选用北方夜视技术股份有限公司生产的规格为 $\phi18$ mm 的紫外像增强器，其阴极面和荧光屏直径都为 18 mm，图像缩放比为 1：1，如图 8.24 所示，与所设计的紫外平行光管及分划板配合，满足紫外光学系统焦距测量指标要求。

图 8.24　北方夜视公司生产 $\phi18$ 紫外像增强器

采用美国 Keysight 公司生产的 E3633A 型稳压直流电源为紫外像增强器提供工作所需的直流电压，如图 8.25 所示，其具体指标如下。

①额定输出量程：8 V/20 A、20 V/10（可选）。

②电压输出精度：0.05% +10 mV。

③电流输出精度：0.2% +10 mA。

④常模电压：<350 μVrms/2 mVpp。

⑤常模电流：<2 mArms。

⑥共模电流：<1.5 μArms。

⑦提供 RS232 接口，RS232 与可编程仪器标准兼容。

图 8.25　E3633A 型稳压恒流源

显微读数系统由读数显微镜与三维调节机构组成。读数显微镜用以对紫外像增强器荧光屏所呈现的分划板图案刻线进行放大测量，以获得精确分划板像尺寸，三维调节机构用以对被测紫外光学系统、紫外像增强器和显微读数系统位置、中心高等进行调节，以确保在测试过程中，测试仪光轴一致。

读数显微镜采用邦亿精密量仪有限公司生产的 JC-10 型读数显微镜，主要由测微目镜组、物镜组、镜管、镜筒底座组成。其结构简单，操作简单，适用范围广，主要用作测定孔距、刻线宽度等，主要参数如表 8.2 和表 8.3 所示。

表 8.2　读数显微镜主要参数 1

物镜		目镜		显微镜	工作	视场	有效测
放大 倍数	焦距 /mm	放大 倍数	焦距 /mm	放大 倍数	距离 /mm	直径 /mm	量范围 /mm
1	31.46	20	12.6	20	62	9	6

表 8.3　读数显微镜主要参数 2

目镜分划板格值	目镜分划板刻度值	读数指示套最小读数	测量精度
1	6	0.01	0.01

三维调节机构采用上海联谊公司生产的二维平移台与手摇滚珠丝杠直线滑台，并通过设计的连接件，改装成三维调节机构。读数显微镜采用涉及的专用夹具进行固定。整个显微读数系统如图 8.26 所示。紫外光学系统焦距测量仪设备明细和功能如表 8.4 所示。

图 8.26　显微读数系统

表 8.4　紫外光学系统焦距测量仪设备明细表和功能

序号	设备名称	规格型号	功能和技术指标	供应商	数量
1	焦距测试用紫外 光源系统	非标	为紫外光学系统焦距测量提供所 需的强度紫外辐射，其具有输出 紫外辐射强度稳定、可调等特点	南京理工大学	1 套
2	焦距测试用紫外 分划板	非标	为紫外光学系统焦距测量提供所 需的刻线图案，间距分别为 1 mm、 2 mm、4 mm、10 mm 和 20 mm， 共 5 组线对	南京理工大学	1 套

续表

序号	设备名称	规格型号	功能和技术指标	供应商	数量
3	焦距测试用反射式紫外平行光管	非标	为紫外光学系统焦距测量提供所需的无穷远处紫外目标图案，焦距为 1 000 mm	南京理工大学	1 套
4	紫外像增强器	φ18-18	对紫外靶像进行检测	北方夜视	1 套
5	显微读数系统	日本佳能	用以对紫外像增强器荧光屏所呈现的分划板图案刻线进行放大测量，以获得精确分划板像尺寸	日本佳能	1 套
6	焦距测试用机械结构	非标	保证光轴平行；提供各种调节机构、暗测试环境、测试夹具等	南京理工大学	1 套

8.5　紫外光学系统透射比测试仪

8.5.1　紫外光学系统透射比测试仪功能组成 ▶▶▶

紫外光学系统透射比测试仪用以对紫外光学系统的透射比进行检测，其主要由紫外光源系统、积分球、探测器、微电流检测仪和测试软件等组成；紫外光源系统包括光源、光源电源、单色滤光片、中性衰减滤光片和可调孔径光阑等。紫外光学系统透射比测试仪基本构成框图和原理示意分别如图 8.27 和图 8.28 所示。

图 8.27　紫外光学系统透射比测试仪基本构成框图

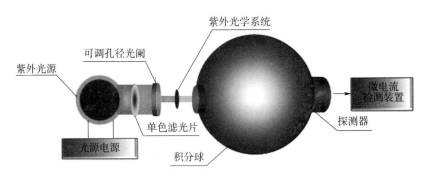

图 8.28　紫外光学系统透射比测试仪原理示意

紫外光学系统透射比测试仪工作过程：紫外光源系统产生指定尺寸的紫外辐射光斑，经被测紫外光学系统衰减后输入至积分球；积分球对输入的紫外辐射进一步衰减并使其均匀；探测器放置于积分球出光口侧，对积分球输出的紫外辐射进行探测；利用微电流检测仪对探测器输出的电流信号进行检测，获得有被测紫外光学系统情况下的光电流值；撤除被测紫外光学系统，检测获得此情况下的探测器输出电流值，计算即获得被测紫外光学系统透射比。

▶▶▷ 8.5.2 紫外光学系统透射比测试仪设计方案 ▶▶ ▶

透射比测试仪实物如图 8.29 所示。

图 8.29 透射比测试仪实物

1. 紫外光源系统

紫外光源系统用以为紫外光学系统透射比测试提供所需的强度紫外辐射，其应具有输出紫外辐射强度稳定、光斑尺寸可调等特点。紫外光学系统透射比测试仪紫外光源系统由南京理工大学设计加工完成。所设计的紫外光源系统主要由紫外光源、光源电源和光源调节机构组成。

（1）紫外光源及其供电电源。

所设计的紫外光源系统采用氙灯作为紫外光源。氙灯发射的是连续光谱，在 200~400 nm 波长范围内光谱输出较高，发射特性稳定，能够满足紫外光学系统透射比测试需求。本测量仪采用北京赛凡光电仪器有限公司生产的 7ILD30 型氙灯光源，该光源采用优质透紫外石英双透镜，在 200~400 nm 透过率高，能量利用充分，可以在大范围内调节焦距以满足不同焦点位置需求，具有发射强度高、稳定性好、寿命长等优点。光源电源采用北京赛凡光电仪器有限公司生产的 7IPD30 型氙灯电源，其具有输出电流漂移小、电流稳定度高等优点。7ILD30 型氙灯光源及其配套电源如图 8.30 所示。

图 8.30   7ILD30 型氙灯光源及其配套电源

（2）光源调节机构。

所设计的紫外光源系统光源调节机构用以对氙灯发出的紫外辐射光谱分布、强度和光斑尺寸进行调节，以可调光阑和滤光片作为主要调节手段，其中滤光片安装于专用滤光片盒内，可调光阑安装于滤光片盒与被测紫外光学系统连接处。所设计的滤光片调节箱示意如图 8.31 所示。

图 8.31   滤光片调节箱示意

滤光片调节箱内有多片滤光片，滤光片两端分别用两个压片夹紧，加以上下两根圆柱形导杆以小角度倾斜放置，通过箱体外与滤光片相连的推杆调节滤光片的位置。紫外光源系统中，使用单色滤光片以实现光源系统单色紫外辐射输出，使用中性衰减滤光片对光源输出的辐射强度进行调节，实现大动态范围辐射强度调节。单色滤光片采用美国 Andover 公司生产的中心波长分别为 254 nm、260 nm 和 280 nm 的带通紫外单色滤光片。中性衰减滤光片选用美国 THORLABS 公司生产的型号为 NEK01S 的紫外熔融石英反射型中性密度滤光片组，衰减系数从 0.1 直至 4.0，满足紫外光学系统焦距测量辐射强度的调节需求。在实验过程中，推进滤光片在通光窗口挡住光源，从而达到调整光源光谱分布和迅速衰减光功率的目的；通过调整不同的滤光片组合对光源进行调节以满足实验需求。

紫外光源系统中，可调光阑用以对光源输出的光斑尺寸和辐射强度进行精密调节。本设计中，采用可变孔径光阑，通过转动手轮改变通光孔径控制输入至被测紫外光学系统的紫外光斑尺寸和辐射强度。可调光阑实物如图 8.32 所示。

图 8.32　可调光阑实物

2. 积分球设计

紫外光学系统透射比测试仪中的积分球用以对单色紫外辐射进一步衰减并对其均匀化，以在光源系统出光口输出单色紫外均匀光斑。积分球直径设计为 200 mm，光入口直径设计为 50 mm，积分球开口直径设计为 50 mm。积分球外形结构如图 8.33 所示。

图 8.33　积分球外形结构

积分球挡板的主要作用是阻挡未经积分球表面至少两次反射的光束直接出射积分球外，从而改善积分球出口的均匀性。本设计方案中，设计了方形挡板，采用钢板制作，并焊接在积分球靠近光口侧，挡板表面进行均匀喷涂。

目前积分球内壁涂层使用的主要材料有硫酸钡、Spectralon 材料或聚四氟乙烯。本方案中，采用美国蓝菲光学公司生产的 Spectralon 反射材料，作为积分球内壁涂层。Spectralon 材料在 250 ~ 2 500nm 波长范围内具有高朗伯特性，反射比大于 95%，如图 8.34 所示。

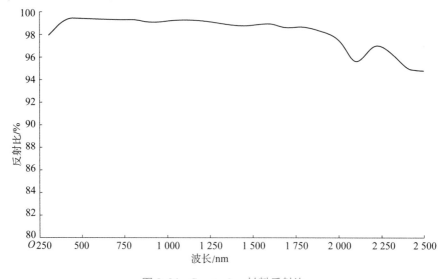

图 8.34　Spectralon 材料反射比

3. 探测器及微电流检测仪

紫外光学系统透射比测试中，探测器用以对积分球输出的紫外辐射强度进行检测，实现光电转换，通过微电流检测仪对探测器输出的电流信号进行检测，获得在有无紫外光学系统情况下探测器的输出电流值，计算获得紫外光学系统透射比。

测试仪探测器采用日本滨松公司生产的 S2281-01 紫外增强硅光电池作为光探测器件，其光谱响应范围为 190 ~ 1 000 nm，灵敏度高达 0.36 A/W，暗电流仅为 300 pA，信号探测稳定性优于 1.5%，可以满足紫外光学系统透射比测试需求。S2281-01 硅光探测组件实物如图 8.35 所示。

图 8.35　S2281-01 硅光探测组件实物

为对硅光探测组件因紫外辐射入射所产生的光电流信号进行检测，采用如图8.36 所示的微电流检测仪。

图 8.36　微电流检测仪

微电流检测仪内设计有放大滤波电路、AD 采集模块、显示模块和控制单元等。硅光电池在紫外辐射作用下产生电流信号；利用放大滤波电路对信号进行放大和滤波；经放大后的电流信号通过 AD 采集模块转换为数字信号并输入控制单元；控制单元根据所输入的数字信号进行计算，获得硅光电池光电流值，并进行显示和输出。

探测器与镜头通过自主设计的专用夹具进行固定，探测器与镜头夹具如图 8.37所示。

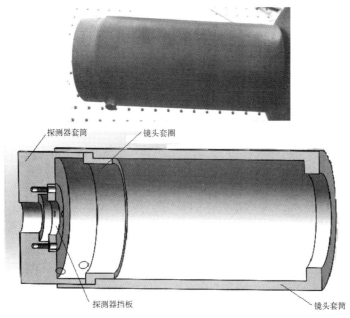

图 8.37　探测器与镜头夹具

整个夹具由探测器套筒、镜头套圈、探测器挡板、镜头套筒组成。镜头套筒用于安放镜头，并套在积分球的出光口，用紧定螺钉固定。镜头套筒根据镜头的不同尺寸进行定做，使得镜头在套筒内的位置固定。探测器套筒根据探测器的尺寸设计，用于安放探测器，同时用探测器挡板进行螺纹连接固定，同时探测器套筒抵住镜头套筒使得套筒位置稳定，并保证探测器与出光口的距离不变，保证测量的正确性。紫外光学系统透射比测试仪设备明细和功能如表 8.5 所示。

表 8.5 紫外光学系统透射比测试仪设备明细表和功能

序号	设备名称	规格型号	功能和技术指标	供应商	数量
1	透射比测试紫外光源系统	非标	为紫外光学系统透射比测试提供所需强度的紫外辐射，其具有输出紫外辐射强度稳定、光斑尺寸可调等特点	南京理工大学	1 套
2	紫外积分球	非标	用以对单色紫外辐射进一步衰减并对其均匀化，以在光源系统出光口输出单色紫外均匀光斑	南京理工大学	1 套
3	硅光探测组件	S2281-01	对积分球输出的紫外辐射强度进行检测	日本滨松	1 套
4	微电流检测仪	非标	对硅光探测组件因紫外辐射入射所产生的光电流信号进行检测	南京理工大学	1 套
5	透射比测试机械结构	非标	保证光轴平行；提供各种调节机构、暗测试环境、测试夹具等	南京理工大学	1 套

 ## 8.6 设备实际达到的技术指标

 ### ▶▶▶ 8.6.1 紫外器件综合性能测试仪 ▶▶▶

①紫外成像光电系统测试参数：分辨力、信噪比、动态范围、极限探测能力。

②紫外探测光电系统测试参数：信噪比、动态范围、极限探测能力。

③光源光谱范围：$200 \sim 400$ nm。

④光源辐射功率：$1 \times 10^{-12} \sim 1 \times 10^{-3}$ W/cm^2。

⑤极限探测辐射强度（积分球出口处）：1×10^{-14} W/cm^2（最小），5×10^{-2} W/cm^2（最大）。

⑥信噪比测试范围：$0 \sim 75$ dB。

⑦分辨力测量范围：$1 \sim 70$ lp/mm。

⑧信噪比测试重复性：≤6%。

⑨分辨力测试重复性：≤3%。

8.6.2　紫外光学系统焦距测量仪 ▶▶ ▶

①光源光谱范围：200 ~ 400 nm。

②紫外光学系统焦距测试范围：0 ~ 1 000 mm。

8.6.3　紫外光学系统透射比测试仪 ▶▶ ▶

①光源光谱范围：200 ~ 400 nm。

②紫外光学系统透射比测试范围：0.1% ~ 100%。

 ## 8.7　相关技术说明

8.7.1　系统误差分析 ▶▶ ▶

紫外器件综合性能测试仪产生的误差包括分辨力靶板加工误差、信噪比光电流检测误差、极限探测能力误差。通过分子读数显微镜实际测量，分辨率靶板加工误差为0.03%，小于行业允许误差（0.05%），满足技术要求。信噪比光电流检测误差取决于光电流计及光信号检测误差，本项目采用进口光电倍增管检测光信号，选用高精度电流计，满足信噪比测试要求。极限能力误差取决于紫外像增强器的响应，本项目选用进口紫外像增强器作为探测器，国外紫外像增强器响应高于国内同类产品1个数量级，因此满足测试误差要求。

紫外光学系统焦距测量仪测试误差取决于图像采集像素，本技术方案采用焦距为1 000 mm的平行光管及日本佳能显微读数系统，达到百万级像素，其产生的误差（0.01%）小于焦距允许误差（1%），满足测试要求。

紫外光学系统透射比测试仪测试误差取决于紫外信号探测器的误差，测试仪探测器采用日本滨松公司生产的S2281-01紫外增强硅光电池作为光探测器件，其光谱响应范围为190 ~ 1 000 nm，灵敏度高达0.36 A/W，暗电流仅为300 pA，信号探测稳定性优于1.5%，可以满足紫外光学系统透射比测试需求。

紫外成像光电系统性能测试装置安装布局如图8.38所示。其中光学平台为2 400 mm×1 200 mm，控制柜为1 000 mm×800 mm，实验室预留空间为3 400 mm×1 200 mm，或者为2 400 mm×2 000 mm，占地面积为5 m²。光学平台四周预留测试人员的工作空间。

图 8.38　紫外成像光电系统性能测试装置安装布局图

▶▶┃ 8.7.2　紫外成像光电系统性能测试装置标定方法 ▶▶ ▶

　　由于光源灯泡使用衰减因素，需要定期（1 次/年）对光源照度进行标定，其余为出厂标定装置，使用中不出现变化因素，不需要再行标定。

▶▶┃ 8.7.3　共轭透镜的镜头参数 ▶▶ ▶

　　共轭透镜的镜头参数如图 8.39 所示。

佳能 EF 50mm f/1.4 USM	
镜头定位	135mm 全画幅镜头
镜头用途	标准镜头
镜头类型	定焦
镜头结构	6 组 7 片
镜头卡口	佳能 EF 卡口
变焦方式	无变焦
滤镜尺寸	58mm
驱动马达	USM
遮光罩	ES-71 II
最大光圈	F1.4
最小光圈	F22
光圈叶片数	8 片
焦距范围	50mm
视角范围	水平：40 度 垂直：27 度 对角线：46 度
镜头直径	73.8mm
镜头长度	50.5mm
镜头重量	290g
产品特点	轻巧及素质极佳的标准镜头。2 片高折射镜片及全新的光学设计能有效减低及防止色散。即使使用最大光圈，照片也清晰夺目。

图 8.39　共轭透镜的镜头参数

选用 NI 公司生产的 PXIe-5122 高分辨率数字化仪，采用 Windows 7 操作系统下的 LabView 软件开发平台进行测试软件开发，测试软件将可实现紫外探测光电系统输出光电信号数据采集、紫外成像光电系统输出图像信号采集、被测器件探测面入射辐射照度的测量、性能参数计算等功能，并且可以将测试信息保存到数据库中，优化图像采集系统。

8.8　紫外透镜焦距测量原理

紫外辐射穿过一定厚度的材料时，几乎没有材料可以避免吸收，紫外辐射的衰减会按照 Beer-Lambert 法则指数式进行

$$I = I_0 \, \mathrm{e} - aL \tag{8.2}$$

材料越厚，衰减越严重。适用于紫外的透明材料很少，材料本身价格高昂，同时紫外材料表面的误差必须控制在 5% 波长，加工难度很大，所以常规透射式平行光管不适用于紫外波段的测试，为此我们研究了一种基于反射式平行光管的紫外透镜焦距测试方法。图 8.40 为所用的反射式平行光管的光路图，利用离轴反射镜和平面反射镜制成反射式平行光管，以紫外光的反射代替透射，规避了透紫外材料的使用。

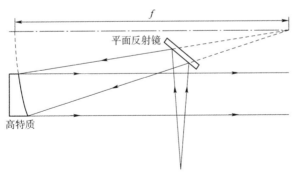

图 8.40　反射式平行光管的光路图

以此设计的焦距测量系统的光学结构如图 8.41 所示。

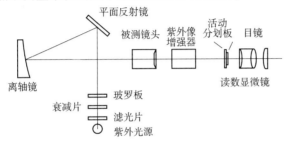

图 8.41　焦距测量系统的光学结构

整个系统利用物像之间的比例关系来测量紫外透镜的焦距。焦距计算公式为

$$f' = f_0 \frac{y'}{y} \tag{8.3}$$

式中：y 为玻罗板上某一线对的间距，单位为 mm；y' 为读数显微镜测得的对应线对的间距，单位为 mm；f 为离轴镜的焦距，单位为 mm；f' 为被测紫外镜头的焦距，单位为 mm。

玻罗板用来为本套测量系统提供所需刻线图案，应具备刻线清晰、尺寸明确等特点，是测量系统的基准元件。玻罗板上的刻线间距设计需要考虑探测器的读数精度和接收范围。本文用紫外像增强器作为探测器，所以最后玻罗板刻线图像必须大于像增强器分辨率要求的最小宽度，结合式（8.3）与偶然误差综合原则[1]可得

$$y \geqslant \frac{\sqrt{2}\,a}{2\eta} \frac{f_0}{f'} \tag{8.4}$$

式中：a 为像增强器的分辨率，单位为 lp/mm；η 为精度分配中给探测器读数的相对精度；f_0 为离轴镜的焦距，单位为 mm。

令 $k_1 = \dfrac{\sqrt{2}\,a}{2\eta} f_0$，则有

$$yf' \geqslant k_1 \tag{8.5}$$

同时玻罗板刻线间距又必须小于像增强器所能成像的最大有效距离，即

$$y \leqslant L \frac{f_0}{f'} \tag{8.6}$$

式中：L 理论上为像增强器阴极面的有效直径，单位为 mm；考虑到最后利用读数显微镜读数，这里 L 取读数显微镜的刻度范围，单位为 mm。

令 $k_2 = Lf_0$，则有

$$yf' \leqslant k_2 \tag{8.7}$$

综合式（8.5）和式（8.7），可得出玻罗板的刻线间距 y 与被测光学系统焦距 f' 的关系为

$$k_1 \leqslant yf' \leqslant k_2 \tag{8.8}$$

玻罗板刻线间距与被测光学焦距的关系如图 8.42 所示，在两曲线之间的便是可以取的玻罗板刻线间距。

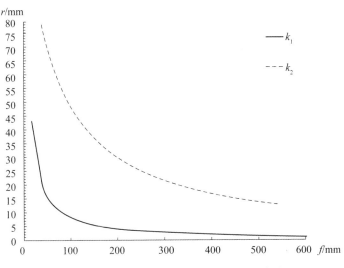

图 8.42　玻罗板刻线间距与被测光学焦距的关系

结合图 8.42，并综合考虑设备的通用性和测量范围，最后设计的分划板如图 8.43（a）和图 8.43（b）所示。玻罗板上刻了 5 对线，第 1 对线线距为 1 mm、第 2 对线线距为 2 mm、第 3 对线线距为 4 mm、第 4 对线线距为 10 mm、第 5 对线线距为 20 mm。玻罗板设计为除了 5 对线允许紫外光线通过，其余地方均涂上了遮挡紫外光线的涂层。

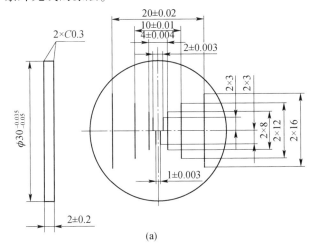

(a)

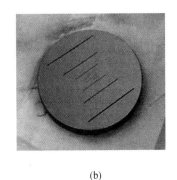

(b)

图 8.43　玻罗板设计图

（a）具体设计；（b）实物

靶像测量装置由紫外像增强器、读数显微镜、三维调节机构组成。紫外像增强器可将人眼不可见的紫外辐射图像转化为可见光图像[2~3]，本套测量系统紫外像增强器选用规格为 ϕ18 mm 的紫外像增强器，其阴极面和荧光屏直径都为 18 mm，图像缩放比为1∶1，分辨率为40 lp/mm。读数显微镜用以对紫外像增强器荧光屏所呈现的玻罗板图案刻线进行放大测量，整体放大倍数为20倍，测量范围为8 mm，读数精度为0.01 mm。三维调节机构用以对紫外镜头、紫外像增强器和读数显微镜的位置、中心高等进行调节，以确保在测试过程中，测试系统光轴一致。靶像测量装置实物如图8.44所示。

1—紫外像增强器；2 读数显微镜；3—三维调节机构。

图8.44　靶像测量装置实物

8.9　紫外镜头焦距测量实验

紫外镜头焦距测量系统实物如图8.45所示。

1—紫外光源；2—反射式平行光管；3—靶像测量装置；4—被测镜头。

图8.45　测量系统实物

　　本实验最重要的是能够通过读数显微镜读出玻罗板的对线间距，所以紫外镜头、紫外像增强器、读数显微镜等各部件的共轴等高很重要，其次是紫外像增强器的荧光屏需要调节到紫外镜头的焦平面上，使得像增强器能够显示出清晰的图像。整个实验的步骤如下：

　　①安装合适的衰减片，使得紫外光源系统将所需强度的紫外辐射输入玻罗板，玻罗板位于离轴反射镜物方焦平面位置；

　　②紫外辐射通过反射式平行光管和被测紫外镜头后，将在紫外镜头的焦平面处形成玻罗板的图像，调节紫外像增强器的位置，观察荧光屏上的图像，直至图像清晰且居中，此时认为紫外像增强器的阴极面与紫外镜头焦平面重合；

③调节读数显微镜，使得读数显微镜的叉丝与紫外像增强器荧光屏上所成的图像基本消视差，使叉丝依次对准对线中心，分别记下读数显微镜的数值 y_1，y_2，玻罗板图像的线距为 $y' = y_1 - y_2$，利用焦距计算公式可获得被测紫外镜头焦距 $f' = f_0 y'/y$。

焦距测量实验分别选用了 25 mm 焦距和 100 mm 焦距的紫外镜头进行实验，并分别进行了 7 次测量，测量结果和相关计算结果如表 8.6 和表 8.7 所示，对于 25 mm 焦距的镜头，利用玻罗板第 4、5 对线的测量效果较好，相对误差范围为 0.8% ~ 1.6%，小于 2%，对于 100 mm 焦距的镜头，测量结果的相对误差为 0.2%，两表中各对线的 7 次测量的标准差为 0.004 8 ~ 0.016 2 mm。

表 8.6　25 mm 焦距测试数据记录

	第 1 次	第 2 次	第 3 次	第 4 次	第 5 次	第 6 次	第 7 次	平均焦距	标准差 σ
第 1 对线/mm	0.02	0.03	0.03	0.03	0.02	0.02	0.02	26	0.004 8
第 2 对线/mm	0.05	0.04	0.06	0.04	0.07	0.06	0.05	26	0.011 6
第 3 对线/mm	0.09	0.12	0.10	0.10	0.11	0.11	0.09	26	0.010 1
第 4 对线/mm	0.25	0.27	0.24	0.26	0.25	0.24	0.26	25.4	0.010 2
第 5 对线/mm	0.51	0.50	0.48	0.49	0.50	0.50	0.49	24.8	0.010 2

表 8.7　100 mm 焦距测试数据记录

	第 1 次	第 2 次	第 3 次	第 4 次	第 5 次	第 6 次	第 7 次	平均焦距	标准差 σ
第 1 对线/mm	0.09	0.1	0.1	0.11	0.11	0.09	0.11	102	0.007 4
第 2 对线/mm	0.18	0.19	0.20	0.20	0.21	0.19	0.19	98	0.010 2
第 3 对线/mm	0.39	0.41	0.40	0.40	0.41	0.40	0.41	101	0.007 5
第 4 对线/mm	1.01	1.02	0.98	0.99	1.01	0.99	1.01	100.2	0.014 7
第 5 对线/mm	2.02	2.01	2.02	1.99	1.98	2.00	1.99	100.2	0.016 2

8.10　误差分析

在测量过程中影响测量精度的主要因素：反射式平行光管的制造误差，玻罗板刻线间距的加工误差，紫外像增强器的探测精度误差，读数显微镜的测量误差，人眼读数时的判读误差以及测量设备所处环境带来的干扰。其中环境的干扰产生的测量误差可以采用重复测量取平均值来消除影响，反射式平行光管由制造厂家计量给出，准直精度 30″以内，焦距 1 000 mm，其误差影响在这里可忽略不计。

系统测量焦距的总误差为

$$\Delta f = (\frac{y' + \Delta y'}{y + \Delta y} - \frac{y'}{y})f_0 \tag{8.9}$$

式中：f_0 为反射式平行光管的焦距；y' 为玻罗板对线间距的理论测量值；y 为玻罗板对线间距的理想值；Δy 为玻罗板对线间距的加工精度引入的误差。

Δy 的计算公式为

$$\Delta y = \frac{\mu_y}{\sqrt{3}} \tag{8.10}$$

式中：μ_y 为玻罗板对线间距的加工尺寸公差。

式（8.9）中的 $\Delta y'$ 为玻罗板对线读数时引入的误差，包括紫外像增强器的探测精度、读数显微镜的读数精度、人眼的判读误差，计算公式为

$$\Delta y' = \sqrt{\left(\frac{\mu_a}{\sqrt{3}}\right)^2 + \left(\frac{\mu_b}{\sqrt{3}}\right)^2 + \left(\frac{l}{2}\right)^2} \tag{8.11}$$

式中：μ_a 为紫外像增强器的最小分辨率；μ_b 为读数显微镜的测量最大偏差；l 为读数显微镜的最小刻度。

玻罗板对线间距的尺寸公差为 0.02 mm，紫外像增强器的分辨率为 40 lp/mm，读数显微镜的最小刻度为 0.01 mm，根据式（8.9）～式（8.11），分别对两个实验镜头计算可得，25 mm 镜头的测量的总误差为 0.510 3 mm，测量误差为 2.041%，100 mm 镜头的测量的总误差为 0.933 9 mm，测量误差为 0.934%。

参考文献

［1］ 童伊琳，廖兆曙，陈海清. 玻罗板刻线间距测量的 S-F 图解法研究 ［J］. 时代农机，2015，42（07）：29-30.

［2］ 贺英萍. 紫外像增强器性能测试研究 ［D］. 西安：西安工业大学，2007.

［3］ 吴星琳，邱亚峰，钱芸生，等. 紫外像增强器信噪比与 MCP 电压的关系 ［J］. 应用光学，2013，34（3）：494-497.

第9章
夜视仪及夜视眼镜设计

 9.1　头盔式单目低照度 CMOS 夜视仪

▶▶▶ | 9.1.1　概述 ▶▶▶ ▶

　　头盔摄像机通过低照度 CMOS、物镜、目镜、OLED 显示及补光功能模块构成成像系统，满足在 $1×10^{-3}$ lx 照度下，100 m 能发现人，50 m 能识别人的条件，实现白天与夜间不间断观察目标，满足士兵夜间行走与侦察的需要，佩戴在头盔上。

　　头盔摄像机 I（无目镜）由低照度 CMOS、物镜及补光功能模块构成成像系统，提供供电接口。

　　头盔摄像机 II（带目镜）通过低照度 CMOS、物镜、目镜、OLED 显示及补光功能模块构成成像系统，配备电源。

　　1. 头盔摄像机 I（无目镜）

　　①放大倍率：1×。

　　②CMOS 分辨率：720×576。

　　③CMOS 尺寸：1/2 英寸（1 in=2.54 cm）。

　　④供电电压：7.4 V。

　　⑤系统功耗：1 W。

　　⑥视角：≥40°。

　　⑦补光：人眼不可见。

　　⑧距离：100 m 发现人（$1×10^{-3}$ lx，暂定）。

⑨视频输出模式：PAL 视频输出。

⑩视频分辨率：720×576。

⑪体积：直径×32 mm×55 mm。

⑫重量：≤100 g。

⑬电气接口：1——VCC，2——CVBS，3——GND，4——GNB。

⑭机械接口：与头盔皮卡导轨连接。

⑮开关：电源开关，补光开关。

⑯工作温度：-40～50℃。

2. 头盔摄像机Ⅱ（带目镜）

①放大倍率：1×。

②CMOS 分辨率：720×576。

③CMOS 尺寸：1/2 英寸。

④视角：≥40°。

⑤补光：人眼不可见。

⑥距离：100 m 发现人（$1×10^{-3}$，暂定）。

⑦视频输出模式：PAL 视频输出。

⑧视频分辨率：720×576。

⑨出瞳距离：≥20 mm。

⑩出瞳直径：直径 7 mm（暂定）。

⑪供电方式：自带电源。

⑫独立工作时间：3 h。

⑬重量：160 g。

⑭工作温度：-40～50℃。

3. 可靠性及环境试验要求

①可靠性要求连续工作时间≥3 h，同时保证性能指标。

②可维护性：MTTR≤0.5 h。

③环境试验要求温度范围为-40～50℃。

▶▶▶ 9.1.2 系统方案设计 ▶▶▶

夜视仪系统由目镜系统、低照度 CMOS 探测器、控制系统、OLED 显示器、物镜系统、电源、补光灯等组成，系统原理如图 9.1 所示。

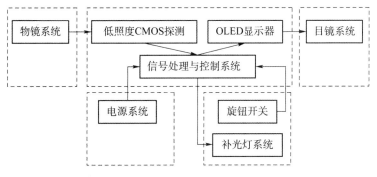

图 9.1 低照度 CMOS 夜视仪原理

物镜的性能由焦距（$f'_物$）、相对孔径（$D/f'_物$）和视场角（2ω）3 个参数决定，为了扩大士兵的视野，方便观察，指标要求视场角至少为 40°，因此物镜镜片组采用双高斯结构，光学设计得到物镜系统的后截距为 8.48 mm，根据所设计的镜片的形状以及各镜片之间的距离设计了如图 9.2 所示的物镜系统结构；为了视觉效果不失真，防止场景的变化导致头晕目眩，因此视野放大倍率要求为 1×，目镜镜片组采用对称式结构，因为对称式结构目镜能同时矫正轴向色差、垂轴色差，且能矫正彗差和像散，出瞳距离较大，像场弯曲比较小，光学设计得到目镜系统的后截距为 10.39 mm，根据所设计镜片的形状以及各镜片之间的距离设计了如图 9.3 所示的目镜系统结构[1]。

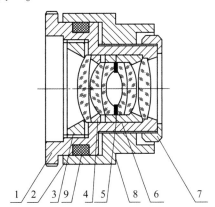

1—物镜框；2—物镜座；3—压圈；4—隔圈；5—孔径光阑；6—隔圈；
7—限位环；8—调整垫片；9—密封圈

图 9.2 物镜系统结构

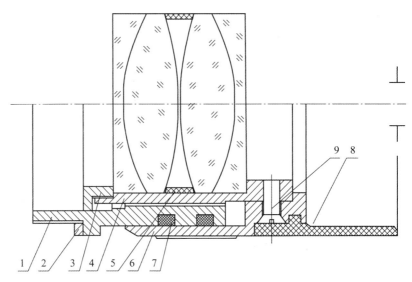

1—目镜座；2—调整垫片；3—压圈；4—目镜座；5—隔圈；6—手轮；7—密封圈；8—眼罩；9—螺钉。

图9.3　目镜系统结构

▶▶▶9.1.3　总体结构设计 ▶▶▶▶

各零配件的装配关系如图9.4所示，在装配时先将补光灯与聚光镜的距离调定聚焦后再和主壳体装配，旋转旋钮开关使系统打开，调节物镜系统机构，使景物成像聚焦在低照度 CMOS 探测器的探测面上，低照度 CMOS 探测器将微弱的光信号放大转换为电信号，电信号经过信号处理与控制系统到达 OLED 显示屏，OLED 显示屏将电信号转变为光信号显示出来，调节目镜系统机构对焦，人眼就能通过目镜查看，当光强低于 10^{-3} lx 时，打开补光灯工作[2]。装配效果如图9.5所示。

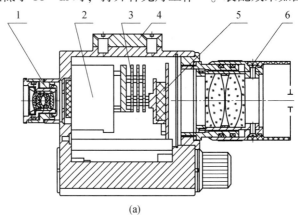

(a)

图9.4　零件装配关系图

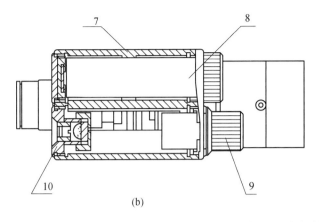

(b)

1—物镜系统机构；2—低照度 CMOS 探测器及固定机构；3—信号处理与控制系统；
4—燕尾槽挂架；5—OLED 显示屏及固定结构；6—目镜系统机构；7—主壳体；
8—电源系统；9—旋钮开关；10—补光灯系统机构。

图 9.4　零件装配关系图（续）

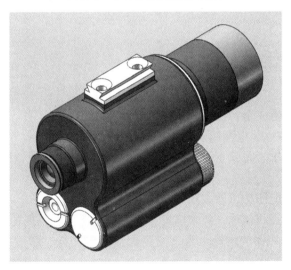

图 9.5　装配效果图

 ## 9.2　单兵夜视眼镜设计

▶▶▶ 9.2.1　概述 ▶▶ ▶

单兵夜视眼镜为二代单兵装备的一个模块单元，实现夜视功能，满足 24 h 使用，具备夜视、防护、显示功能，电池续航大于 4 h。要求在无光下观察 30 m 以内的目标场景，重量轻以便用于行军。其研制经历和基础如图 9.6 所示。

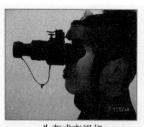
头盔式夜视仪

一体化微光CCD系统

高性能红外整机

红外搜索跟踪系统

电视导引头

多功能夜视眼镜

图 9.6　研制经历和基础

▶▶▶ 9.2.2　技术指标 ▶▶▶

1. 性能指标

最主要的功能有 3 个：夜视、防护、显示。

①重量小于 350 g，电池续航大于 4 h。

②微光夜视要求：无光下 30 m 识别人，可佩戴行军、阅读地图，暴露距离为 10 m。

③防护要求：能防护风沙、激光，165 m/s 破片。

④显示要求：无线传输，外来信息显示，强光下可视，视场角不小于 40°。

⑤其他：常规兵器的耐高低温、耐高低储、耐冲振、耐淋雨、耐湿热、耐沙尘等，还有电磁兼容等性能。

2. 设计功能指标

①重量 308 g（不含电池），含电池 351 g，电池续航大于 4 h。

②微光夜视要求：无光下 40 m 识别人，可佩戴行军、阅读地图，暴露距离为 8 m。

③防护要求：能防护风沙、雾、激光，200 m/s 破片。

④显示要求：无线传输，外来信息显示，强光下可视，视场角不小于 40°。

⑤其他：常规兵器的耐高低温、耐高低储、耐冲振、耐淋雨、耐湿热、耐沙尘等，还有电磁兼容。

⑥佩戴舒适度指数良好。

▶▶ 9.2.3 单兵夜视眼镜的总体设计方案 ▶▶ ▶

1. 总体设计

本单兵夜视眼镜是由微光探测器、视频信号处理模块、显示模块、Wi-Fi 通信模块、电源管理模块以及自组网构成的交互式系统。其中微光探测器为低照度 CMOS 及其光学组件构成；视频处理模块由视频解码电路、视频编码电路、FPGA、微控制器、非易失性存储器等组成；显示模组由具有自由曲面设计的 OLED 眼镜模块组成；电源管理模块由开关电源、各路电源使能控制等组成，系统结构如图 9.7 所示。

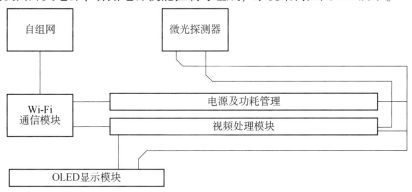

图 9.7 单兵夜视眼镜系统结构

2. 结构设计

外形结构设计如图 9.8 所示，整体采用高强度 ABS 制作，后期可选用镁铝合金制作，单兵夜视眼镜左侧配备电源控制按钮，右侧配备低照度 CMOS 探测器，整体高度适合佩戴钢盔的需要，显示器采用单输入双显模块，防破片层采用 200 m/s 破片，深色墨镜片选用能遮挡 80% 阳光的低反射率墨色镜片，具备方便装拆功能；眼镜底部设计为透明镜片式，便于佩戴者用眼睛余光观察地面情况；电池选用型号为 18650 的锂电池，为了平衡负载，配置在眼镜佩戴带后端。

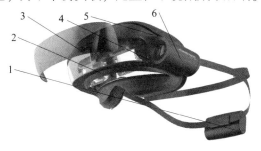

1—电池盒与头带；2—透明防破片层；3—深色墨镜片；4—显示器；5—外壳；
6—低照度 CMOS 探测器
图 9.8 外形结构设计

设计外形为了满足通用性、舒适性及密封性要求，采用标准佩戴密封环设计方法，与人脸接触部分采用皮革内衬海绵的接触模式。眼镜布局采用左探测器，右控制按钮的布局方式，符合人体工程学。佩戴效果如图9.9所示。

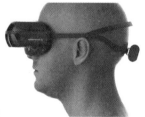

图 9.9 佩戴效果

3. 设备组成

单兵夜视眼镜设备组成如表9.1所示。

表 9.1 单兵夜视眼镜设备组成

序号	名称	型号	数量	重量/g
1	镜架	非标定制	1	200
2	自由曲面显示器	TOK9521A	1	65
3	探测器	P2021	1	20
4	镜头	ZC06IR. MTV	1	13
5	墨镜镜片	非标定制	1	10
6	电池	18650	1	43

▶▶▶ 9.2.4 模块设计 ▶▶▶

1. 微光探测模块

（1）微光探测器。

微光探测器采用昆山锐芯微电子有限公司研发的P2021低照度CMOS摄像模组，如图9.10所示，其各项技术指标如下。

①靶面尺寸：1/2英寸（对角线8 mm）。

②分辨率：752 H×582 V。

③像素尺寸：8.60 μm（H）×8.30 μm（V）。

④帧率：50 fps。

⑤动态范围：69 dB。

⑥体积：33 mm×33 mm×28.25 mm。

⑦同步模式：内同步。

⑧工作温度：−40～65℃。

⑨存储温度：−45～70℃。

⑩功耗：<850 mW（包含 OLED 显示器，典型工作状态）。

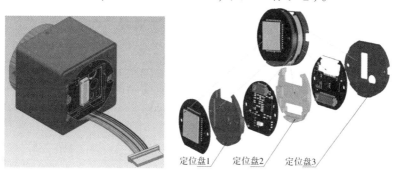

定位盘1　　定位盘2　　定位盘3

图 9.10　微光探测器

（2）光学镜头。

为了满足视场角的需要及重量要求，现选用 ZC06IR. MTV 型号的镜头，如图 9.11 所示，具体参数如下。

①焦距：6 mm。

②最大孔径比：1∶1.2。

③图像格式覆盖：1/3"。

④视场角（D×H×V）：44.5°。

⑤后截距：7.23 mm。

⑥机械尺寸（D×H×L）：∅22×26.8。

⑦总重量：13 g。

⑧温度应用范围：−10～50℃。

图 9.11　光学镜头

2. OLED 显示模块

该产品设计的 800×600 像素大视场自由曲面眼镜显示器光学系统由图像源、中继透镜组和半反射半透射组合器组成。其中，中继透镜组采用光学反射投影原理进行设计，并利用高斯径向基函数表征光学自由曲面。

（1）光学反射投影原理。

平视显示器的前身是使用在战斗机上的光学瞄准器，这种瞄准器利用光学反射原理，将环状的瞄准圈光网投射在装置在座舱前端的一片玻璃或者是座舱罩上面，投射的影像对于肉眼的焦距是定在无限远的距离上面。光学反射投影原理如图 9.12 所示。

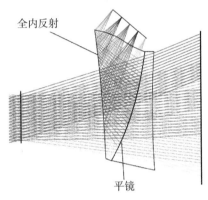

图 9.12　光学反射投影原理

本产品利用光学反射投影原理，OLED 将光投到一块反射屏上，而后通过一块自由曲面折射到人的眼球，实现所谓的"一级放大"，在人眼前形成一个足够大的虚拟屏幕，从而显示无线接收模块接收的图像信息。

（2）自由曲面设计。

该产品的 OLED 显示模块采用自由曲面的光学设计，具有非对称面形的、灵活的空间布局、丰富的设计自由度等特性，可满足现代光学系统高品质的光学特性参数、优良的成像或照明质量、小型化、轻量化等要求。其优势主要体现在如下 4 个方面：

①提供更多的设计自由度，为光学设计注入新的生命力；

②突破传统光学系统理念，创造全新的结构形式；

③减少光学元件数量，减轻系统重量，减小系统体积；

④提升光学系统技术参数，提高系统性能。

自由曲面成像系统设计主要包括自由曲面的建模和描述方法、像差分析理论等。在优化方法方面最常用的还是最小二乘法、自适应法；现在针对自由曲面还有偏微分方程方法、多曲面同步设计方法等，后者主要用于照明系统。除加工、检测困难、生产成本高、效率低等因素外，设计难度大是制约自由曲面在成像系统中广泛应用的一个主要原因，具体体现为如下：

①曲面描述方法不完善，光学特性参数和像差计算方法不准确；

②可供借鉴的初始结构实例很少；

③光线追踪、像质分析和优化收敛速度慢，像质平衡困难；

④边界条件控制的复杂程度大大增加。

自由曲面描述方法应具有以下 6 个特点：

①能够表征复杂的面形，具有优良的像差校正能力；

②具有通过改变其结构系数调节整体或局部面形的能力；

③有利于实现与其他描述方法曲面的平滑过渡和转换；

④能够为光学设计提供足够的自由度和改进空间；

⑤具有较快的光线追踪和优化收敛速度，提升设计效率；

⑥具备一定的公差分析能力。

利用自由曲面进行的光学系统设计，需考虑物理边界条件、全反射控制条件、成像性能和像差的要求、出瞳距离和有效出瞳距离控制要求、光学曲面的曲率半径约束条件等因素。经过方案对比与调研，我们最终决定应用高斯径向基函数表征光学自由曲面。

径向基函数指某种沿径向对称的标量函数，通常定义为空间中任一点 x 到一中心 C_i 之间欧氏距离的单调函数，其典型的函数表达式为

$$z(x) = \sum_{i=1}^{N} \omega_i \phi(\|x - C_i\|) , \qquad (9.1)$$

式中：x 和 C_i 为模式向量；$\{C_i\}N_{i=1} \subset RT$ 为基函数中心；ω_i 为权系数；$\{\phi(\|x - C_i\|) \mid i = 1, 2, \cdots, N\}$ 为 N 个任意的函数的集合，即所谓选定的基函数；$\| \ \|$ 为欧式范数。

在某些情况下，能通过在式（9.1）中加入多项式，使其得到增强。使用径向函数，将光学表面 Z 表示为

$$Z = \frac{cr^2}{1 + \sqrt{1 - (1 + k) c^2 r^2}} + \sum_{i=1}^{N} w_i \varphi(\|x - C_i\|) \qquad (9.2)$$

径向基函数可以选取多种形式，如薄板样条函数、高斯函数、多元二次函数及逆多元二次函数等。高斯函数具备如下优点：①表示形式简单，即使对于多变量输入也不增加太多的复杂性；②径向对称；③光滑性好，任意阶导数均存在；④由于该基函数表示简单且解析性好，因而便于进行理论分析。因此，本文使用高斯函数作为径向基函数进行显示器光学系统的设计。设有 N 个输入样本 C_i，在输出空间的相应目标为 d_N，则有方程组为

$$\begin{cases} \sum_{i=1}^{N} w_1 \varphi(\|x_1 - C_i\|) = d_1 \\ \sum_{i=1}^{N} w_2 \varphi(\|x_2 - C_i\|) = d_2 \\ \vdots \\ \sum_{i=1}^{N} w_N \varphi(\|x_N - C_i\|) = d_N \end{cases} \tag{9.3}$$

式 (9.3) 可改写为

$$\begin{bmatrix} \varphi_{11} & \varphi_{12} & \cdots & \varphi_{1N} \\ \varphi_{21} & \varphi_{22} & \cdots & \varphi_{2N} \\ \vdots & \vdots & & \vdots \\ \varphi_{N1} & \varphi_{N2} & \cdots & \varphi_{NN} \end{bmatrix} \begin{bmatrix} w_1 \\ w_2 \\ \vdots \\ w_N \end{bmatrix} = \begin{bmatrix} d_1 \\ d_2 \\ \vdots \\ d_N \end{bmatrix} \tag{9.4}$$

其中

$$\varphi_{ji} = \varphi(\|x_j - C_i\|), \quad i, j = 1, 2, \cdots, N \tag{9.5}$$

令

$$\begin{cases} d = [d_1, d_2, \cdots, d_N]^T \\ W = [\omega_1, \omega_2, \cdots, \omega_N]^T \end{cases} \tag{9.6}$$

令 ϕ 表示元素为 ϕ_{ji} 的 $N \times N$ 阶矩阵，即

$$\phi = [\phi_{ji} \mid i, j = 1, 2, \cdots, N] \tag{9.7}$$

因此，(9.4) 式可改写为

$$\phi W = d \tag{9.8}$$

用于表示自由曲面组合器的径向基函数网络具有三层网络结构，如图 9.13 所示。μ 是从输入层到隐层的权重矢量，σ 是隐层内激活函数的归一化参数，W 代表从隐层到输出层的权重矢量。第一层内的输入节点是沿着自由曲面组合器取的位置坐标 (x, y)，第二层内的基函数对输入存在局部响应，将输入空间映射到一个新的空间，第三层内的输出节点则在该新的空间实现线性加权组合。第 i 个隐层节点 ϕ_i 为高斯核函数，其表达式为

$$\varphi_i = \exp\left[-\frac{(x - \mu_i)T(x - \mu_i)}{2\sigma_i^2}\right], \quad i = 1, 2, \cdots, N \tag{9.9}$$

式中：x 为输入矢量；μ_i 为输入权重矢量，也就是高斯核函数中心；σ_i^2 为归一化参数；$0 \leqslant \phi_i \leqslant 1$。

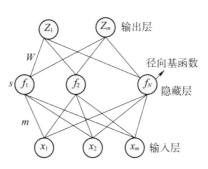

图 9.13　三层径向基函数网络示意图

根据图 9.13，该网络结构能够用矩阵形式表达为

$$\phi W = Z \tag{9.10}$$

式中：ϕ 为 N×N 矩阵；W 为权重矢量；Z 是相应的自由曲面。

（3）光学系统软件仿真。

应用上述高斯径向基函数表征组合器的面形，设计一个 HMDs 光学系统。以泽尼克多项式表征组合器面形的眼镜显示器光学系统作为优化设计的初始结构。在这里，尝试一种选取径向基函数面形优化起始点的方法。泽尼克多项式表征其表达式为

$$z = \frac{cr^2}{1 + \sqrt{1 - (1 + k)c^2 r^2}} + \sum_{i=1}^{N} A_i Z_i \tag{9.11}$$

式中：c 为曲率（半径所对应的）；r 为以透镜长度单位为单位的径向坐标；k 为圆锥常数；A_i 是第 i 个泽尼克多项式系数。在中继透镜组中，第二个双凸透镜且靠近光楔的那个表面为衍射面，该非对称二元衍射光学面的相位表达式为

$$\begin{cases} \varphi(x, y) = k \dfrac{2\pi}{\lambda} \sum_{i=1}^{m} A_i x^j y^n \\ i = \dfrac{1}{2} \left[(j + n)^2 + j + 3n \right] \end{cases} \tag{9.12}$$

式中：k 为衍射级次；A_i 是第 i 个多项式系数。

根据给定的 i 值，可以根据下式求得 j 和 n 的值，计算公式为

$$\begin{cases} l = \text{floor}\left(\dfrac{\sqrt{1 + 8i} - 1}{2} \right) \\ n = i - l(l + 1)/2 \\ j = l - n \end{cases} \tag{9.13}$$

第一步：将泽尼克多项式的前 25 项系数从 Code V 中抽取出来，在组合器口径内选取若干个（x，y）点，通过 MATLAB 拟合得到其面型，如图 9.14（a）所示。第二步：确定高斯函数，即确定式（9.9）中的输入权重矢量 μ_i 和归一化参数 σ_i^2；组合器的面型由 8×8 个等间隔分布的二维高斯径向基函数表征，如图 9.14（b）所示。

第三步：让高斯径向基函数无限逼近于上面确定的泽尼克多项式，通过最小二乘法求解径向基函数的前 64 项系数，如图 9.14（c）所示。第四步：利用 CODEV 所支持的 C 语言进行计算和程序编写，在 Visual C++下进行编译。使用 CODEV 的链接路径将程序链接成动态链接库文（DLL），产生于 CODEV 应用程序所在目录的 CVUSER 子目录下。第五步：在 CODEV 中利用求解出的前 64 项系数和编写的径向基函数优化该 HMDs 光学系统。双目穿透显示模块如图 9.15 所示，双目沉浸显示模块如图 9.16 所示。

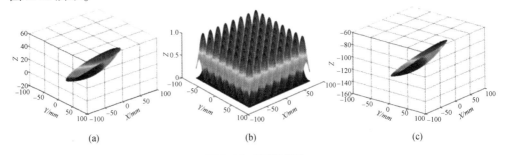

图 9.14　建模过程

（a）由泽尼克多项式表征的组合器面形；（b）8×8 个等间隔分布的二维高斯径向基函数；
（c）由高斯径向基函数表征的组合器面形

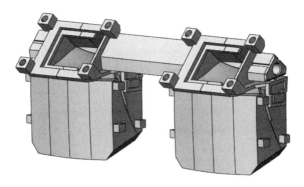

图 9.15　双目穿透显示模块

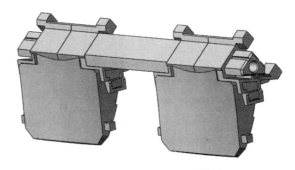

图 9.16　双目沉浸显示模块

设计完成的显示模块性能参数如下。

①视场分辨率：800×600。

②亮度控制范围：200～8 000 cd/m²。

③工作电压：5 V±5%。

④功耗：<0.8 W。

⑤工作温度：−40～+65℃。

⑥存储温度：−55～+70℃。

（4）防破片镜片设计。

本设计选用北京日月恒贸易有限公司军品镜片，有关风镜防尘、防雾、防破片的相关技术指标与说明如下。

1）破片的防护。

利用 PC 材料本身的特性做出的镜片，PC 材料成本比新材料低很多，工艺简单、成熟，使用普遍。重量相对现在的新材料略重一点点，对镜片这种不大的部件来说，是可以承受的。

现在采用的是 2.4 mm 厚的镜片，经过第三方权威测试，性能可以达到 200 m/s。

2）防尘。

防尘是通过眼镜的镜框结构设计来实现的，一般考虑要保证一定的通风透气功能和防沙尘功能，防沙尘需要密封性好，而防雾需要一定的通风透气，特别是在热带或者潮湿或者高寒无风地区，通气性更为重要。由于防沙尘和通风性能有一定的矛盾，这就要看使用地区和使用目的，看防护的侧重点。

防尘性能，国家有检测，需要根据要求的数值进行测试。必要时，进行调整。实践中，目前部队对我们的产品防尘性能没有提出过类似沙尘迷眼等不良反应。如果需要进一步提高这个性能，可以通过调整设计，来适应要求。通风防尘性能和防雾以及舒适性都有一定的关联，需要给出极端情况下的具体要求来考虑调整。

3）防雾。

防雾功能是通过眼镜镜片内侧镀的防雾膜和镜框上的通气孔来实现的，以防雾镀膜为主，通气为辅。防雾镀膜有两种，一种是双层镜片，镀膜做在单独的一块透明塑料板上，再利用 EVA 密封条和外侧发挥抗冲击功能的 PC 镜片粘合在一起；另一种是单层镜片，防雾镀膜直接做在 PC 镜片的内侧。两者的区别是前者防雾持久，数年不衰，效果迅速、明显，外层镜片抗刮花能力较好，但重量有些重；后者是重量比较轻，镜片可以高清处理，透光率比较高，双层片一般透光率最高是 84%，双层片做分辨率的测试意义不大，但单层片透光率可以到 90%，同时分辨率按照 ANSI/ISEAZ87.1−2015 要求，达到 PATTERN 20 以上。但防雾效果，与双层镜片相比，可能会略感响应速度慢一点点。在一般频率使用的情况下，保证两年没有问题，第三年有衰减的可能（与使用环境和清洗频率有关），外层抗刮花性能也不如双层镜片，原因是防雾处理液和抗刮花处理液有一定的冲突，工艺上

247

有一定的难度。防护镜实物如图9.17所示。

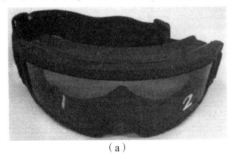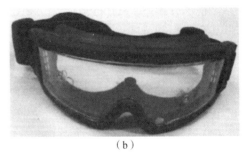

(a)　　　　　　　　　　　　　　(b)

图9.17　防护镜实物图

(a) 防护风镜 (黑色镜片)；(b) 防护风镜 (白色镜片)

3. 视频信号处理模块

(1) 通道控制模块。

通道选择功能图像处理模块具有切换视频通道功能，通过外部按键可以让OLED显示模块显示微光探测器的视频、Wi-Fi通信模块接收到的视频，或者仅显示GPS和环境信息，以满足不同环境条件下的观测需求。

(2) 图像处理模块。

本项目对微光图像的处理主要包括目标识别模块以及微光图像降噪和增强模块。

1) 目标识别模块。

在三维空间中，观测目标的形状会随着相机视角和位置的不同而发生变化，这种变化通常可以通过射影变换进行描述。一般情况下，当视线中目标深度和目标距离相比非常小时，三维空间中的射影变换可以近似等效为二维平面上的仿射变换。此时，三维目标形状的变化可以近似看作其在二维平面上投影的变化。

为了在目标表示和识别之间取得满意结果，应尽可能选取符合要求的目标特征及其描述方式。通常根据实际应用选取合适的目标特征及其特征描述方式。有直接在空域进行特征描述的，如几何矩、形状上下文和直方图等；有在变换域进行特征描述的，如傅里叶描述子和小波描述子等。从形状描述的角度出发，上述特征描述方式可以分为两类基于轮廓的描述和基于区域的描述。前者仅利用目标边界上的点获得特征描述方式，而后者则利用目标内部的所有点建立特征描述方式。与目标内部区域相比，轮廓在描述目标特征时具有简便、直观的优点，十分符合人类的视觉认知习惯。

所提出的轮廓特征描述框架如图9.18所示。从图中可以看出，目标轮廓特征可以分为全局特征、局部特征和结构特征3个层次，分别对应不同的特征描述方式：目标轮廓、轮廓分段和结构单元。

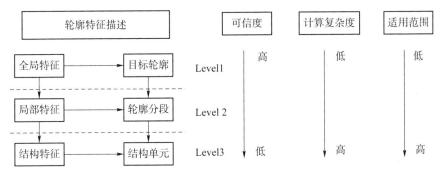

图 9.18　轮廓特征描述框架

这种分类方式从"整体与部分"的角度讨论了整体目标与局部特征之间的关系，并且从 3 个方面进一步分析了不同类型的特征及其描述方式对目标识别算法的影响。可信度反映了当前轮廓特征及其描述方式所包含的结构信息，计算复杂度反映了在"构造特征描述方式"和"相似配时"的实现代价，适用范围体现了特征描述方式的稳定性和适应性。

2）图像增强和降噪模块。

低照度图像中有用的图像信息和噪声混合在一起，主要包括暗电流噪声、脉冲噪声、高斯噪声、泊松噪声等，这些噪声使得图像的特征不明显，清晰度不高，难于辨别，因此需要对图像进行降噪处理以提高信噪比。在时域和空域进行降噪处理方法如下。

a. 时域滤波降噪。

时域滤波降噪采用快速傅里叶变换将被噪声污染的图像信号变换到频率域中，使噪声和有用信号分离开来，将所有噪声的频谱全部滤除，只保留有用信号的频谱。再应用傅里叶反变换对有用信号的频谱进行处理，使其再恢复到时域中，就能实现噪声的滤除。此外也可利用低通滤波、同态滤波对图像灰度范围进行调整，实现平滑降噪，改善图像质量。

b. 空域滤波降噪。

空域滤波降噪采用自适应混合滤波算法，将图像分为大小相同的几个区域，对每一个区域采用一定的标准进行噪声检测，以实现图像中脉冲噪声和高斯噪声的分离，分离出的脉冲噪声和高斯噪声分别采用自适应中值滤波和均值滤波来消除。

c. 时域递归去噪。

时域递归滤波主要用于降低动态图像的随机噪声，改善图像的质量，提高图像的信噪比，其数学表达式为

$$Y_N = (1 - K) X_N + KY_{N-1}，其中 K \in (0，1) \tag{9.14}$$

式中：Y_N 为当前经第 N 次递归处理后的输出帧图像；X_N 为当前原始输入帧图像；

Y_{N-1} 为当前经第 $N-1$ 次递归处理后的输出帧图像；K 为递归滤波系数。

从信号处理的角度分析，式（9.14）实际上是一个自回归差分方程，可求得其传递函数为

$$H(Z) = \frac{1-K}{1-KZ^{-1}} \qquad (9.15)$$

式中：K 是滤波系数。

Z^{-1} 表示一帧的延时，其幅频特性为

$$H(\omega) = \frac{(1-K)^2}{1+K^2-2K\cos\omega} \qquad (9.16)$$

幅频特性曲线如图 9.19 所示，可知它实际上是一个低通滤波器。对于含有随机噪声的可见光图像，噪声相对于背景而言变化快得多，也就是背景在时间上具有低频的特性，而噪声具有高频特性，将含有随机噪声的图像序列经递归滤波之后，即使得高频的噪声被滤除。

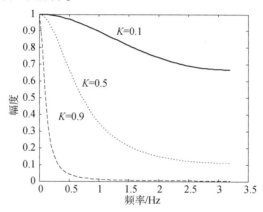

图 9.19　递归滤波低通滤波器的幅频特性曲线

然而，在对有运动目标的视频图像进行递归滤波的处理中，降噪和图像的拖影问题是一对互相制约、难以消除的矛盾。

鉴于可见光图像的分辨率为 720×576 的灰度图像，一般一片存储器即可存储两幅以上，所以本文采用一种片内乒乓操作的方法，只需使用一片 SRAM 即可完成算法，节省了外部存储资源，大大提高了利用率。模块流程如图 9.20 所示。

由于 SRAM 中的初值一般为高电平，开启去噪功能时，即默认将其初值作为 Y_0，这是不利于显示的，在滤波系数较大时，会使得递归开始时图像高亮，然后随着递归的进行亮度逐渐变暗，最终变为正常的递归结果，而且在更换场景重新开启去噪功能时会将上一个场景的递归结果作为 Y_0 来进行运算，这显然是不正确的。所以为了得到较好的效果，减少递归时间，采取如下处理：进入去噪功能时，首先将最近帧图像存入 SRAM 作为 Y_0，然后开始递归去噪。

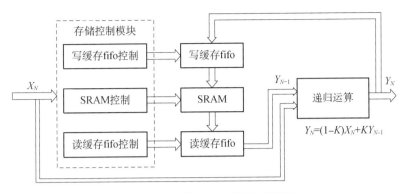

图 9.20 递归滤波去噪模块流程框图

本项目中可见光图像递归去噪前后的对比图像，如图 9.21 所示，可以看出可见光原图噪点极大，大量信息淹没在噪声中，递归去噪后图像质量明显提高，获得更加丰富的关于场景和目标的信息，且适合人眼观察。

图 9.21 可见光原图及其去噪后图像对比

(a) 去噪前；(b) 去噪后

（3）图像编解码模块。

图像处理模块的视频图像数据需要上传到自组网，实现系统的交互性，而原始的视频数据数据量比较大，传输起来比较麻烦，为此我们先将视频数据进行压缩，将压缩后的数据上传到自组网，同时也需要将自组网传给我们的压缩数据进行解码显示。

4. H. 264 图像压缩

H. 264 压缩的核心原理是消除图像的冗余度，对信息进行"提纯"，从而达到压缩的目的，视频图像中的冗余度分为三种：一是帧内空间的冗余度，二是心理视觉的冗余度，三是编码的冗余度。在 H. 264 压缩编码中，前二者通过离散余弦变换（DCT）及量化等方法对其进行减少，编码冗余度可通过统计码流和码字的规律性，采用一定的算法对码流进行压缩，H. 264 压缩就是采用哈夫曼（Huffman）熵编码来减少编码的冗余度。

H. 264 压缩的具体流程如图 9.22 所示，该框图是针对单分量图像即灰度图像的处理，对于多分量也就是彩色图像，则首先需将图像多分量按照一定比例和顺序组成若干个最小压缩单元（Micro Compress Uint，MCU），然后按照上述流程对 MCU 中的按规定分割排序的每个 8×8 图像块进行独立的压缩编码处理，最后将各个 MCU 的压缩结果合并为数据流，即是最终的压缩结果，本节将对流程中各个部分进行详细的说明。

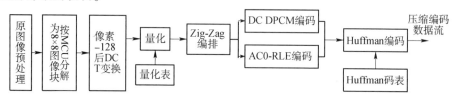

图 9.22　H. 264 压缩的具体流程

（1）压缩前图像预处理。

图像进行压缩前需对其进行预处理，主要包括对原图像分辨率大小的调整、颜色空间转换和降采样、整理 MCU 单元几个处理步骤。H. 264 压缩的对象根据灰度和彩色的不同对应不同的处理方法，如图 9.23 所示。

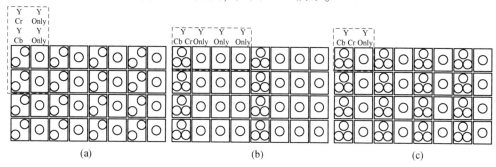

图 9.23　3 种降采样的示意

（a）YCbCr 4：2：0；（b）YCbCr 4：1：1；（c）YCbCr 4：2：2

（2）正向离散余弦变换（FDCT）。

对每个 MCU 进行 DCT 变换之前，采样值首先需进行幅值的位移，使之变为有符号数，所涉及的数据位数为 8 bit，故而幅度位移为 128，即将每个 MCU 中每个分量块均减去 128 后再进行 DCT 变换，DCT 变换的表达式为

$$S(u, v) = \frac{1}{4} C(u) C(v) \sum_{x=0}^{7} \sum_{y=0}^{7} s(x, y) \cos \frac{(2x+1)u\pi}{16} \cos \frac{(2y+1)v\pi}{16}$$

$$(9.17)$$

8×8 图像块经 DCT 变换后得到 8×8 的频率系数矩阵，该数组（0，0）坐标的系数称之为直流系数（DC），其他 63 个系数称为交流系数（AC）。直接应用式

（9.17）计算，会使得计算量较为庞大，许多文献提出了该公式的优化方法，以便提高运算的效率，较为常见的是将该公式分解为两个一维的 DCT 变换进行运算，分解后的公式为

$$\begin{cases} G(x,\ v) = \dfrac{1}{4} C(v) \sum_{y=0}^{7} s(x,\ y) \cos \dfrac{(2y+1)v\pi}{16} \\ S(x,\ u) = \dfrac{1}{4} C(u) \sum_{x=0}^{7} G(x,\ y) \cos \dfrac{(2x+1)u\pi}{16} \end{cases} \tag{9.18}$$

（3）DCT 系数的量化。

DCT 变换是无损变换，只要正、逆变换计算的精度足够高，则原始图像可得到精确的恢复，然而 DCT 变换之后，得到的频率系数是浮点数，反而增大了数据量，故而需根据其特性采取一定方法将其均匀量化为整数，同时减少大量的信息，然后继续进行 H. 264 的编码。

量化是将变换后的 DCT 系数矩阵除以对应位置的量化值，即除以一张同样为 8×8 的量化表，并将结果四舍五入取整，其计算公式为

$$S_q(u,\ v) = \mathrm{round} \left[\frac{S(u,\ v)}{Q(u,\ v)} \right] \tag{9.19}$$

本次使用的是 H. 264 标准推荐的两个量化表，如图 9.24 所示，分别对应亮度信号和色度信号。容易看出亮度量化表相比色度量化表数值偏小，这是根据人眼对亮度信号比对色度信号更为敏感的特性设定的。另外，两者左上角区域的数值较小，而其他部分则数值较大，这是依据人眼对图像的低频分量比高频分量更敏感的特性设定的。

$$\begin{bmatrix} 16 & 11 & 10 & 16 & 24 & 40 & 51 & 61 \\ 12 & 12 & 14 & 19 & 26 & 58 & 60 & 55 \\ 14 & 13 & 16 & 24 & 40 & 57 & 69 & 56 \\ 14 & 17 & 22 & 29 & 51 & 87 & 80 & 62 \\ 18 & 22 & 37 & 56 & 68 & 109 & 103 & 77 \\ 24 & 35 & 55 & 64 & 81 & 104 & 113 & 92 \\ 49 & 64 & 78 & 87 & 103 & 121 & 120 & 101 \\ 72 & 92 & 95 & 98 & 112 & 100 & 103 & 99 \end{bmatrix} \quad \begin{bmatrix} 17 & 18 & 24 & 47 & 99 & 99 & 99 & 99 \\ 18 & 21 & 26 & 66 & 99 & 99 & 99 & 99 \\ 24 & 26 & 56 & 99 & 99 & 99 & 99 & 99 \\ 47 & 66 & 99 & 99 & 99 & 99 & 99 & 99 \\ 99 & 99 & 99 & 99 & 99 & 99 & 99 & 99 \\ 99 & 99 & 99 & 99 & 99 & 99 & 99 & 99 \\ 99 & 99 & 99 & 99 & 99 & 99 & 99 & 99 \\ 99 & 99 & 99 & 99 & 99 & 99 & 99 & 99 \end{bmatrix}$$

（a）　　　　　　　　　　　（b）

图 9.24　H. 264 标准推荐的两个量化表
（a）亮度信号量化表；（b）色度信号量化表

（4）Zig-Zag 编排及 DC、AC 编码。

DCT 变换的特性以及量化表的设定方法使得量化后的系数含有大量的零值，且以（0，0）点为发散中心，离其越远为零值的可能性越大，为了增加连续零值的个数，将 8×8 的矩阵进行 Z 字形编排，如图 9.25 所示，从而将其变为 1 个 1×64 的矢量。

编排之后的 1×64 矢量中，第 1 个为 DC 系数，后面 63 个均为 AC 系数，这两类系数的处理方式是不一样的，编码时采取不一样的方式对其分别进行编码，以达到更好的压缩效率和效果。

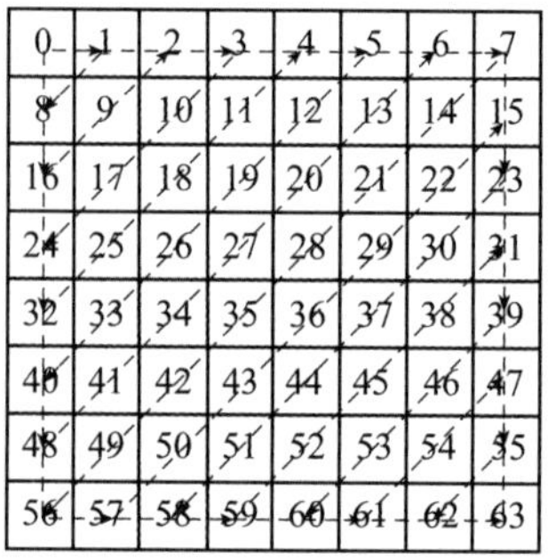

图 9.25　Zig-Zag 编排顺序

（5）Huffman 编码及比特码流整理。

H.264 压缩的最后一个步骤就是 Huffman 编码，Huffman 编码是一种基于概率统计的无损压缩技术，该算法首先统计信源出现的概率，再根据统计结果，出现概率高的符号使用短即时码表示，出现概率低的用长即时码表示，以达到压缩数据的目的。

对于 DC 系数和 AC 系数第一步是一样的，将 DC 系数经差分脉冲编码的微分值和 AC 系数经游程编码后的（NUM，VAL）中的 VAL 值依据如表 9.2 所示的码表查找得到对应的位长和实际保存值，后续的步骤就各有不同。

表 9.2　位长及实际保存值表

位长	DC 参数	AC 参数	实际保存值
0	0		
1	−1, 1	−1, 1	0, 1
2	−3, −2, 2, 3	−3, −2, 2, 3	00, 01, 10, 11
3	−7,⋯, −4, 4,⋯, 7	−7,⋯, −4, 4,⋯, 7	000,⋯, 011, 100,⋯, 111
4	−15,⋯, −8, 8,⋯, 15	−15,⋯, −8, 8,⋯, 15	0000,⋯, 0111, 1000,⋯, 1111
5	−31,⋯, −16, 16,⋯, 31	−31,⋯, −16, 16,⋯, 31	00000,⋯, 01100, 10000,⋯, 11111
6	−63,⋯, −32, 32,⋯, 63	−63,⋯, −32, 32,⋯, 63	000000,⋯, 111111
7	−127,⋯, −64, 64,⋯, 127	−127,⋯, −64, 64,⋯, 127	0000000,⋯, 1111111
8	−255,⋯, −128, 128,⋯, 255	−255,⋯, −128, 128,⋯, 255	00000000,⋯, 11111111
9	−511,⋯, −256, 256,⋯, 511	−511,⋯, −256, 256,⋯, 511	000000000,⋯, 111111111
10	−1023,⋯, −512, 512,⋯, 1023	−1023,⋯, −512, 512,⋯, 1023	0000000000,⋯, 1111111111
11	−2047,⋯, −1024, 1024,⋯, 2047		00000000000,⋯, 11111111111
			000000000000,⋯, 111111111111

（6）H.264 压缩编码的 FPGA 实现。

H.264 压缩编码模块的总体框架如图 9.26 所示，主要分为奇偶拼接 SRAM 存储模块、MCU 控制读出模块、DCT 变换模块、Zig-Zag 编排模块、系数量化模块、Huffman 编码模块、比特码流合并整理模块。

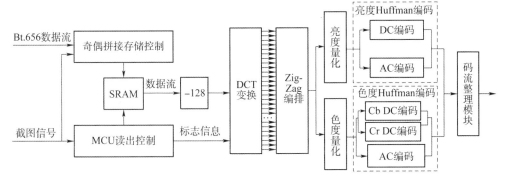

图 9.26　H.264 压缩编码模块的总体框架

9.2.5　设计样机

设计样机如图 9.27 所示。

图 9.27　设计样机

参考文献

［1］郁道银，谈恒英．工程光学［M］．北京：机械工业出版社，2009．

［2］季玲玲，邱亚峰，张俊举．基于图像融合的视频监控系统设计［J］．应用光学．2012，33（6）：879-884．